南方风景园林树木病虫害图鉴

何学友 蔡守平 主编

中国林业出版社
China Forestry Publishing House

图书在版编目（CIP）数据

南方风景园林树木病虫害图鉴 / 何学友 , 蔡守平主编 — 北京：中国林业出版社，2021.12

ISBN 978-7-5219-1508-2

Ⅰ.①南… Ⅱ.①何…②蔡… Ⅲ.①园林树木 – 病虫害防治 – 图集 Ⅳ.① S436.8-64

中国版本图书馆 CIP 数据核字（2022）第 007575 号

中国林业出版社·自然保护分社（国家公园分社）

策划编辑：刘家玲

责任编辑：宋博洋

出 版	中国林业出版社（100009　北京市西城区德内大街刘海胡同7号）
	http://www.forestry.gov.cn/lycb.html　**电话：**（010）83143625　83143519
发 行	中国林业出版社
印 刷	河北京平诚乾印刷有限公司
版 次	2022年4月第1版
印 次	2022年4月第1版
开 本	787mm×1092mm　1/16
印 张	24 1/4
字 数	500千字
定 价	320.00元

《南方风景园林树木病虫害图鉴》
编写委员会

主　　编： 何学友　蔡守平

副 主 编： 曾丽琼　宋海天　潘爱芳　蔡　颖　胡红莉　丁　玼
陈清海　吴汛舟　钟景辉　郑　宏

参编人员（以姓氏拼音排序）：

陈德兰	陈红梅	陈惠松	陈　麟	陈全助	陈　伟
陈鹰英	方海珍	盖新敏	郭久江	黄炳荣	黄钦府
黄素兰	黄太平	黄小玲	黄振裕	江　凡	江　文
李青南	李　猷	梁智生	林和再	林　捷	林曦碧
林孝春	毛志群	齐志浩	佘震加	苏晋伙	汤陈生
王雪梅	韦　明	吴庆全	吴永辉	熊　瑜	徐　云
杨　希	杨笑如	叶世森	詹芳芳	詹祖仁	张华峰
张　恬	张珠河	赵旭东	郑兆飞	郑振文	庄莉彬

序
FOREWORD

　　风景园林植物在我国生态文明建设、城市宜居环境建设和社会主义新农村景观建设中具有重要的作用。园林树木作为园林植物的重要类群，在生态环境调节、空气净化和环境绿化美化过程中更发挥着独特的作用。随着我国环境建设和庭园建设的发展，应用园林树木的种类、数量剧增，面积不断扩大，导致园林植物病虫害日趋严重。在我国园林植物病虫害这个领域开展研究起步较晚，资料有限。面对现状，福建省林业科学研究院何学友教授课题组，基于数十年的实践经验和长期以来对福建省园林绿化树种病虫害调查研究成果，广征博采，几易其稿，汇之精华，整理编著了《南方风景园林树木病虫害图鉴》一书。

　　该书不仅重点介绍了中国南方33种主要园林树木的分类地位、国内分布、形态特征、生态习性和园林应用价值，还介绍了南方园林树木14种（类）主要病害的主要症状、发病特点，以及112种主要害虫的形态特征、生物学特性；同时，介绍了各类园林树木病虫害的防治方法。该书图文并茂，有许多珍贵的园林树木病虫害的生态照片，源于编者长期实践拍摄，实在难得，今公之于世，以飨读者。

　　何学友博士学风严谨、志向坚韧、学识广博、实践丰富。他带领的课题组先后编著了《油茶常见病及昆虫原色生态图鉴》《中国枫香病虫害》等专著，尤其在虫生真菌防治森林害虫研究领域硕果累累，独树一帜。今《南方风景园林树木病虫害图鉴》一书的问世，不仅为我国生态环境建设和园林植物保护增添了绚丽多彩的一页，也为农林工作者、院校师生、园林绿化管理人员等提供了一部重要的工具书。值此书行将付梓之际，致以衷心祝贺，并乐为之序。

陈顺立

2021年初夏于福建农林大学

前 言
PREFACE

　　园林绿化树木按观赏特性可分为观花、观叶、观果、观干和观姿态类植物，按用途可分为孤植树、庭荫树、行道树、灌木丛类、垂直绿化植物、绿篱类、地被植物、抗污染植物、岩石植物、盆栽、果木、林木、室内装饰植物和屋顶花园植物等，它们在营造自然氛围、美饰环境空间、维持生态平衡等方面具有独特的重要作用。园林绿化建设在现代社会发展中又赋予其更多的生态文明内涵，体现了人们对生存空间和环境需求的美好向往。

　　随着社会经济和生态文明建设的不断向前发展，人们对风景园林绿化树木的种类及数量需求都有很大提高，这就必然造成苗木远距离调运频繁以及通过大树移植来达到快速绿化美化的效果，加之园林生态系统中生物多样性少等诸多因素，使得园林树木病虫害更易发生，甚至引发外来有害生物的入侵。因此，园林绿化建设除树种的选择极为重要外，病虫害的防治工作也不容忽视。

　　为此，编者基于数十年的实践经验和10多年以福建省风景园林绿化树种病虫害调查为主的研究成果，整理编著了《南方风景园林树木病虫害图鉴》一书。本书共三篇，第一篇介绍了中国南方33种（类）主要园林树木的分类地位、国内分布、形态特征、生态习性、园林应用、树木荣耀（省树、市树、省花、市花等）、栽培历史，树木主要病虫害类型及其重要为害状。第二篇介绍了叶（梢）部病害6种（类）、枝干病害6种（类）、根部病害2种（类）。第三篇介绍了69种食叶类害虫、4种潜叶及蛀梢类害虫、20种（类）刺吸式害虫、6种虫瘿类害虫、9种蛀干（枝）类害虫、3种白蚁类害虫以及红火蚁。文字简要描述其寄主、分布、形态特征、生物学特性以及不同类群的防治方法等。形态特征和为害症状主要以生态图片的形式进行展示，形象直观，读者可以按图索骥，快速识别并认识不同种类的病虫，以便在园林工作中根据实际发生情况采取相应的技术措施进行防治。由于物种之间的协同进化，少量病虫并不一定对植物造成伤害，因此，不必要"见虫就打、见病就治"，只在有可能造成损害时才需要采取措施。园林树木多种植在人们活动频繁的区域，要尽量采用园林防治措施以及物理（人工）、生物等绿色无公害的防治方法。

　　由于南方地理跨度大，树种多，从城市公园到美丽乡村建设，从小区点缀到道路沿线美化，环境多样，病虫种类既多且杂，我们力求全面，然终究精力和能力有限，书中未涉及的园林树种病虫害，寄希望于同行们共同补充完善和交流。书中照片除署名外，均由福建省林业科学研究院何学友博士拍摄，很多照片为首次公开，以飨读者。

在编写过程中，得到了许多领导、老师、同行和朋友们的帮助。特别感谢福州市晋安区园林中心在多方面给予极大支持，福建省林业科学研究院提供了良好的工作环境，中国科学院动物研究所武春生研究员、东北林业大学韩辉林副研究员、华南农业大学王厚帅副教授、南开大学戚慕杰老师鉴定了部分蛾类标本，北京林业大学武三安教授、福建农林大学黄晓磊教授和邓銎讲师、贵州师范大学宋月华教授、浙江农林大学王吉锐老师、贵州中医药大学冯玲博士以及罗心宇博士鉴定了部分半翅目标本，江西师范大学魏美才教授鉴定了膜翅目标本，南京农业大学薛晓峰教授鉴定了拟女贞瘤瘿螨，泉州师范学院蒋国芳教授鉴定了棉蝗，张巍巍先生鉴定了竹节虫，蒋卓衡同志鉴定了天蛾。中国林业出版社刘家玲编审、宋博洋编辑等在出版过程中给予了精心指导和大力帮助。在此付梓之际一并深致谢忱！

本书可作为园林工作者的工具书，也可为农林工作者、院校师生、自然爱好者以及广大市民等在开展园林植物繁育栽培、园林生态文明建设、园林绿化养护管理等方面提供参考。

尽管我们一丝不苟，但意殷而力不能及，错误和疏漏在所难免，不妥之处恳请读者批评指正。

编者

2021年3月

目 录
CONTENTS

第一篇

南方风景园林树木及主要病虫害概述

第一章

南方常见风景园林树木

园林是融植物、山水、建筑（含道路）于一体的富有美感的一种物质环境，其范围是广泛的，包含了传统意义上的园林和现代公共园林，泛指公园、儿童乐园、动植物园、街道花园、度假疗养区、住宅小区、农家院落、道观庙宇、风景区、名胜古迹、工矿区、机关学校、体育运动场所、道路、广场等经绿化、美化、香化、彩化了的环境，既可以是庭院式的，也可以是开放式的。所有园林都离不开植物，它就像魔术师，具有点活景物的作用。悬崖峭壁，挂三五老藤，横一棵古树，雄中竞秀；房前屋后，点缀几块山石，栽几株翠竹，石头变活；城中公园，仁立一株参天古树，感受到历史的厚重与沧桑；车水马龙的街道，高楼林立，绿树成荫，人们尽享现代城市的繁荣与温馨。在成千上万的植物物种中，树木是园林种植设计中的基础和主体；它以绿为主色，且随季节变化五彩纷呈；它的根、茎（枝干）、叶、花、果实、种子形态各异，其个体乃至群体的自然姿态、色形、结构在丰富物质世界的同时也丰富了人类的精神生活。

园林树木一般是指以供观赏而为园林生色的所有木本植物的统称，包含乔木、灌木及蔓性藤本植物。乔木是园林中的骨干植物，一般形体高大、主干明显，而灌木则没有明显的主干，多呈丛生状态，或自基部分枝。它们中种类各别，分布各殊，个性也随之不同，有的喜阳，有的宜阴，有的好湿，有的喜燥。然树木唯有适地，生长最盛。因此，"适地适树"是园林种植的一项基本原则。

树木的分布大抵上是以气候各种因素支配的，尤以气温为主导因素。凡最适于其生长的气候区域，谓之"乡土"，离开"乡土"往往不容易生长繁殖，甚至可能丧失生活力。"南橘北枳"的故事说明的正是这个道理，由于中国东部地区冬季南下冷空气强，常常带来柑橘致命低温，"橘生淮南则为橘，生于淮北则为枳，叶徒相似，其实味不同"。中国以"秦岭—淮河"为南北地理分界线。自古以来，因秦岭所处的特殊地理环境，以及因此而带来的秦岭南北气候变化，习惯上称秦岭以南为南方，秦岭以北为北方。秦岭以南省份大致有：甘肃最南端、陕西南部、河南最南端、安徽大部、江苏大部、四川东部、云南大部、贵州、湖北、湖南、江西、浙江、福建、广西、广东、海南、台湾等17个省（自治区），重庆、上海2个直辖市以及香港、澳门2个特别行政区。若按行政区划，南方省份则不包括甘肃、陕西、河南3个省。南方省自治区、直辖市有哪些"乡土"树种可应用于园林，又有多少外来树种经驯化后能为当地园林增色呢？下文就从福建省省树、福州市市树——榕树说起，列举我国南方30多种常见园林树木，以供大家参考。

千年古榕（雅榕）-20220407-福州国家森林公园

榕树 *Ficus microcarpa* L. f.

中文别名：细叶榕、小叶榕、万年青

分类地位：桑科榕属

国内分布：福建、台湾、浙江（南部）、江西、广东、广西、湖北、四川、贵州、云南等。

形态特征：乔木。老树常有褐色气根；树皮深灰色；叶薄革质，表面有光泽，全缘；隐头花序，雄花、雌花、瘿花同生于榕果内，花期 5～6 月；瘦果，卵圆形。

生态习性：喜阳光充足、温暖湿润气候，不耐寒，较耐水湿。

园林应用：行道树，庇荫树，园林景观或生态造林。

树木荣耀：

　　省树：福建。

　　市树：福州，广州，揭阳，儋州，乐山，巴中，柳州、北海、防城港，赣州，温州，台北。

栽培历史：中国南方地区有着悠久的植榕历史，平时俗称"榕树"，其实包含了桑科榕属中好几种高大乔木，如重庆、四川的黄桷树（*Ficus virens*），但细叶榕可能是其中最符合大众对"榕树"印象的一种了。据考证始于汉代（关传友《榕树的栽培史与榕树文化现象》），历代得到广泛种植，许多地方视榕树为神树，并形成了一种独特的榕树文化，广大民众素有爱榕、植榕、护榕和崇榕的习俗，各地现存的古榕就是活的见证。

主要病虫害：朱红毛斑蛾、双点绢丝野螟、灰白蚕蛾、黑点白蚕蛾、线丽毒蛾、榕透翅毒蛾、网丝蛱蝶、剑痣木虱、榕管蓟马等。

樟 *Cinnamomum camphora* (L.) J. Presl.

中文别名：香樟、木樟、乌樟、芳樟、番樟、樟树

分类地位：樟科樟属

国内分布：长江以南各地。

形态特征：乔木。树皮幼时绿色，平滑；老时渐变为黄褐色或灰褐色，不规则纵裂；叶互生，卵形，离基三出脉，脉腋有腺体，叶柄长 2～3cm；花小，圆锥花序；核果，球形，紫黑色，基部有杯状果托；全株有樟脑香气。花期 4～5 月，果期 8～11 月。

生态习性：喜光，稍耐阴。喜温暖湿润气候，耐寒性不强，对土壤要求不严，较耐水湿，但当移植时要注意保持土壤湿度，水涝容易导致烂根缺氧而死，不耐干旱、瘠薄和盐碱土。主根发达，深根性，能抗风。萌芽力强，耐修剪。具有抗海潮风及耐烟尘和抗毒气体能力，并能吸收多种有毒气体。

园林应用：庭荫树，行道树，防护林及风景林。

树木荣耀：

　　省树：江西、浙江。

　　市树：南昌、九江、上饶、抚州、吉安、景德镇、萍乡、新余、鹰潭、樟树、杭州、宁波、嘉兴、台州、金华、衢州、义乌、苏州、无锡、芜湖、马鞍山、安庆、宣城、池州、自贡、德阳、绵阳、广安、贵阳、安顺、黄石、十堰、鄂州、长沙、株洲、湘潭、衡阳、邵阳、常德、益阳、娄底、郴州、永州、漳州、南平、龙岩、宁德、来宾、贺州、河池、韶关、河源。

栽培历史：樟树是南方重要珍贵用材及特种经济树种之一，在我国有着悠久的栽培利用历史，相传在虞舜时代就有栽植（关传友《论樟树的栽培史与樟树文化》）。

主要病虫害：白粉病、黑斑病、溃疡病、膏药病、樟叶个木虱、黑脉厚须螟、樟蚕、樗蚕、橄绿瘤丛螟（樟巢螟）、青黑小卷蛾、红胸樟叶蜂等。

枫香树 *Liquidambar formosana* Hance

中文别名：枫香、枫树、枫子树、白胶香、中国枫香、路路通

分类地位：金缕梅科枫香树属

国内分布：秦岭及淮河以南各省。

形态特征：乔木。树皮灰褐色，老时方块状剥落；小枝被柔毛，干后灰色，略有皮孔；叶薄革质，阔卵形，掌状 3 裂，叶柄长可达 11cm；雌雄异花同株，雄性柔荑花序再排列为总状花序，生于枝顶，雌性头状花序，像一个小球，花柱先端常卷曲；果穗球形，木质，由多数蒴果组成。花期 3 ~ 4 月，果期 10 月。

生态习性：喜阳，喜温暖湿润气候，耐瘠薄。深根性，萌生力极强，抗风力强，耐火烧，不耐移植及修剪，不耐寒，不耐盐碱，不耐水涝。

园林应用：绿化、彩化的重要树种，庭荫树，也可用于厂矿区绿化。

树木荣耀：苗族的风水树，苗寨的地域性标志。

栽培历史：枫香树属植物起源古老，是第三纪的孑遗植物。枫香的美学意象最早出现在《楚辞》中，汉魏时代进入上层贵族的视野，在宫廷院落及富家庭院中曾是一道常见的风景。《花镜》云：汉时殿前皆植枫，故人号帝居为"枫宸"。可见推崇之至。20 世纪 90 年代以来，常被用作园林绿化、彩化树种广泛种植。

主要病虫害：褐斑病、枝枯病、缀叶丛螟、细斑尖枯叶蛾等。

荔枝 *Litchi chinensis* Sonn.

中文别名：丹荔、丽枝、离枝、火山荔、勒荔、荔支

分类地位：无患子科荔枝属

国内分布：西南部、南部和东南部，广东和福建南部栽培最盛。

形态特征：乔木。树皮灰黑色；偶数羽状复叶，小叶革质，长圆形，暗绿色，全缘，叶表面有光泽，叶背面白色；圆锥花序，顶生，小花青白色；果实球形，果皮有瘤状突起。花期 3 ~ 4 月，果期 7 ~ 8 月。

生态习性：树性好阴，花期喜光。喜温暖湿润气候，畏寒，以酸性沙壤土或冲积土为佳。

园林应用：城市绿化，庭院栽植，行道树。

栽培历史：原产我国南部，秦汉之前已有栽培。荔枝寿长，至今各地千年老树常见。

主要病虫害：炭疽病，荔枝蝽等。

杧果 *Mangifera indica* L.

中文别名：檬果、芒果

分类地位：漆树科杧果属

国内分布：广东、广西、福建、台湾各地均有栽植。

形态特征：乔木。树皮暗灰色，有多数小裂孔，鳞片状剥落，树冠球形；叶常集生于枝顶，薄革质，长圆形，先端渐尖，基部近圆形，边缘皱波状，侧脉斜升，网脉不明显，叶柄长，叶基部膨大；圆锥花序，花小，杂性，黄色或淡黄色；核果，肾形，压扁，成熟时黄色。

生态习性：热带树种。喜光，喜温暖湿润气候，不耐寒霜。喜土层深厚、排水良好的微酸性壤土或沙壤土。

园林应用：庭院栽植，城市绿化，庇荫树，行道树。

树木荣耀：在印度的佛教、印度教的寺院里都能见到杧果树的叶、花和果的图案。

栽培历史：杧果为热带水果。据说，中国唐朝高僧玄奘法师是第一个将杧果带到印度国以外的人，在《大唐西域记》有所记载。而后传入泰国、马来西亚、菲律宾和印度尼西亚等东南亚国家，再传到了地中海沿岸国家，直到 18 世纪后才陆续传到巴西、西印度群岛和美国佛罗里达州等地。

主要病虫害：细菌性叶斑病、炭疽病，叶瘿蚊、叶蝉、蓟马等。

垂柳 *Salix babylonica* L.

中文别名：柳树、水柳、倒杨柳、垂杨柳

分类地位：杨柳科柳属

国内分布：长江流域与黄河流域，其他各地均有栽培。

形态特征：乔木。树冠开展而疏散；树皮灰黑色，不规则纵裂；小枝细软，下垂；叶互生，线状披针形，两端削尖，边缘具线状锯齿；雌雄异株；柔荑花序，小花淡黄色；蒴果。花期3～4月，果期4～5月。

生态习性：喜光，喜温暖湿润气候及潮湿深厚的酸性或中性土壤。适应性强，不定根发达，极耐水湿。对二氧化硫等有毒气体有一定的抗性。

园林应用：适宜水滨、池畔、桥头、河岸、堤防种植。

栽培历史：垂柳细枝，自古以来就深受中国人民喜爱，"桃红柳绿"是江南园林春景的特色之一。《宋史·河渠志》："苏轼开临安西湖，因积葑草为堤，相去数里，横跨南北两山，夹道植柳。遗泽犹存，迄今仍号苏堤"。唐张仲春《春游曲》："满园深浅色，照在绿波中"。陆放翁《春雨诗》："湖上新春柳，摇摇欲唤人"。《长物志》："顺插为杨，倒插为柳，更须临池种之，柔条拂水，弄绿搓黄，大有逸致"。垂柳作为园林种植，在许多古典籍中有记载，如柳溪（《太原府志》）、柳湖（《平凉府志》）、柳亭（《西湖志》）、柳浪（《文艺传》）、柳沟（《三辅黄图》）、柳堤（《开河记》）、柳衙（《群芳谱》）、柳巷（《庆阳府志》）等。

主要病虫害：锈病，天牛、叶甲、蚜虫、尺蛾、木蠹蛾等。

黄杨 *Buxus sinica* (Rehd. et Wils.) Cheng

中文别名：瓜子黄杨、小叶黄杨、豆板黄杨

分类地位：黄杨科黄杨属

国内分布：我国中部各省，现各地均有栽培。

形态特征：灌木或小乔木。树皮灰色，小枝四棱形；叶对生，革质，阔椭圆形，全缘，顶端有缺刻，叶表面有光泽，背面苍白色，中脉凸出；头状花序，腋生；蒴果，近球形。花期3月，果期5～6月。

生态习性：喜湿润，耐阴、耐旱、耐热、耐修剪，但夏季高温潮湿时应多通风透光。喜疏松肥沃的壤土或石灰质泥土，微酸性土或微碱性均可，忌积水。对二氧化硫等有毒气体有较强抗性。

园林应用：城市绿化，花坛，绿篱。

栽培历史：黄杨为东亚黄杨属的代表种，广泛分布，变异很多。

主要病虫害：白粉病，黄杨绢野螟、尺蛾、蚧虫、蚜虫等。

石楠 *Photinia serratifolia* (Desf.) Kalkman

中文别名：千年红、枫药

分类地位：蔷薇科石楠属

国内分布：江苏、浙江、江西、湖北、湖南、四川、云南、福建、广东等省。

形态特征：小乔木或灌木。树冠圆球形；幼枝棕色，贴生短毛；叶互生，革质，长椭圆形，先端圆形或渐尖，基部楔形，边缘有带腺锯齿，表面深绿色，新叶红色，表面光亮；复伞房花序，小花白色；梨果，球形。花期4～5月，果期9～10月。

生态习性：喜光耐阴，适宜在湿润、背风、向阳处栽植，深厚肥沃壤土生长良好，萌芽力强，耐修剪（应保留下枝），耐旱耐水湿，不耐瘠薄，对二氧化硫等有毒气体和烟尘有较强抗性。

园林应用：庭荫树，行道树，绿篱，花坛。

栽培历史：亚热带树种，目前栽培最常见的为石楠杂交种红叶石楠（*Photinia*×*fraseri*），光叶石楠（*Photinia glabra*）等。

主要病虫害：袋蛾、小蜻蜓尺蛾、天牛等。

女贞 *Ligustrum lucidum* W. T. Aiton.

中文别名： 女桢、冬青树、蜡树、桢木、将军树、尖叶女贞

分类地位： 木樨科女贞属

国内分布： 江苏、浙江、安徽、江西、湖南、湖北、四川、贵州、云南、福建、广东等省。

形态特征： 灌木或乔木。枝上疏生圆形或长圆形皮孔；叶对生，革质，卵形至卵形披针形，先端尖或渐尖，全缘，表面有光泽，两面无毛，中脉在上面凹入，下面凸起，叶柄长，上面有沟；圆锥花序，顶生，小花白色；果长椭圆形，蓝黑色。花期 5 ～ 7 月，果期 7 月至翌年 5 月。

生态习性： 喜温暖湿润润气候，喜光耐阴，耐湿耐寒，深根性，耐修剪，沙壤土、黏质壤土、红黄壤土均可，但不耐瘠薄。对二氧化硫等有毒气体有较强抗性，但对汞蒸气反应相当敏感。

园林应用： 庭院栽植，行道树，绿篱。

栽培历史： 园林中常用的观赏树种。

主要病虫害： 青球箩纹蛾、叶螨等。

小叶榄仁 *Terminalia neotaliala* Capuron

中文别名： 细叶榄仁、非洲榄仁、雨伞树

分类地位： 使君子科诃子属

国内分布： 广东、福建、台湾等地有栽培。

形态特征： 乔木。树冠伞状，主干直立，侧枝轮生，层次分明；小叶琵琶形，全缘，有腺点；穗状花序，腋生，花小；核果。

生态习性： 喜光耐半阴，喜高温湿润气候，以肥沃的沙壤土为佳，抗强风，耐盐。

园林应用： 海岸树种，行道树，庭院观赏。

栽培历史： 原产非洲的马达加斯加。近几年引入台湾、香港、福建、广东、广西等地，因其独特的株型成为当下大众喜爱的园林树种。

主要病虫害： 天牛、夜蛾等。

盆架树 *Alstonia rastrata* C. E. C. Fisch

中文别名： 黑板树、面盆架、盆架木

分类地位： 夹竹桃科盆架树属

国内分布： 原产云南、海南，垂直分布可达海拔 1000m。

形态特征： 乔木。树干挺直，侧枝轮生，层次分明；叶革质，倒卵状，3 ～ 8 片轮生；聚伞花序，总花梗长；蓇葖果双生，细长如面条，具乳汁。

生态习性： 喜空气湿度大，肥沃疏松的土壤，忌积水，怕冻。有一定的抗风和耐污染能力。

园林应用： 城市绿化，行道树，庭院观赏。

栽培历史： 原产云南、海南，目前世界上热带亚热带地区广为种植，在长江流域及其以北地区只能盆栽。

主要病虫害： 鸭脚木星室木虱、盾蚧、绿翅绢野螟等。

夹竹桃 *Nerium oleander* L.

中文别名： 柳叶桃、桃竹、半年红、甲子桃

分类地位： 夹竹桃科夹竹桃属

国内分布： 各省区均有栽培，南方居多。

形态特征： 灌木。嫩枝具棱，被微毛；叶 3 ～ 4 片轮生或对生，革质，线状披针形，叶缘旋卷，中脉在叶面凹陷，在叶背凸起，叶柄内具腺体，枝叶内含毒汁；聚伞花序，顶生，花冠漏斗状；蓇葖果，长柱形。花期 7 ～ 10 月，果期冬春季。

生态习性： 喜光好肥，也适应较阴环境，耐寒力不强，忌霜雪，不耐水湿，对烟尘、有毒气体等有较强的抗性。

园林应用： 城市绿化，厂矿区绿化，园林观赏。

栽培历史： 原产伊朗，热带亚热带地区广植。我国于宋元时代开始引种，现各省区均有栽培。

主要病虫害： 褐斑病，蚜虫、蚧虫、夹竹桃天蛾等。

桃 *Amygdalus persica* L.

中文别名：毛桃、桃仔

分类地位：蔷薇科桃属

国内分布：各省区广泛栽培。

形态特征：乔木。叶长椭圆状披针形，先端渐尖，基部宽楔形，边缘有锯齿；花单生，粉红色至大红色，花萼外部有短柔毛，萼筒钟形；核果，卵形，表面有短绒毛。花期4月，果期6～9月。

生态习性：喜光照通风，耐旱，性喜温暖，排水良好的沙质壤土和冲积土。

园林应用：园林观赏，平原、山谷、溪畔，盆栽。

栽培历史：桃原产我国黄河上游海拔1200～2000m的高原地带。在河南南部、云南西部、西藏南部都有野生桃分布。《诗经》《尔雅》等古书上都有桃的记载，估计远在4000年前就已为劳动人民所栽培利用。

主要病虫害：流胶病、煤污病、缩叶病、刺蛾、碧蛾蜡蝉、梨冠网蝽、麻皮蝽、暗翅材小蠹、桃红颈天牛、蚜虫等。

梅 *Armeniaca mume* Siebold

中文别名：梅花、酸梅、合汉梅、白梅花、绿萼梅、绿梅花

分类地位：蔷薇科杏属

国内分布：长江流域以南各省最多。

形态特征：小乔木。树皮平滑；叶互生，卵形，先端尾尖，叶柄常有腺体；先花后叶，花梗短，花瓣倒卵形，白色至粉红色；核果，近球形，味酸，果肉与核粘贴。花期2～3月，果期5～6月。

生态习性：喜阳，喜温暖湿润气候，耐瘠薄，耐高温耐寒，对温度非常敏感，怕积水。

园林应用：中国特有的传统花木，孤植、对植、列植、片植，盆栽。

树木荣耀：

　　省树：湖北。

　　市树：武汉，南京。

　　市花：泰州，淮北，梅州。

栽培历史：梅为我国原产，多变种。观赏梅花的兴起，大致始自汉初，见载于《西京杂记》。到了南北朝（公元420—589年），艺梅、赏梅、咏梅之风更盛（南宋杨万里《和梅诗序》）。

主要病虫害：炭疽病、褐腐病、黄化病、流胶病、煤污病，桃蚜、桃红颈天牛等。

樱花 *Cerasus* spp.

中文别名：山樱花、日本樱花

分类地位：蔷薇科樱属

国内分布：原产环喜马拉雅山地区。

形态特征：乔木。树皮光滑，紫褐色，有绢丝状光泽；叶片倒卵形，先端渐尖或骤尾尖，叶缘有尖锐重锯齿，齿端渐尖，有小腺体，托叶披针形，有羽裂腺齿；伞状花序，花瓣有单瓣和复瓣两类，先端缺刻，花色为白色、粉红色、红色等；核果，近球形，核表面略具棱纹。花期3月（因地而异），果期5～7月。

生态习性：温带树种，喜阳光和温暖湿润的气候，喜肥沃、疏松、排水良好的壤土，有一定的耐寒性和耐旱力，不耐盐碱，忌积水，根浅易遭风折。

园林应用：园林观赏，行道树，堤岸树，风景树。

树木荣耀：日本盛产樱花，尊其为"国花"。

栽培历史：据日本《樱大鉴》记载，樱花原产于喜马拉雅山脉。秦汉时期中国宫苑内已有种植，唐朝时期私家庭院已普遍栽培。当时万国来朝，樱花随着建筑、服饰等一并被日本朝拜者带回。经各地长期引种栽培，变种、品种极多。

主要病虫害：穿孔病、流胶病，刺蛾、桃一点叶蝉、梨冠网蝽、天牛等。

木棉 *Bombax ceiba* L.

中文别名：红棉、英雄树、攀枝花、斑芝棉、斑芝树、攀枝、烽火树

分类地位：木棉科木棉属

国内分布：云南、四川、贵州、广西、江西、广东、福建、台湾等，原产印度。

形态特征：乔木。树干通常有圆锥状粗刺，分枝平展，掌状复叶；花通常红色，有时橙红色，萼杯状，花瓣肉质；蒴果，长圆形，角裂，中有绢状棉絮。花期3～4月，果期6～7月。

生态习性：喜温暖干燥和阳光充足环境。不耐寒，稍耐湿，忌积水。耐旱，抗污染、抗风力强，深根性，速生，萌芽力强。

园林应用：庭院观赏，行道树。

树木荣耀：

省树：广东。

市树：攀枝花，台中。

市花：广州，崇左。

栽培历史：热带和亚热带树种，晋葛洪《西京杂记》是木棉最早的文字记载。

主要病虫害：干腐病、叶斑病、炭疽病，象甲、白蚁等。

白兰 *Michelia × alba* DC.

中文别名：白兰花、白缅桂、白玉兰、望春花、玉兰花

分类地位：木兰科含笑属

国内分布：中国南部。

形态特征：叶互生，卵状披针形，先端尖，表面有光泽，背面苍白色，平滑或有细毛；花白色，花期4～9月，通常不结实。

生态习性：喜光不耐阴，适生于温暖、湿润、通风良好之处，喜富有腐殖质、排水良好、微酸性沙质壤土，忌积水，抗烟力弱。较耐寒。

园林应用：庭院栽植，行道树，孤植、散植、丛植、群植、缸植。

树木荣耀：

市树：上海，昆明，肇庆，阳江，清远，东莞，玉林。

栽培历史：我国栽培历史悠久，屈原《离骚》中就已有记载。最早被广泛栽植在寺院里，后来逐渐成为皇室园林、贵族庭院的装饰植物，成为具有富贵庄严的皇室贵族园林气息的花木。

主要病虫害：根腐病，蚧虫、蚜虫、袋蛾等。

含笑花 *Michelia figo* (Lour.) Spreng.

中文别名：含笑、含笑梅

分类地位：木兰科含笑属

国内分布：原产广东、福建一带，现各地均有栽植。

形态特征：灌木。树皮灰褐色，分枝多；芽、嫩枝、叶柄、花梗均密被黄褐色绒毛；叶互生，革质，狭椭圆形或倒卵状椭圆形，上面有光泽，叶柄长；花直立，淡黄色，花开而不全放，故名"含笑"；聚合果，蓇葖卵圆形或球形，顶端有短尖的喙。花期3～5月，果期7～8月。

生态习性：喜半阴，不耐烈日，不耐寒，喜微酸性壤土，怕积水。不宜过度修剪，平时可在花后剪去徒长枝、病弱枝、过密重叠枝和果实以减少养分消耗。

园林应用：庭院栽植，盆栽。

栽培历史：含笑是芳香花木，栽培历史悠久，宋李纲《含笑花赋》就有含笑北移杭州和宫廷赏玩的史迹。

主要病虫害：叶枯病、炭疽病、煤污病、藻斑病，蚧虫、卷蛾等。

刺桐 *Erythrina variegata* L.

中文别名：山芙蓉、空桐树、木本象牙红、瑞桐

分类地位：豆科刺桐属

国内分布：台湾、福建、广东、广西、云南等省区。

形态特征：乔木。树皮灰褐色，树干具圆锥形皮刺，髓部疏松；羽状复叶具3小叶，常密集枝端，托叶披针形，早落；总状花序顶生，花萼佛焰苞状，形如辣椒，花冠鲜红；荚果，黑色，念珠状。花期3月，果期8月。

生态习性：喜强光，萌发力强，耐旱耐湿，喜高温湿润环境和排水良好的肥沃沙壤土，忌潮湿的黏质土壤，不耐寒，抗风力弱，抗污染。

园林应用：园林观赏，行道树。

树木荣耀：

市树：泉州。

栽培历史：原产于印度至大洋洲海岸林中，中国各地多有栽培。

主要病虫害：叶斑病、烂皮病，叶蝉、华丽野螟、刺桐姬小蜂等。

红花羊蹄甲 *Bauhinia blakeana* Dunn

中文别名：红花紫荆、艳紫荆、洋紫荆

分类地位：豆科羊蹄甲属

国内分布：中国华南和西南地区。

形态特征：乔木。小枝被毛；叶革质，近圆形或宽心形，深裂达叶长的四分之一或稍多，裂片先端浑圆；总状花序短，花玫红色，有时具紫色和白色的条纹；荚果。花期全年，3月最盛。

生态习性：喜温暖、湿润和阳光充足的环境，要求肥沃、疏松、排水良好的沙土壤，越冬温度不宜低于10℃。

园林应用：花美丽且略有香味，花期长，常用作行道树或园林观赏树种，列植、群植。

树木荣耀：

区花：香港特别行政区。

市树：台湾嘉义，三明，珠海、惠州。

市花：台湾嘉义。

栽培历史：红花羊蹄甲于1880年在中国香港被首次发现，经当时港督亨利·阿瑟·卜力爵士和植物学家共同研究，确认为羊蹄甲属的新品种，并以卜力爵士的姓氏为之命名，原译为洋紫荆。1965年红花羊蹄甲被正式定为香港市花，1997年香港回归时继续采纳红花羊蹄甲的元素作为香港特别行政区的区徽、区旗及硬币的设计图案。1967年被引入台湾，1984年成为嘉义市的市花及市树。

主要病虫害：角斑病、褐斑病，蚜虫、袋蛾、毒蛾、刺蛾、小蠹等。

凤凰木 *Delonix regia* (Bojer ex Hook) Raf.

中文别名: 红花楹、金凤树、凤凰树、金凤花、金房树、火树、洋楹

分类地位: 豆科凤凰木属

国内分布: 中国南部及西南部。

形态特征: 乔木。树冠宽广,分枝横展而下垂,小枝常被短柔毛且有皮孔;叶互生,偶数二回羽状复叶,具托叶,叶柄长,叶基部膨大;伞房状总状花序,花大,鲜红至橙红色,有光泽,荚果木质,带形,暗红褐色,成熟时黑褐色,顶端有宿存花柱。花期6～7月,果期8～10月。

生态习性: 喜高温多湿和阳光充足环境,不耐寒,以深厚肥沃、富含有机质、排水良好的沙质壤土为宜,较耐旱,怕积水。

园林应用: 园林观赏,遮荫树,行道树。

树木荣耀:

市树: 厦门,中山,潮州,云浮,台南。

市花: 汕头、云浮、阳江。

栽培历史: 著名的热带观赏树种,"叶如飞凰之羽,花若丹凤之冠",是世上色彩最鲜艳的树木之一,也是非洲马达加斯加共和国的国树。台湾于1897年引入,凤凰木因在6月大量开花,常与蝉鸣并列为毕业的象征。厦门大学、汕头大学和台湾成功大学以其为校花。曾是四川省攀枝花市的市树,但20世纪90年代中后期因尺蠖灾害而被大量砍伐,其市树位置也因此被木棉取代。

主要病虫害: 根腐病,夜蛾、尺蛾等。

紫薇 *Lagerstroemia indica* L.

中文别名: 痒痒树、满堂红、百日红、痒痒花、紫金花、紫兰花、蚊子花、无皮树

分类地位: 千屈菜科紫薇属

国内分布: 广东、广西、湖南、福建、江西、浙江、江苏、湖北、河南、河北、山东、安徽、陕西、四川、云南、贵州及吉林均有生长或栽培。

形态特征: 乔木。树身光滑无皮,以手抓之,彻顶动摇;叶对生,或上部互生,椭圆形或倒卵形,先端尖或钝形,基部广楔形或圆形,全缘。花期7～9月,果期9～12月。

生态习性: 喜阳,喜温暖湿润,耐干旱,抗寒。

园林应用: 庭院观赏,孤植、对植、片植,盆栽。

树木荣耀:

市树: 贵阳。

市花: 宣城,徐州、盐城、宿迁,襄阳、邵阳,基隆。

栽培历史: 亚热带树种,原产亚洲,广植于热带地区。

主要病虫害: 煤污病、白粉病、褐斑病、桑寄生,紫薇长斑蚜、天牛、毒蛾、夜蛾、刺蛾等。

山茶 *Camellia japonica* L.

中文别名: 山茶花、茶花、耐冬花、寿星茶、曼陀罗

分类地位: 山茶科山茶属

国内分布: 江苏、浙江、湖北、台湾、广东、云南。

形态特征: 乔木或灌木。树冠圆形或卵形;叶互生,革质,卵形或椭圆形,先端渐尖,基部楔形,表面暗绿色,平滑无毛,有光泽,边缘有细锯齿;两性花,萼5～6片,冬末春初盛开;蒴果,木质,秋末成熟。

生态习性: 适生于温暖潮湿气候,喜温暖、细松、肥沃、排水良好的细壤土,不宜过热过寒。

园林应用: 孤植、丛植、群植,盆栽。

树木荣耀:

省树: 云南。

市树: 昆明,重庆。

市花: 河池。

栽培历史: 亚热带树种,我国山茶品种繁多,云南尤盛。

主要病虫害: 炭疽病、软腐病、藻斑病、煤污病,刺蛾、卷蛾、毒蛾、枯叶蛾、细蛾、三线茶蚕蛾、蚜虫等。

杜鹃 *Rhododendron simsii* Planch.

中文别名：映山红

分类地位：杜鹃花科杜鹃花属

国内分布：长江流域。

形态特征：灌木。分枝多；叶倒卵形，被毛，网脉；花簇生枝顶，花冠阔漏斗形；蒴果，卵球形。花期4～5月，果期6～8月。

生态习性：喜凉爽、湿润、通风的半阴环境，既怕酷热又怕严寒，忌烈日暴晒，喜疏松、肥沃、富含腐殖质的酸性沙壤土，忌积水。

园林应用：地被，盆栽。

栽培历史：杜鹃花品种繁多，由于来源复杂，我国目前尚无统一的分类标准。

主要病虫害：叶肿病、叶斑病、花腐病，网蝽、杜鹃三节叶蜂、红蜘蛛、蛞蝓等。

朱槿 *Hibiscus rosa-sinensis* L.

中文别名：扶桑、赤槿、佛桑、大红花

分类地位：锦葵科木槿属

国内分布：云南、广东、福建、台湾等省，现已广为栽植。

形态特征：灌木或小乔木。小枝圆柱形，疏被星状柔毛；叶似桑叶，阔卵形或狭卵形，互生，叶缘有锯齿或缺刻；花单生于叶腋，花冠漏斗状，花瓣倒卵形，花心独特，花大色艳，花量多；蒴果，卵形，有喙。花期6～11月。

生态习性：喜阳，喜温暖湿润气候和通风环境，不耐寒霜，不耐阴，耐修剪，在肥沃疏松的微酸性土壤中生长良好。

园林应用：城市绿化，庭院栽植，绿篱，花坛，盆栽，温室花卉。

栽培历史：中国名花，花色丰富，在中国栽培的历史悠久，早在先秦《山海经》中就有记载。

主要病虫害：煤污病，扶桑绵粉蚧、蚜虫、蜡象、叶甲、棉褐环野螟等。

木樨 *Osmanthus fragrans* (Thunb.) Loureiro

中文别名：桂花、九里香、岩桂、山桂

分类地位：木樨科木樨属

国内分布：原产我国西南部，四川、广西分布较多，现各地普遍栽培。

形态特征：乔木或灌木。树冠卵圆形；叶对生，革质，椭圆形或椭圆状披针形，先端急尖或渐尖，基部楔形，全缘或疏生锯齿，侧脉每边6～10条，网脉不明显，新叶嫩红色；核果椭圆形，熟时蓝黑色。花期9～10月。

生态习性：耐阴，喜肥沃且排水良好的沙质酸性壤土，怕涝。

园林应用：孤植、对植、列植、丛植。

树木荣耀：

　　省树：河南、广西。

　　市树：桂林，合肥、六安、遵义、咸宁、恩施、宜春、杭州、梅州。

　　市花：桂林、铜陵、巢湖、宿迁、泸州、广元、雅安、安顺、台州、衢州。

栽培历史：亚热带及暖温带树种，其变种及栽培品种较多。我国是桂花的故乡，栽培历史悠久，早在春秋战国时期，《山海经·南山经》中就提到招摇之山多桂。我国也是目前世界上桂花第一生产大国，国外栽培的桂花均由中国传入。

主要病虫害：炭疽病、叶斑病、煤污病、藻斑病、根结线虫、桑寄生，蚧虫、粉虱、刺蛾等。

茉莉花 *Jasminum sambac* (L.) Aiton

中文别名：茉莉

分类地位：木樨科素馨属

国内分布：南方多地广泛种植。

形态特征：藤本状灌木。枝条细长，有棱角；叶对生，广卵形，叶脉明显；聚伞花序，花冠白色，香气浓郁。花期 6 ～ 10 月。

生态习性：喜温暖湿润和阳光充足环境，半阴环境也能生长，以富含腐殖质的微酸性沙壤土为宜，畏寒畏旱，怕冻怕涝。

园林应用：地被，盆栽。

树木荣耀：

　　省花：江苏。

　　市花：福州。

栽培历史：原产异邦，中国早已引种。相传早在汉代就从亚洲西南传入中国，迄今已有 1600 余年的历史。

主要病虫害：白绢病、叶斑病、蚜虫、粉虱、茉莉叶野螟、斜纹夜蛾等。

罗汉松 *Podocarpus macrophyllus* (Thunb.) Sweet

中文别名：罗汉杉、土杉

分类地位：罗汉松科罗汉松属

国内分布：原产云南，在长江流域以南地区多有栽培。

形态特征：乔木。树皮灰白色，浅纵裂；轮生枝，枝平展密生或斜伸；叶螺旋状互生，条状披针形，微弯，两面中脉显著，表面有光泽；雌雄异株，偶有同株；雄球花穗状簇生，雌球花球状单生。花期 4 ～ 5 月。

生态习性：喜温暖湿润气候，耐寒性弱，耐阴性强，喜排水良好的沙壤土，盐碱土也行，对二氧化硫等有毒气体有较强的抗性。

园林应用：庭院观赏，厂矿区绿化，盆栽，盆景。

栽培历史：罗汉松的种子似头状，种托似袈裟，全形犹如披袈裟的罗汉，神韵清雅挺拔，自有一股雄浑苍劲的傲人气势，契合中国文化"长寿、吉祥"等寓意，故深受追捧。若培育得法，经久不衰。中国南方一些古寺庙内历代多有栽植，至今留存的古树不少，上千年的都有。为提高罗汉松的观赏价值，多于 3 月份摘除老叶，保留旧柄，刺激腋芽生长，俗称"脱衣换锦"。古罗汉松苍古矫健，如附以山石，更为古雅别致。

主要病虫害：煤污病、叶斑病，橙带蓝尺蛾、罗汉松新叶蚜等。

柳杉 *Cryptomeria japonica* (L. f.) D.Don var. *sinensis* Miquel

中文别名：长叶柳杉、孔雀杉、密条杉、宝树、婆罗宝树、温杉

分类地位：杉科柳杉属

国内分布：中国特有树种，长江流域以南。

形态特征：乔木。树皮红棕色，纵裂；枝条轮生，小枝细长下垂；叶锥钻形，先端向内弯曲，四边有气孔线，作螺旋状排列；短穗状花序，雌雄同株。花期 4 月，果期 10 ～ 11 月。

生态习性：中等喜光，喜温暖湿润、云雾弥漫、夏季较凉爽的山区气候，喜深厚肥沃的沙质壤土，忌积水。主根不明显，抗风力差。对二氧化硫、氯气、

氟化氢等有较好的抗性。

园林应用：庭荫树，行道树。

栽培历史：柳杉生长迅速，树形美观，材质较好，是良好的用材和绿化树种，在闽东地区分布极为广泛，福鼎、霞浦、寿宁和蕉城分布较为集中，其原木及加工品深受国内及欧美、日本等地区和国家的欢迎。柳杉属下的另一个种——日本柳杉，有较多的培育品种，在园林景观中的用途比柳杉广泛，目前已被广泛引至西方国家。

主要病虫害：赤枯病，云南松毛虫（柳杉毛虫）、白蚁等。

苏铁 *Cycas revoluta* Thunb.

中文别名：福建苏铁、琉球苏铁、铁树、避火蕉、凤尾蕉、凤尾松、凤尾草

分类地位：苏铁科苏铁属

国内分布：福建东部，多种植于南方。

形态特征：茎干圆柱状，叶螺旋状排列于茎顶，常有鳞叶与羽状营养叶之分，鳞叶线形，褐色，具绒毛，起保护茎顶作用；羽状营养叶绿色，小羽片线形，中脉明显，叶缘强烈反卷，先端刺针状；雌雄异株，小孢子叶球柱状，大孢子叶球扁球状；种子倒卵状，成熟时橘红色。花期 4 ~ 5 月。

生态习性：喜强阳光，喜暖热、湿润及通风良好环境，喜肥沃湿润和微酸性沙壤土，喜铁元素，较耐旱，不耐寒，忌积水。

园林应用：庭园观赏，盆栽。

栽培历史：苏铁类植物起源于古生代石炭纪以前，到中生代侏罗纪曾与恐龙共同称霸地球，地质上称之为"苏铁恐龙时代"。现存的苏铁类植物为"植物界的大熊猫"，为国家一级保护植物。我国对苏铁栽培观赏有上千年的历史，宋代黄庭坚《采桑子·赠黄中行》词云："西邻三弄争秋月，邀勒春回，个里声催，铁树枝头也开"。"铁树开花"在古书中常见，至今也常用之。

主要病虫害：黄化病、叶斑病、茎腐病，曲纹紫灰蝶、蚧虫等。

棕榈 *Trachycarpus fortunei* (Hook.) H. Wendl.

中文别名：棕树、栟榈、棕衣树、唐棕、中国扇棕、山棕

分类地位：棕榈科棕榈属

国内分布：秦岭以南各地。

形态特征：乔木。树冠伞形，干直立，圆柱形，不分枝，为叶鞘形成的棕衣所包，棕衣不能自行脱落，离落处有明显节痕；叶簇生茎顶，向外开展，叶柄硬而长，叶片圆扇形，掌状深裂，有皱褶；雌雄异株，肉穗花序，花黄绿色；核果，阔肾形，有脐，有白粉。花期 4 月，果期 11 ~ 12 月。

生态习性：喜光较耐阴，喜温暖湿润气候，较耐寒，但不能忍受太大的日夜温差。适生于排水良好、湿润肥沃的中性、石灰性或微酸性土壤，对有毒气体及烟尘有较强的抗性，抗火性较强。根浅，易风倒。

园林应用：城市绿化，工厂绿化，庭院观赏，列植、群植，成片栽植。

栽培历史：棕榈科植物以其特有的形态特征构成了热带植物特有的景观。棕榈挺拔秀丽，一派南国风光，在南方各地广泛栽培，是国内分布最广、分布纬度最高的棕榈科种类。棕榈科植物如椰子树、酒瓶椰子、大王椰子、华盛顿椰子、油棕、假槟榔、皇后葵、鱼尾葵、美丽针葵（软叶刺葵）、加拿利海枣（长叶刺葵）等都是展示独特热带风光的重要观赏植物，现已在很多地方大量引进栽培和园林应用。

主要病虫害：锈色棕榈象（红棕象甲）、椰心叶甲、蚧虫等。

椰子 *Cocos nucifera* L.

中文别名：可可椰子

分类地位：棕榈科椰子属

国内分布：海南、云南、台湾、广东。

形态特征：单杆通直，树冠扁圆形；羽状复叶，顶端簇生，小叶长披针形；肉穗花序，初被佛焰苞；坚果，椭圆形，大如人头，顶端三棱状。

生态习性：喜光、高温、多雨，喜土质深厚、排水良好，富含多种肥分、石灰质的沙质壤土，耐湿，喜盐。

园林应用：庭园栽植，绿荫树，行道树，海岸防风林，防潮林。

树木荣耀：

　　省树：海南。

　　市树：海口。

栽培历史：热带树种，印度尼西亚、马来亚、菲律宾、印度及南洋群岛等地较多，海南岛东南部海岸皆为植椰名区，台湾全省有栽植，但唯有台南结果，广州虽有栽植但不结实，云南南部河口、开远、西双版纳一带有栽植且结实。

主要病虫害：椰心叶甲等。

刚竹 *Phyllostachys* spp.

中文别名：台竹、胖竹、桂竹、金竹

分类地位：禾本科刚竹属

国内分布：长江流域一带及河南、山东等省，以江苏、浙江较多。

形态特征：乔木状竹种，秆挺直，淡绿色或黄色，新竹微被白粉，老竹中部节间长 20～30cm，分枝以下秆环不明显，仅箨环微隆起；箨鞘无毛，淡黄褐色，有绿色脉纹及棕褐色斑点，无箨耳；箨舌绿色，箨叶带状披针形，每小枝 2～6 叶，叶片披针形，背面近基部疏生绒毛；地下茎单轴散生。笋期 4～5 月。

生态习性：喜深厚肥沃酸性或中性土壤，忌排水不良，能耐一定的低温。

园林应用：城市绿化，庭院观赏。

栽培历史：竹子是中国古典园林中不可缺少的组成部分，在中国已有数千年的栽培和利用历史。《拾遗记》中"始皇起虚明台，穷四方之珍，得云冈素竹"是竹子用于造园的最早记载。适合园林种植的竹子种类较多，如散生型竹类的刚竹、紫竹、方竹、人面竹等，丛生型竹类的佛肚竹、孝顺竹、撑篙竹、粉单竹、慈竹等，复轴混生型的箬竹、茶秆竹、苦竹、矮竹等。

主要病虫害：丛枝病、锈病、煤污病，蚜虫、竹弯茎野螟、刚竹毒蛾等。

第二章
病害主要症状

　　园林植物在生长发育过程中，不同的生长部位都有可能受到生物因子的侵染或非生物因子的不利影响，其正常的新陈代谢功能受到干扰或破坏，导致植株生长发育异常，最终在外部形态上表现为各种不正常的状态和结构，这一现象称为病害。

　　按照发病起因，由生物因子侵染引发的为侵染性病害，而由非生物因子不利影响导致的为非侵染性病害。无论是侵染性的或非侵染性的植物病害，经过生理病变和组织病变后，在外观上都将表现出不正常状态，这种病变特征称为症状。植物病害症状包括病状和病征，病状指的是植物发病后本身所表现出来的变化，而病征指的是植株病部所产生并表露出来的病原物的情况和特征。

病状大体上分为以下类型：变色、坏死、腐烂、萎蔫、畸形、流胶（流脂）。

变色

变色是指发病植株局部或全株色泽异常。如果是均匀变色，主要表现为褪绿或黄化；如果不是均匀变色，则表现为花叶、斑驳、条纹、线条斑、明脉等症状。

植物病毒、植原体和非生物因子（特别是缺素）均可引起植物变色。

苏铁叶片变色

坏死

坏死是指发病植株局部或者大片组织的细胞死亡。

坏死是植物病害常见的症状，其表现特征因发病部位和病原物不同而有显著差异。坏死在叶片上的表现为叶斑或叶枯两种。很多在叶片上引起坏死的病原物也会为害果实，在果实上形成斑点、炭疽、疮痂等。而受到病原物为害的植物根、茎等也会呈现各种形状的坏死斑，甚至出现猝倒或立枯病状。若造成幼苗倒伏的，称为猝倒；若幼苗直立着枯死并不倒伏，称为立枯。

桂花叶尖枯死

山樱花叶片部分枯死形成穿孔

腐烂

腐烂是坏死的特殊形式，指植物感病组织较大面积的破坏、死亡和解体。腐烂有湿腐、干腐两种。含水分较多的组织坏死后，往往形成湿腐，又称软腐；而质地较坚硬且水分含量较少的组织坏死后则形成干腐。

榕树干部腐烂

畸形

畸形是指植物受害部位的细胞和组织生长过度或不足而造成全株性或者是局部组织、器官的形态异常，包括枝、叶、花、果等各种反常生长现象，常见的类型有徒长、矮化，枝叶丛生、束顶，缩叶、卷叶，肿瘤，畸果或小果，疱斑，花变叶等。

竹叶丛枝病

萎蔫

萎蔫是指植物部分枝叶或全株因植物根部或茎部的维管束组织病害或坏死而表现失水状态，呈萎凋现象。这种萎蔫一般是不可逆的。

古樟树萎蔫

木麻黄小枝丛生

流胶（流脂）

因病虫害、气候（冻害、高温、日灼等）、土壤环境（土质黏重、土壤酸碱度不适、水分过多或不足、根际土壤硬化等）、管理措施（施肥不当、修剪过重、结果过多）等原因，引起植物组织异常分泌大量胶状或脂状物质，并在枝干甚至叶片上形成明显的胶体。在针叶树上通常称为流脂。

流胶病 - 桃树 -20151010- 福建永泰县同安镇

流脂病 - 大叶南洋杉 -20210126- 福州

第二节
病征类型

当环境条件适宜时，病原物在植物体内外大量生长，病害也随之发生发展。在病害发展后期，病原物进入繁殖期或休眠期，在病斑上所形成的营养体、繁殖体或休眠结构常因体积较大或数量多堆积在一起，肉眼可见，这些结构就被称为病征。常见的病征有霉状物、粉状物、点状物、颗粒状物、脓状物等，在病原物生长发育的不同阶段，病征也会出现一些变化，如由粉状物变为点状物，或由霉状物变为颗粒状物。

霉状物

一般来说，霉状物主要是由病原真菌的菌丝、分生孢子梗或孢囊梗、分生孢子或孢子囊等在植物病部表面形成的肉眼可见的霉层。根据霉层的质地可分为霜霉、绵霉、烟霉等，根据霉层的颜色可分为青霉、灰霉、赤霉等。

紫薇煤污病

粉状物

病原真菌在植物发病组织表面或表皮下或组织中产生的粉状物，破裂后散出，有白粉、黑粉、锈粉等。

点状物

在病部产生的颜色、大小、色泽各异的点状结构，它们多是病原真菌的繁殖体，如子囊壳、子囊座、闭囊壳、分生孢子器、分生孢子盘等。

紫薇白粉病

桂花叶枯病上点状物

颗粒状物

在病部产生的许多小颗粒，一般比点状物体积要大，主要是病原真菌的菌核，或是病原菌菌丝体变态形成的一种特殊结构。

白绢病病原菌齐整小核菌（*Sclerotium rolfsii*）菌核 - 南方红豆杉 -20070806- 福建南平市延平区茫荡镇茂地村（宋漳摄）

脓状物和胶状物

是细菌性病害特有的病征，在病部溢出的脓状黏液，内含细菌菌体，干燥后呈胶质状颗粒。

木麻黄青枯病树干横切面上溢出的菌脓

各种植物病害的症状是随着病害的发展而变化的。初期症状、中期症状和末期症状往往迥然不同，各有特征。但每一种病害症状发展变化的过程，以及它们与特定环境的关系又是相对稳定的。因此，我们只要掌握了某种病害症状的变化规律，就可以在不同情况下识别它。各种植物病害一般都具有特异的症状，常见病、多发病往往通过症状的鉴别就能得出诊断结论。野外观察中，培养这种识别能力很有实用价值，有经验的人大多能通过对症状的观察初步诊断病害的大类。但是由于病害症状的类型是有限的，而病原的种类却很多，因此，当遇见复杂情况时，就不能单凭症状及实地发病情况来诊断，还必须在症状观察的基础上对病部组织进行直接镜检或分离、培养后镜检或通过化学诊断法、人工诱发及排除病因的检验法、指示植物鉴定法、分子生物学检测等方法，对病原的种类做进一步的鉴定。

园林植物上的病害种类繁多，本书以福建为例做一些介绍。福建园林树木上的病害主要有真菌引起的锈病、煤烟病、白粉病、炭疽病等，以及病毒引起的病害。另外，目前部分园林树木由于根际部分路面硬化、堆土以及直接在建筑垃圾上种植等原因，表现出病害症状，造成植物生长不良甚至死亡，不是本书的主要研究内容，未做深入探讨。

第三章
虫害主要为害状

园林树木害虫种类多，根据其为害方式大致可分为食叶性害虫、钻蛀性害虫、刺吸式（吸汁）害虫、地下害虫等不同类群。由于不同种类害虫的取食方式不同，它们在为害植物后都有其明显的为害痕迹，如缺刻、孔洞、虫巢、蛀道或植物组织受刺激后增生等。现仅就常见的为害状作一介绍，以便于在园林生产过程中做到早发现早防治，从而减轻或避免植物受害。

组织缺损

　　幼虫（若虫）或成虫以咀嚼式口器直接取食叶片，有时也啃咬嫩梢、树皮、果皮等，被害植物出现组织缺损的痕迹，严重时甚至整株叶片被吃光。这类害虫十分普遍，幼虫为害的如鳞翅目各种蛾类、叶蜂等，幼虫（若虫）和成虫均为害的如蝗虫、叶甲、竹节虫、天牛、吉丁虫等。成虫为害的如花金龟等。

桂花叶片的缺刻——窃达刺蛾为害状

海芋叶上的怪圈——锚阿波萤叶甲为害状

李果的癞皮现象——缘黄毒蛾为害状

卷叶

　　幼虫将单片叶片卷起或多片叶片缠缀在一起形成不同形状的虫苞，匿居其中取食或外出取食，如卷叶螟。也有的成虫卷叶成苞，将卵产于其中，幼虫在苞中取食，如卷叶象。

榕树卷叶苞——双点绢丝野螟为害状

扶桑卷叶苞——棉褐环野螟为害状

乌桕卷叶苞——棕长颈象成虫为害状

缀叶成巢

幼虫吐丝将相邻叶片缀连成巢，匿居其中取食，一般有聚集性为害的习性，一个虫巢中有数头至数十头幼虫，常造成植株大量失叶，且树上挂满虫巢，严重影响植株的视觉效果，如缀叶丛螟、橄绿瘤丛螟（樟巢螟）等。

枫香树上的虫巢——缀叶丛螟为害状

楠木上的虫巢——橄绿瘤丛螟为害状

潜叶痕

幼虫在叶片上下表皮间或果皮下潜行取食，残留表皮，在叶上形成不规则的潜痕，如潜叶蛾、潜叶蝇等。

香樟叶面潜叶蛾为害状

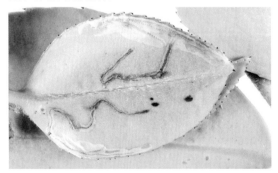

油茶叶背面潜叶蝇为害状

吐丝结网

幼虫在植株上吐丝结网成幕，覆盖枝条甚至全株植物，在网幕内取食。

寄主植物整株被网幕罩住———种鳞翅目幼虫为害状

蛀梢

以幼虫钻蛀嫩枝梢，一般从梢头开始沿髓心部蛀食，蛀道通直，长度很少超过10cm，常造成枯梢，如一些卷蛾。

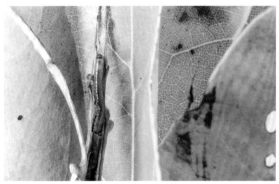

樱花翅小卷蛾蛀食樟树嫩梢

杉梢小卷蛾蛀食杉木嫩梢

蛀干（枝）

以幼虫或成虫蛀食树干、枝条或主根，并在木质部中形成长短不一、形状不同的蛀道，蛀食阶段虫体在蛀道中生活。如天牛、小蠹虫、木蠹蛾、白蚁等，蛀孔外、树干基部常见有虫粪和食物残渣，可作为识别特征。

星天牛为害红叶石楠

木蠹蛾为害槭树

小蠹为害羊蹄甲

桃红颈天牛在桃树干基排出的大量虫粪

乳白蚁为害柳杉

蛀果

通常幼虫在果内蛀食，成虫在果实外蛀食。幼虫蛀食多在虫孔外堆积有虫粪。如油茶象、桔小实蝇等。

油茶象成虫为害油茶果实

油茶象幼虫为害油茶果实

虫瘿

植物组织（叶片、叶脉、嫩枝、树干等）遭受昆虫等取食刺激后，细胞异常分裂，造成组织增生而形成畸形、瘤状物等，虫体在增生组织内生活。增生组织大多在植物地上部分形成。造瘿害虫主要有半翅目的叶蝉、木虱、粉虱、蚜虫、蚧虫、蜡象，缨翅目的蓟马，瘿螨目的瘿螨等。

盆架树叶面上的星室木虱虫瘿

桂花叶背上的虫瘿

斑点、皱缩（畸形）

半翅目昆虫或螨类以口针刺入嫩枝、叶、芽、花蕾、果、根等植物组织内吸取汁液，取食后植物表面无显著破损现象。可造成叶片失绿而形成各种颜色的斑点，有的引起植物组织畸形，如叶片皱缩、卷曲甚至整株枯萎或死亡。蚜虫、蚧虫等会引发煤污病。叶蝉、木虱、粉虱等还是病毒、菌原体等病害的重要传播媒介。

杜鹃冠网蝽为害状

竹柏叶背上的罗汉松新叶蚜为害状

第二篇

南方风景
园林树木
病害

第一章

叶（梢）部病害

炭疽病 Anthracnose

　　炭疽病主要在叶部发病，也可为害嫩梢、叶柄、花序、果实等。

症状：叶片感病后会产生圆形、椭圆形、多角形或者不规则形的黑褐色病斑。病斑扩大后连成片，形成大的枯死斑，甚至出现枯死斑开裂、穿孔等。感病严重的叶片皱缩、扭曲、畸形，最后干枯脱落。在叶柄上的病斑黑褐色，绕叶柄一周后，叶片极易脱落。在嫩梢上的病斑也是黑褐色，绕枝条扩展一周后，病部以上部分枯死，并产生密集的黑色颗粒状物，即炭疽菌的分生孢子盘。花序感病后变黑凋落。幼果感病后，果皮上形成小黑斑，病斑覆盖全果后，果实皱缩脱落。

病原：由炭疽菌属真菌引起，病原的无性阶段隶属于无性态菌物的第六类，即分生孢子着生于分生孢子盘内；相当于 Ainsworth（1973）系统中的半知菌亚门（Deuteromycotina）腔孢纲（Coelomycetes）黑盘孢目（Melanconiales）黑盘孢科（Melanconiaceae）炭疽菌属（*Colletotrichum*）。分生孢子梗淡色。分生孢子棍棒状或梭形，单胞，无色，表面光滑。

寄主植物：寄主范围广泛，常见的植物如杧果、枫香、棕榈科植物、山茶、罗汉松、万年青、兰花（剑兰）、仙人掌等都容易发生炭疽病。

国内分布：普遍

炭疽病 - 鱼尾葵 -20150624- 福建省林科院

八角金盘炭疽病（胡红莉供图）

防治方法

1. 林业防治　控制种植密度，确保通风透光良好；剪除病枝、病叶，及时清除病残体。避免单施氮肥，适当增施磷肥和钾肥。

2. 化学防治　可选用40%氟硅唑乳油2000倍液、10%苯醚甲环唑水分散粒剂4500倍液、70%硫磺•锰锌可湿性粉剂500倍液、50%多菌灵可湿性粉剂500倍液、80%代森锰锌可湿性粉剂700倍液、75%百菌清可湿性粉剂600～800倍液、70%甲基硫菌灵可湿性粉剂800～1000倍液、50%退菌特可湿性粉剂800倍液、12.5%腈苯唑乳油3000倍液、0.6%～1.0%波尔多液、30%氧氯化铜600～800倍液等喷施。

煤烟病 Sooty molds

　　煤烟病又称煤污病，常见于植物叶片或者小枝条上，主要是由介壳虫、粉虱、蚜虫等昆虫为害诱发。煤污层阻碍寄主植物的光合作用，进而影响植物正常的生长及其观赏价值。该病害常发生于背阴、种植过密或者较潮湿的地带。

症状： 发病初期，叶片上一般先出现黏稠物，这些是介壳虫、粉虱、蚜虫等昆虫的排泄物或者分泌物。慢慢地这些黏稠物四周出现一些灰黑色至黑色的点状物，并逐渐增多，连接成片，最后在叶片表面大部或全部覆盖一层致密的煤污层。

病原： 子囊菌门的煤炱科（Capnodiaceae）、小煤炱科（Meliolaceae）以及球腔菌科（Mycosphaerellaceae）枝孢属（*Cladosporium*）等多种菌物均可引起煤烟病。

煤污病与佛州龟蜡蚧 *Ceroplastes floridensis*- 天竺桂 -20161108- 福建永泰县樟城镇

病原菌营腐生生活，从介壳虫、粉虱、蚜虫等昆虫的排泄物或者分泌物中吸取养分。

寄主植物： 常见于紫薇、竹子、天竺桂、山茶等多种园林植物。

国内分布： 普遍

煤污病 - 扶桑 -20170714- 福州国家森林公园

防治方法

1. **林业防治**　加强栽培管理，种植密度适当，适时疏伐，增强通风透光，可显著抑制该病发生。在个别枝、叶上出现病斑和诱病若虫时，及早清除这些带病、虫的枝、叶，并加以烧毁，控制煤污病菌的扩散和蔓延。

2. **生物防治**　保护和繁育瓢虫等天敌，抑制诱病昆虫的发生。

3. **化学方法**　控制和杀灭植株上的介壳虫、蚜虫、粉虱，是减少发病的重要措施。夏季用0.3波美度、秋季用1波美度、冬季用3波美度的石硫合剂喷洒病株，用黄泥水、山苍子叶和果原汁加水20倍喷洒，也有一定效果。

白粉病 Powdery mildew

白粉病寄主范围广,主要为害叶片,有时也见于嫩枝、嫩梢和幼果,一般老叶较新叶易感病,下部叶片先发病。受害严重时叶片皱缩变小,嫩梢扭曲畸形,花芽不开。

症状:发病初期,在叶片表面出现分散的白色粉状物,逐渐连成片,使整个叶片布满白色的粉状物,即病原菌的菌丝体、分生孢子梗和分生孢子。由于病原菌主要寄生于活体组织,因此受害组织不会迅速死亡,一般仅表现出褪绿或者变黄。发病后期,粉状物由白色变成灰色或者灰褐色,并在上面着生黑色颗粒状物,即病原菌的闭囊壳,闭囊壳外面会有形态各异的附属丝。

病原:白粉菌目(Erysiphales)白粉菌科(Erysiphaceae)菌物,一般称为白粉菌,是高等植物上的专性寄生菌,大都以无色透明的菌丝体生长在寄主的表面,靠菌丝特化的吸器伸入寄主细胞内吸收营养。

寄主:常见的有紫薇、黄杨、向日葵、荔枝、桑树、柳树、朴树、栎属、蔷薇科植物等。

国内分布:普遍

白粉病 - 月季 -20210225- 厦门南湖公园(黄指达供图)

白粉病 - 紫薇 -20210406- 福建省林科院

防治方法

1. 林业防治　栽培时剔除染病株,不宜种植过密,增加通风透气;与非寄主花木轮作;结合冬剪,剪除病梢、病芽;少施氮肥,增施磷钾肥和有机肥。

2. 化学防治　喷布高脂膜(乳剂)200倍液,预防白粉病发生和治疗初期白粉病。病害盛发期,可喷20%四氟•吡唑酯1000倍液、15%粉锈宁1000倍液、2%抗霉菌素水剂200倍液、10%多抗霉素1000～1500倍液;或选喷三唑酮、烯唑醇、苯醚甲环唑、嘧菌酯、甲基硫菌灵等药剂。越冬期用3～5波美度的石硫合剂稀释液喷施(注意,瓜叶菊等易受药害的花卉不能施用)。生长期在发病前可喷保护剂,发病后宜喷内吸剂,根据发病症状,花木生长和气候情况及农药的特性,间隔5～20天施药一次,连施2～5次。药剂交替使用。

锈病 Rust

锈病分布广，为害植物的叶、茎和果实。病原菌通过吸收寄主体内的养分和水分，破坏叶绿素，降低寄主的光合作用，使寄主生长受到抑制，易造成叶片提前脱落，严重时孢子堆密集成片，可引起枝干肿瘤、粗皮、丛枝、曲枝等症状，或造成落叶、焦梢、生长不良等，植株因体内水分大量蒸发而迅速枯死。

症状：病株因大量出现锈色孢子堆而得名。在叶、茎等部位，先出现淡绿色小斑点，后扩大成锈褐色疱斑，表皮破裂后散出黄褐色粉状物，为夏孢子堆；有的呈橘红色到黄色小粉堆，为冬孢子堆；也有生米黄色到暗褐色点或粒状，为性孢子器；还有的生许多淡黄色、灰黄色到灰褐色稍隆起或刺毛状物，为锈子器。

病原：大部分是担子菌门（Basidiomycota）柄锈菌亚门（Pucciniomycotina）柄锈菌纲（Pucciniomycetes）柄锈菌目（Pucciniales）的菌物。由于锈菌大部分都是专性寄生菌，病原菌具有寄主专化性，所以不同寄主上锈病的病原菌有所不同，比如鸡蛋花锈病是由鞘锈菌属（Coleosporium）真菌引起、美人蕉锈病是由柄锈菌属（Puccinia）真菌引起的、玫瑰锈病是多胞锈菌属（Phragmidium）真菌引起的等。

寄主：鸡蛋花、美人蕉、玫瑰、柳树、梨树等。锈病种类很多，在园林方面主要为害蔷薇科、豆科、百合科、禾本科、松科、柏科和杨柳科等近百种花木。该病冬季寄生为害桧、柏嫩枝，其中以蜀桧、龙柏发生较重，花柏、刺柏次之。夏季寄生主要为害苹果、梨、各类海棠、山楂等的叶果和嫩枝，其中以梨树为害最重。

梨锈病 -20180412- 福建龙岩市新罗区红坊镇船巷村

鸡蛋花感病叶片背面的夏孢子堆 -20191029- 福州赤桥公园

防治方法

1. 林业防治　调整种植密度，选择套种植物，清理冬季落叶。

2. 化学防治　针对不同植物上的锈病需采取不同的药剂和剂量，以鸡蛋花锈病为例，冬季施用70%甲基托布津800倍液或多菌灵可湿性粉剂600倍液，可显著减轻次年鸡蛋花锈病的病征；夏季使用25%粉锈灵800～1000倍液+70%甲基托布津600～800倍液混合喷施进行防治，可取得较好的效果。

藻斑病 Algal spot

藻斑病主要在比较潮湿的环境中发生。

症状： 一般在老叶上发病，发病初期在感病叶片上出现黄色小点，再向四周放射状扩展成圆形或近圆形病斑，灰绿色至黄褐色，病斑上可见细条状毛毡状物，后期稍隆起，变暗褐色，边缘不整齐，表面平滑，有纤维状纹理。

病原： 寄生性藻类植物，如寄生性红锈藻（*Cephaleuros*）等。

寄主： 山茶、荔枝、含笑、龙眼、杧果、桂花等。

国内分布： 南方广泛分布。

藻斑病 - 茶花 -20210430- 福建省林科院

藻斑病 - 含笑 -20210225- 福州国家森林公园

防治方法

1. 环境整治　藻斑病在潮湿环境易发生，所以需要注意保持生长环境干燥，注意开挖排水沟，防止过潮。

2. 林业防治　及时疏除徒长枝和病枝；改善通风透光条件；适当增施磷钾肥，提高植株抗病力。

3. 化学防治　可选用石灰半量式波尔多液、硫酸铜液、绿得保、绿乳铜等药剂，具体剂量视具体病害及严重程度而定。

朱槿曲叶病 Hibiscus leaf curl

近年来，朱槿曲叶病发病严重，影响了朱槿（扶桑）的生长和观赏价值。

症状： 发病植株和枝条都明显矮化；新叶黄化明显；叶片畸形，变小，老叶和新叶皆向上卷曲，呈杯状或勺状；叶脉增大、明脉或脉突，叶片背面粗糙不平且于叶脉处产生耳突。较大的病株能正常开花，但花比健康株略小；较小的苗木多数不能正常开花。

病原： 木尔坦棉花曲叶病毒（Cotton leaf curl Multan virus, CLCuMV），属双生病毒科（Geminiviridae）菜豆金色花叶病毒属（*Begomovirus*），传毒介体为B型烟粉虱，也会通过嫁接传播，但不会通过机械摩擦接种传播和种子带毒传播。鉴于曲叶病的危害性，2007年5月28日正式发布实施的《中华人民共和国进境植物检疫性有害生物名录》再次将其列入植物检疫对象。

寄主： 扶桑、黄秋葵、棉花、垂花悬铃花等。

国内分布： 福建、广东、广西、海南等。

曲叶病 - 扶桑 -20170708- 福建农林大学

防治方法

1. **加强检疫**　曲叶病毒长距离播散主要是由于感病寄主跨区调运。因此，要加强检疫，不种植带病毒的植株。
2. **物理防治**　清理枯萎枝叶集中烧毁。传媒昆虫烟粉虱密度较低时，可悬挂黄色黏虫板，每15～25m²悬挂1片。
3. **化学防治**　用1%高效氯氟氰菊酯水乳剂或1.8%阿维菌素乳油5000倍液防治烟粉虱，7天左右喷1次，连喷2～3次。施药时全株（叶的正反面）要喷施均匀。

第二章

枝干病害

松材线虫病 Pine wilt disease

松材线虫病又称松树萎蔫病，是为害松树的一种毁灭性流行病，又称松树的"癌症"，是检疫性林业有害生物。我国自 1982 年在南京中山陵的黑松上发现该病以来，已蔓延到 18 个省（直辖市、自治区），其扩散速度快，导致大量的松树枯死，造成巨大的经济损失和生态损失，是近几十年来我国发生最严重、最危险的重大林业病害，严重威胁着我国的松林资源和生态安全。

症状： 该病发病初期，松树外观正常，树脂分泌减少，蒸腾作用下降，在嫩枝上往往可见天牛啃食树皮的痕迹；随着病害的发展，针叶逐渐变色，由绿色逐渐变为黄褐色，树脂分泌停止，还可发现天牛产卵刻槽、低龄幼虫及其它蛀干害虫为害的痕迹；病害进一步加剧后，大部分针叶由黄褐色变为红褐色，萎蔫，整株树枯死，但针叶长时间不脱落，有时直至翌年夏季才脱落。病死树上多见天牛及其它次生性害虫的危害，其木质部往往呈现"蓝变"现象。

病原： 松材线虫（*Bursaphelenchus xylophilus*）属线形动物门（Nematomorpha）线虫纲（Nematoda）滑刃目（Tylenchida）滑刃科（Aphelenchoididae）伞滑刃属（*Bursaphelenchus*）。松材线虫的雌、雄虫都呈蠕虫形，虫体细长，雌虫体长 0.45 ～ 1.29mm，雄虫体长 0.59 ～ 1.30mm。唇区较高，缢缩明显。口针细长，中食道球卵圆形，占体宽的 2/3 以上。雌成虫阴门位于虫体的 3/4 处，上有阴门盖，尾部末端钝圆，类似指状，无尾端尖突。雄虫交合刺大，

松材线虫病严重发生林分 - 马尾松 -2020- 福建（蔡守平摄）

弓状，成对，喙突显著，交合刺远端膨大如盘，尾端尖细，侧观呈爪状，向腹部弯曲，交合伞卵形。松材线虫的成虫交尾后，每雌虫产卵约100粒。发育过程经过卵、幼虫和成虫3个阶段，完成1代所需的时间与温度有关，温度20℃为6天，在25℃时为4天。

寄主：寄主以松属（Pinus）植物为主，也少量为害非松属针叶树，据记载有62种之多。我国主要为害马尾松、黑松、赤松、海岸松、火炬松、湿地松、红松、落叶松等。

国内分布：辽宁、江苏、浙江、安徽、福建、江西、山东、河南、湖北、湖南、广东、广西、重庆、四川、贵州、云南、陕西等18个省市区。

传播途径：该病近距离传播主要是靠天牛等媒介昆虫传播，我国南方地区主要传播媒介是松墨天牛（Monochamus alternatus），在辽宁云杉花墨天牛（M. saltuarius）也是其有效传播媒介。每头松墨天牛成虫可携带数万条松材线虫，最高可达25万～30万条，当天牛羽化后飞往健康松树枝条上补充营养取食时，线虫即从天牛啃食的嫩枝皮伤口处侵入树体内，繁殖并逐渐向其他部位扩散，线虫在树干中大量繁殖导致松树枯死。松墨天牛等喜在病死和濒死的松树上刻槽产卵，幼虫孵化后蛀入寄主木质部，并在其中完成生活史，在化蛹时，线虫会聚集在蛹室周围并附着在天牛体上或进入天牛体内，天牛成虫羽化后取食健康松树嫩枝时完成新的传播。天牛1年发生世代数因地理位置差异有所不同。人为运输感病的寄主植物、木材及其制品等造成该病远距离传播。

马尾松病死树（中）和濒死树（左右）-20200825-福建南安市

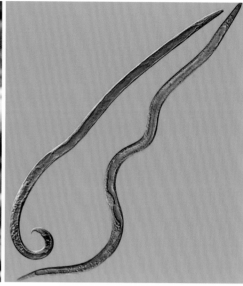

病死木木质部"蓝变"现象 - 马尾松 -20211117- 福建南安市丰州镇（曾丽琼摄）　雄成虫（左）与雌成虫（右）- 宁波海关技术中心植物检疫实验室供图

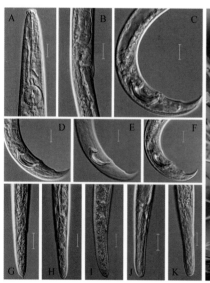

A. 线虫头部 B. 雌虫阴门 C-F. 雄虫尾 G-K.　松墨天牛成虫取食松树枝皮 -20170629- 福　成虫产卵痕 - 马尾松 -20100707- 福建武夷
雌虫尾（宁波海关技术中心植物检疫实验室　建泉州罗溪林场　山市
供图）

幼虫 - 马尾松 -20120419- 福州国家森林公园　　　羽化前蛹与蛹室 -20150608- 福建连江县

幼虫侵入孔（左）与成虫羽化孔（右）- 马尾松 -202106- 福州国家森林公园

媒介昆虫 - 松墨天牛成虫被绿僵菌感染 -20170630- 福州国家森林公园

媒介昆虫 - 松墨天牛成虫被白僵菌感染 -20140711- 福州国家森林公园

防治方法

1. 加强检疫 做好该病的检疫工作，切断该病的远距离传播是防治该病的重要手段。严禁将疫区内的未经除害处理的松木及其制品外运和输入无病区，杜绝人为传播。加强涉木单位和个人的检疫检查，定期开展专项执法行动，严厉打击违法违规加工、经营和使用疫木的行为。加强电缆盘、光缆盘、木质包装材料等松木及其制品的复检，严防松材线虫病疫情传播危害。

2. 疫木清理 对已发病枯死的松树，要尽早清理，并通过焚烧、旋切及粉碎等措施进行除害处理，清理时特别要注意将主干及1cm以上的枝桠、侧枝等全部进行除害处理。

3. 媒介昆虫防治 在天牛羽化期喷洒化学药剂或白僵菌、绿僵菌等生物药剂进行防治。或林间释放花绒寄甲、肿腿蜂防治幼虫。

4. 打孔注药保护 对于名木古松、具有重要景观或者生态价值的松树，可以通过注射甲维盐等药剂来保护其免受松材线虫危害。

樟树溃疡病 Camphor canker

自 1994 年首次在湖南发现樟树溃疡病以来，陆续在江苏、上海、重庆和福建等地发生该病害的危害。

症状： 主要发生在枝干枝丫处。感病初期形成圆形小黑斑，湿度大时黑斑呈水渍状，病斑纵横扩展，纵向扩展快，横向扩展慢，形成黑色梭形斑；后期病斑环绕枝干，失水时病斑凹陷，病斑开裂形成典型溃疡状，受害部位病斑周围健康组织常形成隆起愈伤组织；严重时受害植株病斑密集连片环绕整个枝干，皮层变褐腐烂，造成大量枝梢干枯，整个枝干发黑，植株逐渐枯死。

病原： 引起樟树溃疡病的病原种类多样，主要有葡萄座腔菌（*Botryosphaeria dothidea*）（无性态为七叶树壳梭孢 *Fusicoccum aesculi*）、*B. parva*、*B.rhodina*、楼斗大茎点霉（*Macrophoma aquilegiae*）等；在福建分离到小新壳梭孢（*Neofusicoccum parvum*）、可可毛色二孢（*Lasiodiplodia theobromae*）、假可可毛色二孢（*L. pseudotheobromae*）和 *L. iranensis* 等 4 种致病菌，其中小新壳梭孢致病性最强。

寄主： 小新壳梭孢：栾树、桉树、杧果、柏木等。可可毛色二孢：番木瓜、木槿、南洋楹、桑、马尾松、梅等。假可可毛色二孢：朴树、楠木、桉树等。

国内分布： 湖南、江苏、上海、重庆和福建等地。

（陈全助　撰稿）

分生孢子器　　　分生孢子　　　分生孢子囊

小新壳梭孢形态特征（陈全助供图）

分生孢子器　　　早期分生孢子　　　成熟分生孢子

可可毛色二孢形态特征（陈全助供图）

分生孢子器　　　分生孢子　　　成熟分生孢子

假可可毛色二孢形态特征（陈全助供图）

樟树溃疡病 - 香樟 -20151125- 福建永泰县清凉镇清凉村

樟树溃疡病病斑 - 樟树（陈全助供图）

防治方法

1. 苗木检疫　加强苗木调运检疫，防止病害人为扩散传播。
2. 林业防治　结合修枝培育冠形，清除受害病枝，刮除病斑，切断侵染源。
3. 药剂防治　病斑刮除部位喷施70%甲基托布津、40%多菌灵1000倍液，连续施药2～3次。

桃树流胶病 Peach gummosis

流胶病是桃树的重要病害，发病率一般为30%～40%，雨水较多的南方地区是桃树流胶病的重灾区。在福建，观赏桃花发病严重的高达80%以上，甚至100%产生流胶现象。流胶病会造成树势衰弱，严重威胁桃花开放，最终导致桃树死亡。

症状：桃树流胶病发病原因有非侵染性和侵染性两种。非侵染性流胶病发病初期树梢肿胀，后期分泌半透明、柔软的树胶，胶体与空气接触后发生褐变，风干后颜色加深变为红褐色或茶褐色，染病部位皮层和木质部逐渐腐朽，导致树势减弱甚至树体死亡。侵染性流胶病为生物性病害，与非侵染性流胶病不同，通常在伤口流出黑色、奶状的胶体，其在发病树体上呈现散点分布。其中，由真菌引起的流胶病主要为害主干、主枝和果实；当年生新梢一般不发生流胶，而是先在皮孔周围形成小突起，然后变大形成瘤状突起，直径约1～4mm，次年瘤皮开裂后溢出胶状树脂，并逐渐由无色半透明软胶氧化转为茶褐色硬胶，凹陷成圆形或不规则斑块，并散生针尖状小黑点。多年生枝条的流胶直径为1～2cm，流胶量多，危害程度大，容易导致树干枯死。

流胶病 - 桃树 -20150615- 福州国家森林公园

流胶病 - 桃树 -20201022- 泉州森林公园

病原: 作为一种复合性病害,桃树流胶病的发病原因复杂,发病机制有很多种,有非侵染性和侵染性,侵染性有细菌侵染和真菌侵染,且受环境因素影响较大。非侵染性流胶病主要原因有:霜冻害、日灼伤等伤害,施肥或栽植深浅把控不当、水分过多、过度开花结果和土壤土质结构等引起的桃树生理失调,自然条件恶化或过度修剪等形成的伤口,天牛、介壳虫、蚜虫、梨小食心虫等虫害所造成的树体损伤等,都是桃树非侵染性流胶病的诱因。关于桃树流胶病病原菌的相关研究,各地报道不一,目前认为葡萄座腔菌属(*Botryosphaeria*)是侵染性流胶病最主要的病原菌。在我国,有报道 *B. dothidea*、*B. obtusa*、*B. rhodina*、*B. ribis*、*Leptosphaeria pruni* 和 *Cucurbitaria* sp. 等都能引起桃树流胶病。

寄主: 桃树、李树等蔷薇科植物。

国内分布: 南方各地均有发生。

流胶病 - 桃树 -20191018- 福州金鸡山公园

防治方法

　　桃树流胶病难以根治,必须"防""治"结合。防治关键在及时,可将园林防控、生物防控、物理机械防控与科学用药相结合进行综合防治。

1. **加强桃园管理**　在桃树休眠期深翻土壤,雨季注意开沟排水,采用高垄栽培,适当增施有机肥、磷肥、钾肥和微肥,在桃树盛花期增施氰氨化钙。将虾蟹贝壳类废料填埋在桃树周围,在除草或施肥时拌入土中,并伴随用海水浇灌桃树对流胶病有一定防治作用。合理修剪以增强树势,冬季进行树干涂白。

2. **药剂防治**　在加强桃园管理的基础上,配合使用药剂治疗,以减少发病率。

　　(1)非侵染性流胶病药剂一方面是注意防治枝干病虫,尤其是蚜虫、食心虫、蝽象,可用吡虫啉、甲维盐、高效氯氰菊酯等药剂防治。以硝酸钙、硫酸钾、海藻酸钠、水苏碱等为原料进行复合配比,治疗桃树流胶病。

　　(2)侵染性流胶病则主要利用药剂防治病原菌。涂药防治:刮除胶块后,在伤口处涂药以防止继续流胶,可用 50% 金消康(氯溴异氰尿酸)和化学浆糊(羧甲基纤维素)制成的浆液涂刷;或用 50% 退菌特、70% 甲基托布津、43% 戊唑醇、30% 戊菌唑、30% 己唑醇、石硫合剂等涂抹伤口;或用石硫合剂+新鲜牛粪+新鲜石灰或20%～25%石灰乳涂刷主干。喷药保护:在3～4月发病初期喷药保护,10天左右1次,连续2～3次。药剂可选用石硫合剂与丙环唑、丙环唑与代森锰锌混合液、硼砂溶液、果病康丰、30% 戊菌唑、40%氟硅唑、96% 戊唑醇和95% 己唑醇、溃腐灵、靓果安进行全园喷施,72%农用硫酸链霉素,5～6月病虫害严重期施用,对桃树流胶病有一定效果。

3. **生物防治**　利用微生物之间的拮抗作用使侵染性流胶病得到有效抑制。用枯草芽孢杆菌、解淀粉芽孢杆菌进行液体发酵制备成无菌体和无芽孢发酵液处理桃树。

南洋杉流脂病 Araucaria resinosis

大叶南洋杉（*Araucaria bidwillii* Hook.），原产大洋洲沿海地区，广东、福建、台湾、海南、云南、广西等地有引种栽培，多栽植于庭院、路旁；长江流域及北方盆栽，需在温室越冬。近年来在福州等地出现流脂现象，轻者树势衰弱，重者树干表面产生厚厚一层树脂，针叶枯黄脱落，甚至整株死亡。

症状：主要发生在主干及主干与大枝交叉的枝杈处。从树皮裂缝处及伤口处流出透明灰白色脂状物质，形成泪滴痕，过一段时间呈乳白色，最后转为棕褐色胶状物。流脂处会不断扩大，自上而下黏着在树干上，严重时流脂厚度可达2cm。在阳光直射面流脂严重，阴面较轻或不流脂。在福州，流脂从4月至11月发生，6月至9月为高峰期。行道树流脂率较高。

病原：南洋杉流脂病是一种生理性病害。起因与树干基部地表硬化，土壤通气不良，酸碱度不适，高温天气阳光直射树干及路面反射，枝条修剪造成伤口等有关。小穴壳菌（*Dothiorella* sp.）等通过主干伤口侵染植株，加重了流脂病的发生。

寄主范围：大叶南洋杉等。

国内分布：福建（福州）。

流脂病（轻度）- 大叶南洋杉 - 20210126- 福州森林公园

流脂病（中度）- 大叶南洋杉 - 20210126- 福州森林公园

流脂病（重度）- 大叶南洋杉 -20160831- 福州国家森林公园

枝条伤口处流脂 - 大叶南洋杉 -20210126- 福州国家森林公园

树干涂白防治南洋杉流脂病 -20170503- 福州国家森林公园

防治方法

1. 加强管理　改善植株生长环境和增强树势是减轻流脂病发生的根本途径。改善大叶南洋杉根部环境，树干基部外围地表不要硬化，土壤疏松透气；降低根际土壤酸碱度，使pH值在5～7为宜。不要造成人为伤口，减少锯口、虫伤等。

2. 物理防治　初夏在主干上涂白，防止阳光直射；树冠下种绿植、铺枯草等。

3. 化学防治　刮除流脂部位树皮，喷涂药剂防治。药剂可选用甲基托布津、石硫合剂或古树专用防腐剂等。

槭树枝枯病 Maple dieback

枝枯病对鸡爪槭（*Acer palmatum*）等槭树的生长、观赏等影响很大。

症状：主要为害枝条，也可侵染嫩芽和嫩叶。发病初期嫩枝表皮出现褪绿或褐色小斑点，后逐步扩大呈圆形、椭圆形或不规则黑褐色、褐色病斑，略凹陷；后期病斑灰白色，表皮开裂，其上着生小黑点；严重时，病斑连接成片或绕枝一圈，枝条枯死；潮湿环境病斑可产生黏稠状黄色孢子团。

病原：胶孢炭疽菌（*Colletotrichum gloeosporioides*）。

寄主：枇杷、南方红豆杉、珍珠梅、杧果、红叶石楠等。

国内分布：浙江、福建。

（陈全助　撰稿）

枝枯病 - 鸡爪槭 -20210205- 福州赤桥公园

防治方法

1. 苗木检疫　加强苗木调运检疫，防止病害人为扩散传播。
2. 林业防治　结合修枝整形，清除受害枝，切断侵染源。
3. 药剂防治　40%咪鲜胺乳油800倍液每隔10天连续喷雾防治3次。

寄生性种子植物 Parasitic higher plants

寄生是生物类群长期协同演化的结果，自然界中动物之间、植物之间以及动物和植物之间都存在着寄生现象。从分类学角度，寄生生物包括病毒、细菌、真菌、原生生物、线形动物、昆虫、蜱螨以及寄生性种子植物等。寄生性种子植物可分为全寄生、半寄生两类。全寄生种子植物，没有叶片或叶片退化成鳞片状，不能进行光合作用，而是借助特殊的寄生根（吸器）从寄主体内吸收生活所需的水分和有机营养物质，如菟丝子（*Cuscuta chinensis*）、列当（*Orobanche coerulescens*）等。半寄生种子植物能进行光合作用，只从寄主植物内摄取水分和无机盐，如桑寄生科（Loranthaceae）的桑寄生亚科（Loranthoideae）、槲寄生亚科（Viscoideae）。

寄生性种子植物中危害大的种类有桑寄生、菟丝子、槲寄生等。寄生植物有时也会被寄生。本书以桑寄生为代表对寄生性植物进行介绍。

桑寄生是被子植物门（Angiospermae）双子叶植物纲（Dicotyledoneae）檀香目（Santalales）桑寄生科桑寄生亚科一类寄生植物的总称，其种子借助风、鸟类等外力落到寄主植物上，在合适的条件下发芽成苗，从寄主植物内不断摄取水分与养分，从而使寄主植物逐渐枯竭死亡。

症状：寄主茎（枝）干被寄生后，沿茎（枝）干有明显的根出条和由寄生植物吸盘所引发的木质瘤状物，而寄生部位的上部枝条生长衰弱，叶小、黄化，严重时枝梢枯萎，甚至全株枯死。

种类：根据《中国植物志》记载，我国桑寄生植物包括鞘花族（Elytrantheae）、桑寄生族（Lorantheae）2 个族，共 8 属 45 种 7 变种，其中分布较广泛的有桑寄生属（Loranthus）、钝果寄生属（Taxillus）、梨果寄生属（Scurrula）、大苞寄生属（Tolypanthus）、离瓣寄生属（Helixanthera）等。常见的如桑寄生（原变种）（Taxillus sutchuenensis），灌木，高 0.5 ～ 1m；叶、嫩枝密被褐色或红褐色星状毛，有时具散生叠生星状毛，小枝黑色无毛，具散生皮孔。叶近对生或互生，革质，卵形、长卵形或椭圆形，长 5 ～ 8cm，宽 3.0 ～ 4.5cm，顶端钝圆，基部近圆形。总状花序，具红花 2 ～ 5 朵，密集呈伞形，花序和花均密被褐色星状毛，果椭圆形，两端钝圆，果皮具颗粒状体，被疏毛，花期 6 ～ 8 月。

国内分布：寄生植物每个种的分布不大一样。华中桑寄生（Loranthus pseudo-odoratus）、南桑寄生（L. guizhouensis）、台中桑寄生（L. kaoi）、灰毛桑寄生（变种）（Taxillus sutchuenensis var. duclouxii）、桑寄生（原变种）（T. sutchuenensis）、大苞寄生（Tolypanthus maclurei）、黔桂大苞寄生（T. esquirolii）等是中国特有种。其中桑寄生（原变种）在福建、浙江、云南、四川、贵州、广西、广东、湖南、湖北、河南、江西、台湾、甘肃、陕西、山西都有分布。

寄主植物：桑树、油茶、厚皮香、漆树、核桃、桂花、樟树、紫薇、柿、柚树、橘、柠檬、黄皮、桃树、李树、梅树、梨树、栎属、柯属、水青冈属、桦属、榛属或山茶科、大戟科、夹竹桃科、榆科、无患子科植物等。

桑寄生 - 桂花 -20160527- 福建永泰县城峰镇

桑寄生 - 紫薇 -20160429- 福建省林科院

桑寄生 - 无患子 -20191018- 福州金鸡山公园

菟丝子 - 扶桑 -20210901- 福州金鸡山公园 - 曾丽琼摄

防治方法

加强巡查，一旦发现给予根除，方法是在寄生植物果实成熟前，砍除已长成的寄生枝，除尽根出条以及组织内部吸根延伸所及的枝条，坚持每年清除一次，连续数年。在我国传统医学中是桑寄生一种中药材，砍除下来的桑寄生可入药，既是除害也可收益。

第三章

根部病害

褐根病 Brown root rot

褐根病（Brown root rot）主要发生在根部，可造成树木基部和根部腐坏，无法支撑地上部的重量，易倒伏；也可导致树皮坏死、维管束丧失运输功能等，最终植株枯萎死亡。它是我国大陆的检疫性有害生物之一。

症状： 受侵染的树木地上部局部或全株叶片黄化，长势衰弱，末端枝条枯死；发病后期，大部分感病植株最终全株落叶，枯死；部分树木在叶片出现萎凋症状后，一个月内迅速死亡。但这些地上部的症状特征跟其他根部病原真菌造成的症状相似，难以单独判定为褐根病。褐根病菌经常在树干基部表面形成白色、黄色至深褐色的片状菌丝面（mycelial mat），在土壤中根部表面也会长有沾土壤的菌丝面。

如果剖开根部树皮，常在木质部可发现木材白化、疏松海绵状的腐朽现象，以及有褐根病菌菌丝所形成的浅褐色至黑色的不规则网格状纹路。

病原： 非褶菌目（Aphyllophorales）锈革孔菌科（Hymenochaetaceae）木层孔菌属（*Phellinus*）有害木层孔菌（*Phellinus noxius*）。在 PDA 培养基上生长迅速，菌落初期白色至草黄色，培养 7～10 天后，渐渐变为黄褐色至黑褐色，产生特征性不规则暗褐色纹线或凹陷，形成毛状菌丝（trichocysts）和分生节孢子（arthrospore）。在自然条件下极少形成担子果。

寄主： 榕树、茶花、相思、樟树、橡胶、凤凰木、桉树、扶桑、荔枝、羊蹄甲、紫薇、枫香、桂花、杜鹃、栀子花等 59 科 200 多种植物。

国内分布： 福建、台湾、广东、海南、广西、云南、香港、澳门。

小叶榕受侵染组织出现的网状结构（佘震加供图）

小叶榕受侵染树干上的菌丝面（佘震加供图）

防治方法

　　主要采取砍除病树、掘沟阻断病原传播、熏蒸处理病土和种植无病苗木等防控措施，当地上部发生明显症状时，树木根系已被严重破坏。目前尚未有一种理想的防治方法和药剂能有效地控制树木褐根病的发生。

1. 加强检疫　从发生分布区引进带有根系的植物苗木时，严格检疫，防止病菌传入扩散。

2. 林业防治　受感染的土壤不能再种感病的植物，用抗病的树种替代感病的树种，糖胶树（*Alstonia scholaris*）抗病性强，可以试种。

3. 物理防治　将受害植株的主根挖出并烧毁。施用尿素并覆盖塑料布2周以上进行土壤熏蒸，尿素的用量为2～4kg/m³；如该土壤偏酸性可配合施用石灰调整土壤偏中性及碱性。或进行1个月的浸水，以杀死存活于残根的病原菌。在健康树与病树间挖沟，深约1m，并以强力塑胶布阻隔后回填土壤，以阻止病根与健康根的接触传染。

4. 生物防治　在发病初期施用放线菌、木霉菌、芽孢杆菌等微生物菌剂。

5. 化学防治　初期发病周围的林木可试用快得宁、三唑酮（triadimefon）、咪鲜胺（prochloraz prochloraz）、灭锈胺（mepronil）、硫酸铜等杀菌剂进行防治，减少病害发生。例：500倍的快得宁、100倍的尿素和200倍的石灰（如为中、碱性土壤不用加），将上述稀释药剂加压灌注土壤，或淋灌于表土，施药量10～15L/m²；施用范围涵盖树冠以下土壤，处理后最好覆盖塑胶布一个月，间隔三个月再处理，共处理三次。使用熏蒸剂迈隆50～100g/m³拌入土中，加水后覆盖塑胶布2周以上，进行熏蒸。如林木生长于贫瘠地可适量施用有机肥，以增加树木抵抗力。

白绢病 Sclerotium blight

白绢病又称菌核性根腐病、霉根菌，常常造成苗木大量死亡。6～7月份气温高，土壤湿度大，有利于病菌传播蔓延，是病害的高峰期；土质黏着、土壤板结，排水不良，苗木生长衰弱容易发病，常常成片苗木受害枯死。往年种过易感此病植物的地上育苗也往往容易生病。

症状：主要为害1年生苗木。开始根颈部位变褐，随后扩大成腐烂病斑，不久产生白色绢丝状菌丝体，多呈辐射状，边缘尤其明显，绢丝状菌丝可以蔓延到根颈附近土壤；菌丝颜色逐渐加深至深褐色，并形成油菜籽状大小的颗粒，即病原菌的菌核。受害苗木根部腐烂，叶片凋萎脱落，最后枯死，只留一光杆，可一拔而起。

病原：菌物引起的病害，病原菌为齐整小核菌（*Sclerotium rolfsii*）。该菌属于无性态菌物中不能产生分生孢子，菌丝发达形成菌核的小核菌属（*Sclerotium*）。在 Ainsworth（1973）分类系统中，小核菌属隶属于半知菌亚门（Deuteromycotina）丝孢纲（Hyphomycetes）无孢目（Agonomycetales）无孢科（Agonomycetaceae）。有性世代为担子菌亚门（Basidiomycotina）的阿太菌科（Atheliaceae）的罗氏白绢菌（*Athelia rolfsii*）。一般不产生有性世代。无性世代也不产生任何孢子，其菌丝白色，有分隔，直径为 5.5～8.5μm。成熟的菌丝颜色加深并逐渐集结成圆球形的菌核，直径为 0.5μm～3mm。

寄主：茶树、柑橘、松树、乌桕、金线莲、白术等200种以上植物。

国内分布：南方广泛分布。

白绢病-白术-20080829-福建光泽（陈菁瑛摄）　　白绢病-君子兰-20211014（薛勇摄）

防治方法

1. 选好育苗圃　避免在上年有此病感染的圃地育苗，选择排水良好的山脚坡地育苗，平地要做高床，做好排水工作。圃地轮作，轮作年限4年以上。

2. 科学施肥　施足基肥，提高苗木抗病能力。土壤表层施用没有腐熟的有机肥料，会加重白绢病的发生，故有机肥料必须充分腐熟后方可施用。在田间增施硝酸钙、硫酸铜或喷施1.8%复硝酚钠（爱多收）600倍液，可减轻白绢病的发生。

3. 化学防治　发现病苗（菌核形成之前）及时拔除烧毁，并用1%硫酸铜、50%代森铵水剂500倍液等消毒病苗周围土壤，防止病菌扩散蔓延。发病初期浇灌50%代森铵水剂1000倍液、70%甲基托布津可湿性粉剂1000倍液、50%多菌灵可湿性粉剂1000倍液等，隔7～10天再防治一次，以抑制病害蔓延。发病圃地每亩施生石灰50kg，可减轻下一年的病害。

第三篇

南方风景园林树木虫害

第一章
食叶类害虫

棉蝗 *Chondracris rosea* (De Geer)

中文别名：大青蝗

分类地位：直翅目 Orthoptera 蝗科 Acrididae

国内分布：北起辽宁、内蒙古，南至海南、广东、广西、东起福建、台湾，西达四川、云南、西藏。长江以南分布密度较大。

寄主植物：多食性，主要有榄仁树、棕榈、竹类、木麻黄、美蕊花、南岭黄檀、刺槐、柚木、相思树、柑橘、可可、桑树、棉花、甘蔗、水稻、豆类、杂草等不同种类植物。

危害特点：跳蝻期及成虫都能为害，尤以老龄跳蝻与成虫为害最烈。

形态特征

成虫　雄虫体长 44 ～ 55mm，翅长 43 ～ 46mm；雌虫体长 62 ～ 80mm，翅长 50 ～ 62mm。体青绿或黄绿色。头顶钝圆，颜面略向后倾斜。触角丝状。前胸背板粗糙，背板中隆线较高，有 3 条横沟将其割断；前胸腹板具向后倾斜的长圆锥状突起。前翅青绿色或黄绿色，后翅基部玫瑰红色。前足、中足基节和腿节绿色，胫节和跗节淡紫红色；后足青绿色，胫节淡紫红色，胫节外侧有两列刺。雄性腹部末节无尾片，雌性产卵瓣粗短。

卵　卵粒长筒形，略弯曲偏直，中间略粗，上端较平，下部呈钝圆形。卵粒长 5.8 ～ 6.2mm，宽 1.2 ～ 1.6mm。初产时黄白色，数天后黄褐色，不透明。卵块长圆柱形，外面黏有一层薄纱状物质，卵粒不规则堆积于卵块下半部，上部有柱状白色泡状物，

羽化中的成虫 -20100803- 福建惠安赤湖林场

跳蝻 - 木麻黄 -20100623- 福建惠安赤湖林场   成虫 -20100803- 福建惠安赤湖林场

其长度约为卵块长的 1/3 至 1/2；卵粒无卵囊壁包被，完全裸露在外。卵粒与卵块纵轴呈放射状，近平行交错排列。

　　跳蝻　雄虫与大部分雌虫的跳蝻都为 6 龄，只有极个别雌虫跳蝻为 7 龄。皆呈深绿色，形似成虫，仅大小不同。除 1 龄外，其余各龄都可见到不等长的翅芽。1 龄跳蝻孵化初期或刚蜕皮时为淡绿色，3 天后为绿色。2 龄后前胸背板隆起呈屋脊状，并有 1 条淡黄色隆起短线。

生物学特性： 棉蝗 1 年发生 1 代，以卵块在土中越冬。翌年 4 月孵化为跳蝻，6 ～ 8 月陆续羽化为成虫。7 ～ 10 月交尾产卵，然后相继死亡。成虫寿命为 35 ～ 45 天。成虫交尾高峰期为 7 ～ 8 月。产卵高峰期为 7 月下旬至 8 月中旬，产卵时用产卵瓣掘土成穴，穴深可达 70 ～ 100mm，将腹部完全插入土中产卵，每头雌虫产卵 1 ～ 2 块。跳蝻 2 龄前食量小，只取食嫩叶，群聚性强；3 龄后食量渐增，开始上树为害；5 ～ 6 龄后开始分散取食，成虫期扩散更广。成虫通常选择阳光充足的疏林地、水库、水潭边的沙质土壤产卵；而土壤颗粒太细、质地黏重、通透性差的黏土或砖红壤土不适宜棉蝗产卵，因此较少发生蝗灾。

棉蝗的防治方法

1. **加强测报**　重点对产卵集中的场所和低龄跳蝻发生期开展测报，以指导防治。

2. **物理防治**　开垦林地周边荒地，消灭孳生地；人工挖卵，捕杀跳蝻。

3. **生物防治**　加强自然天敌的保护和科学利用。

4. **化学防治**　抓紧在虫源地、跳蝻第 2 龄群聚活动未上树前进行防治，可喷施 50% 辛硫磷乳油、90% 敌百虫晶体等 1000 倍液，或喷施 25% 灭幼脲Ⅲ号悬浮剂 1000 ～ 1500 倍液等，或用 5% 的敌百虫粉剂等。

竹节虫 *Phraortes* sp.

分类地位：竹节虫目 Phasmatodea 长角棒䗛科 Lonchodidae

国内分布：福建（福州）。

寄主植物：红叶石楠、毛杜鹃。

危害特点：若虫孵化后爬上寄主为害，啃食叶片，甚至能将叶片吃光。大面积为害时，可听见啃食叶片的沙沙声。

形态特征

　　成虫　雌虫体长 110 ～ 120mm，近全绿色，仅中、后胸两侧有较细的棕红色纵条纹。雄虫体长 80 ～ 90mm，头部和前胸为绿色，中、后胸前后缘亦为绿色，但中部多呈棕红色，仅中线处略带绿色，腹部颜色呈棕红色，但中线处绿色较宽，臀节开裂呈双叶状。雌雄虫均无翅，中胸背板短于后胸背板，中、后股节下面近端部具叶突。

　　卵　扁壶状，高约 2.6mm，宽约 2.2mm，卵盖高约 0.4mm；土黄色至灰褐色，表面较光滑；头端具球冠状隆起，柄较短且不明显，卵囊无凹窝，较长，长宽比约 2 ：1；腹面无黏性胶状物质。

　　若虫　共 5 龄。初孵若虫长 12 ～ 16mm，宽约 1mm，背面黄绿色，腹面前半部浅黑色，足浅棕色。

生物学特性：在福州，3 月中旬开始卵陆续孵化，若虫、成虫 3 ～ 8 月可见，6 月数量最多。初孵若虫从地面爬上寄主，仅取食梢头嫩叶，每梢上可达 3 ～ 5 只。转龄后逐渐分散至全株为害。发育周期在 70 天左右。虫体常左右摇摆，受到惊扰后常掉落，有时会舍弃跗肢逃跑。雌成虫在寄主上产卵，卵粒随机掉落地面。

交配中的成虫 - 红叶石楠 -20190711- 福州晋安区寿山乡瀑谷景区

若虫 - 红叶石楠 -20190325- 福州晋安区寿山乡瀑谷景区

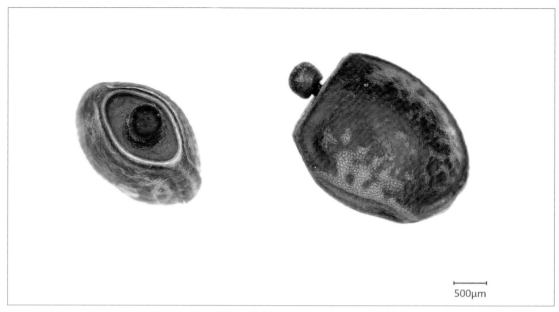

500μm

卵 - 红叶石楠 -20190621- 福州晋安区寿山乡瀑谷景区（宋海天摄）

1000μm

若虫孵化中 - 红叶石楠 -20200507- 福建林科院（宋海天摄）

竹节虫的防治方法

1. 林业防治　加强抚育管理，因地制宜，适地适树，多树种配置；秋冬季清理地面枯枝落叶。

2. 物理防治　若虫和成虫有假死性，矮小树木少量发生时可人工捕杀；利用傍晚成虫大量下树时进行捕杀。

3. 生物防治　竹节虫有虫生真菌、寄生蜂、螨类等寄生性天敌，鸟类、蜘蛛、螳螂、蜥蜴、蚂蚁等捕食性天敌，应注重多加保护利用。开发利用绿僵菌防治该虫具有较好的前景。

4. 化学防治　大发生时用高效低毒农药进行常规喷雾、喷粉防治。药剂参考附表。

椰心叶甲 *Brontispa longissima* (Gestro)

中文别名: 可可椰子红胸叶甲、椰叶铁甲、椰子叶甲、椰心潜甲

分类地位: 鞘翅目 Coleoptera 铁甲科 Hispidae

国内分布: 福建、广东、海南、香港、台湾。

寄主植物: 椰子、雪棕、槟榔、棕榈、鱼尾葵、假槟榔、刺葵、蒲葵、散尾葵等,其中椰子是最主要的寄主。

危害特点: 以成虫、幼虫 2 种虫态为害,一般喜在 4 ~ 5 年生幼树上尚未开放的心叶中取食或在其叶夹层中啃食为害。成虫、幼虫在未开放的心叶部沿叶脉咀嚼表皮组织,叶表留下与叶脉平行的狭长褐色条纹,这些条纹形成狭长伤疤,又随心叶伸展呈现大型褐色坏死区,严重时叶子卷曲皱缩呈灼伤状。有时叶片枯萎、破碎或仅余下叶脉。

形态特征

成虫 体细扁,长 8.0 ~ 10.0mm,鞘翅宽约 2.0mm。触角粗线状,11 节,黄褐色,顶端 4 节色深,有绒毛。前胸背板红黄色,刻点粗而排列不规则。鞘翅有时全为红黄色,有时后面部分比例变化较大甚至整个全为蓝黑色,刻点大多窄于横向间距。

卵 椭圆形,褐色,长约 1.5mm,宽约 1.0mm。卵的上表面有蜂窝状扁平凸起,下表面无此构造。

幼虫 成熟幼虫体扁平,乳白色至白色。头部隆起。前胸和各腹节两侧有 1 对刺状侧突;腹部 9 节,因第 8 节和第 9 节合并,在末端形成 1 对内弯的钳状尾突,实际只可见 8 节。

蛹 长约 10.5mm,宽约 2.5mm。背面观:头部

成虫与幼虫 - 华棕 -20210726- 厦门市同安区(齐志浩摄)

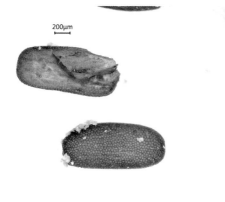

卵 - 华棕 -20210726- 厦门市同安区(齐志浩摄)

成虫与幼虫危害状 - 华棕 -20210716- 厦门市同安区

成虫与危害状 - 椰子 -20140302- 海口市白沙门公园（蔡波 供图）   受害状 - 华棕 -20170519- 福建厦门（童应华供图）

具有 1 个突起，中央具 1 条纵沟，两端较细并向外弯，中后胸节的翅转向腹面；腹节第 2～7 节具 8 个小刺突，分别排成 2 横列，第 8 腹节仅有 2 个靠近基缘，在第 1～7 腹节的侧缘各有 1 个带长毛的小刺，第 1～3 节的刺常不明显。骨盘上的尾叉比幼虫的细而长。幼虫末龄的蜕总是贴附在尾叉上。

生物学特性：1 年有 3～6 代，世代重叠。成虫选择心叶的基部产卵，产下单个或排成短的纵行，卵粒黏附在叶的边缘。卵周围一般有成虫排泄物及植物的残渣。卵期 4～5 天。幼虫有 4～5 个龄期，历经 30～40 天。蛹期 5～7 天。成虫羽化后经约 12 天发育成熟。每雌虫产卵 100 余粒，寿命 2～3 个月。成虫、幼虫将心叶食尽，或在心叶全部开放后转向别处心叶为害。一个未开放心叶中可能有多达几十头幼虫。成虫爬行缓慢，飞翔力弱。

叶甲的防治方法

1. 植物检疫　新植区实施检疫，防止害虫随种子种苗等材料传入。

2. 生物防治　释放天敌椰扁甲啮小蜂、椰甲截脉姬小蜂，或施用绿僵菌。

3. 化学防治　受害严重的植株先用高效氯氰菊酯、溴氰菊酯、毒死蜱或吡虫啉等化学农药1000倍液全株喷雾，杀死成虫，防止成虫受扰后逃逸，再剪除枯死叶片集中烧毁，并定期喷药2～3次，每月1次。使用杀虫单和啶虫脒复配的"椰甲清""椰虫净"等挂包式防治：在心叶基部幼嫩叶片内侧，塞入药包1～2包，并用挂包线固定在心叶叶柄上，让药剂随雨水或人工淋水自然流到为害部位杀死害虫，持效期长达8～10个月。

中华弧丽金龟 *Popillia quadriguttata* (Fabricius)

中文别名：四纹丽金龟、四纹弧丽金龟
分类地位：鞘翅目 Coleoptera 金龟科 Scarabaeidae
国内分布：广泛分布。
寄主植物：成虫食性极杂。
危害特点：幼虫为害植物根部，成虫取食叶片。
形态特征

　　成虫　体长 7 ～ 12mm，宽 4.5 ～ 6.5mm。体长椭圆形。体色多变：体墨绿色带金属光泽，鞘翅黄褐色带漆光，或鞘翅、鞘缝、侧缘暗褐色；或全体黑、黑褐、蓝黑、墨绿或紫红色；有时全体红褐色；有

时红褐色，头后半、前胸背板和小盾片黑褐色。臀板基部有 2 个白色毛斑，腹部每节侧端有毛一簇成斑。唇基短阔，梯形。前胸背板密布刻点，前侧角锐而前伸，后侧角钝角形。鞘翅有 6 条近于平行的刻点沟，第 2 刻点沟基部刻点散乱，沟间带微隆拱。前足胫节外缘 2 齿，中、后足胫节略呈纺锤形。

　　卵　椭圆至球形，长径 1.5 ～ 1.7mm，短径 0.9 ～ 1.0mm，初产乳白色，孵化前乳黄色。

　　幼虫　3 龄幼虫体长 8 ～ 10mm，头赤褐色，体乳白色。头部前顶刚毛，每侧 5 ～ 6 根成一纵列；

成虫 - 红叶石楠 -20120602- 福建泰宁县

成虫 - 油茶 -20120524- 福建光泽县寨里镇梅溪村

后顶刚毛每侧 6 根，其中 5 根成 1 斜列。

蛹 裸蛹，长 9 ~ 13mm，宽 5 ~ 6mm；唇基近长方形；触角雌雄同型，靴状。

生物学特性：通常 1 年发生 1 代，以幼虫在土壤中越冬。10 ~ 11 月下迁，翌春 4 月上旬至 5 月上旬上升至耕层。成虫 5 月开始出土，6 ~ 7 月为成虫盛发期，卵期 8 ~ 15 天，卵多单个产在表土 2 ~ 5mm 的卵室中。成虫白天活动，20 ~ 27℃为成虫活动适温。成虫发生初期、后期多分散活动；盛期则群集取食、交配，常见几十头甚至几百头成虫群集咬食叶肉，只留下叶脉，并有成群迁移为害的特点。

金龟子的防治方法

1. 林业防治 垦覆深翻，直接杀死或让天敌更容易捕食土壤中的幼虫（蛴螬）。不施未腐熟的农家肥料，或对未腐熟的肥料进行无害化处理，达到杀卵、杀幼虫的目的。
2. 生物防治 结合林地垦覆，在翻土前，撒施含孢量30亿孢子/g的金龟子绿僵菌粉剂，每亩①用量0.5～1kg。
3. 药剂防治 成虫数量较多时，可选用0.26%苦参碱水剂700～1000倍液、10%吡虫啉可湿性粉剂1500倍液、80%敌敌畏乳油800倍液、40%乐斯本乳油1000倍液、50%辛硫磷乳油1500倍液等进行防治。喷药以晴朗无大风天的上午10时前为佳，即金龟子成虫活动高峰前。

_____

①1亩=1/15hm²，下同。

茶袋蛾 *Clania minuscula* Butler

分类地位： 鳞翅目 Lepidoptera 袋蛾科 Psychidae

国内分布： 福建、山东、山西、陕西、江苏、浙江、安徽、江西、台湾、湖北、湖南、广东、广西、云南、贵州、四川、重庆等。

寄主植物： 枫香、杨、柳、女贞、榆、紫荆、乌桕、茶、油茶、柑橘、悬铃木、柿等百余种林木以及果树、花卉等植物。

危害特点： 幼虫取食寄主植物叶片，严重时可将芽梢、嫩皮吃光。

形态特征

袋囊　纺锤形，长 25 ～ 30mm，丝质松软灰黄色，囊外贴满截断小枝，平行纵列。

成虫　雄成虫体长 10 ～ 15mm，翅展 23 ～ 26m，体暗褐色。前翅微具金属光泽，沿翅脉两侧颜色较深，近外缘有 2 个长方形透明斑，体密被鳞毛，胸部有 2 条白色纵纹。雌成虫体长 12 ～ 15mm，蛆状，头、胸红棕或咖啡色，胸部有显著的黄褐色斑，腹部肥大，第 4 节至第 7 节周围有蛋黄色绒毛。

雄成虫与蛹壳 - 枫香 -20190411- 福州国家森林公园宦溪生态区

雌成虫与蛹背面 - 油茶 -20140726-
福建省林科院

袋囊中的幼虫 - 柿 -20150908- 福建
省林科院

取食中的幼虫 - 油茶 -20140708- 福
建省林科院

卵 椭圆形，米黄色或黄色，长约 0.7mm。

幼虫 老熟幼虫体长 16～28mm，头黄褐色。散布黑褐色网状纹，胸部各节有 4 个黑褐色长形斑，排列成纵带，腹部肉红色，各腹节有 2 对黑色点状突起，作"八"字形排列。

蛹 雌蛹纺锤形，咖啡色，长 14～18mm，腹背第 3 节后缘及第 4～8 节前后缘各具 1 列小刺。雄蛹体长 10～13mm，咖啡色至红褐色；翅芽达第 3 跗节后缘，腹背第 3～6 节前后缘及第 4～8 节前后缘各具 1 列小刺，第 8 节小刺较大而明显。

生物学特性：在福建 1 年 2～3 代，在贵州 1 年 1 代，在安徽、湖南、河南基本 1 年 2 代，部分 1 代，广西南宁和台湾多达 1 年 3 代。在福建福州以幼虫越冬，翌年 2 月气温达到 10℃左右开始活动取食，5 月上旬化蛹，5 月中旬产卵，6 月上旬第 1 代幼虫为害，7 月出现第 1 次危害高峰，8 月上旬开始化蛹，8 月中旬可见成虫羽化。8 月底 9 月初第 2 代幼虫孵出，9 月出现第 2 次危害高峰，取食到 11 月进入越冬状态。

成虫多在下午羽化，雌蛾羽化翌日即可交配，交配后 1～2 天产卵，大多产 500～800 粒，个别高达 3000 粒。幼虫孵化后在母囊内停留 2～3 天取食卵壳，后爬上枝叶或随风飘至附近枝叶上，吐丝黏缀碎叶营造护囊并开始取食。幼虫老熟后在护囊内倒转虫体化蛹。由于雌蛾无翅，原地集中产卵，幼虫孵化后就地集中发生，常呈现危害中心。

袋囊 - 油茶 -20140707- 福建省林科院

为害状 - 柿 -20150907- 福建省林科院

娟鸠蛾 *Scythropiodes* sp.

分类地位： 鳞翅目 Lepidoptera 鸠蛾科 Peleopodidae

国内分布： 福建（福州）。

寄主植物： 红叶石楠。

危害特点： 幼虫卷叶取食叶片。

形态特征

成虫　体长 7～9mm，翅展 16～20mm。头小，下唇须上翘。触角细长，基节白色，其余黄褐色。胸背及翅面淡褐色至橙褐色，无斑。前翅中室端部有一个黑斑，前缘有不明显的黄褐色边线，外缘端部橙红色，缘毛黄色。

幼虫　老熟幼虫体长 17～20mm，宽 3～5mm。体黄白色具褐色花纹，花纹从中胸到腹部末端，背线、亚背线连续分布；其中中胸、后胸、腹部第 8～10 节亚背线颜色较深，呈黑褐色。体疏生白色刚毛，各节背面有白色毛疣 2 个。胸足红褐色，腹足乳白色。

蛹　棕色，锥形，长 10～12mm，宽 4～5mm。

生物学特性： 2019 年 4 月 7 日于福州鼓山红叶石楠上采集幼虫，5 月 5 日化蛹，17 日成虫羽化。幼虫将单片叶卷曲成长筒形虫苞，吐丝匿居其中，外出取食叶片呈缺刻或取食整片叶，虫粪排在叶苞外。老熟幼虫将叶片基部咬掉一部分（便于卷叶），将半边叶片卷成纵向长筒形虫苞，在苞中结白色丝膜化蛹。有的在卷苞中部咬有一圆形小孔，蛹的头部靠近圆形小孔。

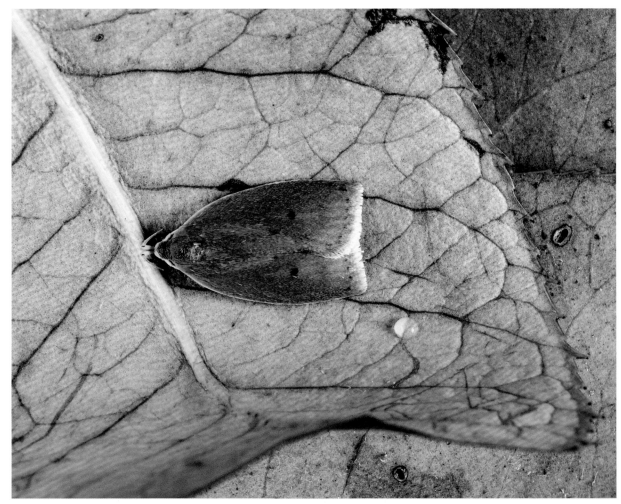

成虫 - 红叶石楠 -20190517- 福州鼓山

幼虫 - 红叶石楠 -
20190408- 福州鼓山

蛹 - 红叶石楠 -
20190505- 福州鼓山

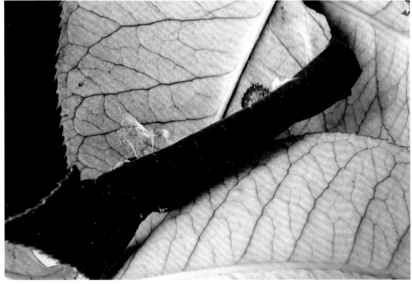

为害状（虫苞）- 红叶石楠 -
20190505- 福州鼓山

棉褐带卷蛾 *Adoxophyes orana* (Fisher von Röslerstamm)

中文别名：茶小卷叶蛾、小黄卷叶蛾

分类地位：鳞翅目 Lepidoptera 卷蛾科 Tortricidae

国内分布：除西藏、新疆、甘肃不详外，全国各省区市均有分布。

寄主植物：茉莉、相思、黄金榕、木荷、油茶、茶、梨、苹果、樱桃、桑、柑橘、桦树、杨树、水杉等多种林木。

危害特点：幼虫吐丝缀结虫苞，匿居其中取食。

形态特征

　　成虫　体长 6 ～ 10mm，翅展 13 ～ 23mm，体翅淡黄褐色。前翅略呈长方形，有深褐色斑纹 3 条，分布在翅基、翅中部及翅顶角；中央 1 条长而明显，后部分叉呈 "h" 形，斜向臀角附近。后翅淡黄色，后缘略带褐色。

　　卵　椭圆形，淡黄色。数十粒聚集成鱼鳞状卵块，上有 1 层胶质物覆盖。

　　幼虫　老熟幼虫长 14 ～ 20mm。头及前胸盾板淡黄褐色，体黄绿至鲜绿色。

　　蛹　长 8 ～ 11mm，宽 2 ～ 3mm，黄褐色。腹部各节有刺状突起。

生物学特性：棉褐带卷蛾长江中下游一般年份 1 年发生 5 ～ 6 代，福建 1 年发生 7 ～ 8 代。以大龄幼虫在虫苞内或枯枝落叶中越冬。各地一般以第 2 代为害最重，在福建 4 ～ 8 月是发生危害高峰期。卵期 5 ～ 10 天，幼虫期 17 ～ 30 天（越冬代除外），蛹期 5 ～ 10 天，成虫寿命 4 ～ 13 天。

　　成虫黄昏开始活动，有趋光性，也有趋糖醋液习性；每雌产卵 100 ～ 400 粒不等，卵块产于叶面或叶背。初孵幼虫取食幼嫩初展新叶，2 龄后吐丝卷叶缀合成苞，在苞内取食叶肉，被害叶片仅留 1 层表皮，呈透明枯斑；3 龄后将邻近 2 ～ 3 叶结成虫苞。幼虫有转苞习性，每头幼虫为害 1 ～ 2 个嫩梢，幼虫受惊后多从虫苞叶柄端潜逃。老熟幼虫将两片叶子正反吐丝缀连在一起结成虫苞，在内结茧化蛹，茧的丝膜稀疏且不均匀。

雄蛾 - 茉莉 -20190802- 福州牛岗山公园

雌蛾与蛹壳 - 油茶 -20110704- 福州国家森林公园北峰生态区

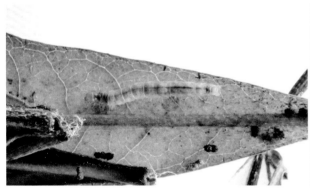

雄幼虫 - 木荷 -20150706- 福州鼓岭

雄幼虫 - 相思 -20190702- 福州金鸡山公园

雌幼虫 - 油茶 -20120428- 福建省林科院

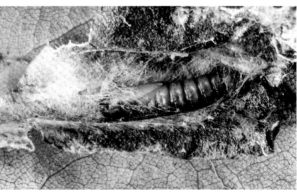

蛹 - 樟树 -20160727- 福建永泰县红星乡

龙眼裳卷蛾 *Cerace stipatana* (Walker)

中文别名： 龙眼卷蛾、樟缀叶虫

分类地位： 鳞翅目 Lepidoptera 卷蛾科 Tortricidae

国内分布： 福建（晋安、武夷山、沙县）、浙江、江西、湖南、四川、云南。

寄主植物： 樟树、荔枝、龙眼、千年桐、武夷桦。

危害特点： 幼虫卷叶取食叶片。

形态特征

成虫　体长 13mm 左右，雌蛾翅展 40～50mm，雄蛾翅展 30～40mm。体黄色，胸部背面黑色有白纹。前翅黑色有排列整齐的白斑，在翅中间有一条锈红色纵带，由基部通向外缘，外缘处扩大成三角形，色更红。后翅基部白色，外缘颜色逐渐加深；前缘黑白相间，外缘及臀角黑色。雌虫腹部橘黄色，腹末有两个较厚的褐色侧片。

卵　扁椭圆形，呈鱼鳞状排列成卵块，卵块上有胶质；初产时灰白色，后变灰黑色。

幼虫　1 龄体长 2～4mm，6 龄体长 22～36mm。头部棕黑色至黑色，有近似"W"形的深棕色斑，前胸背板两侧有黑斑；腹部青灰色至灰绿色，雄幼虫第 5 节有卵形浅黄色的精巢器官芽。

蛹　长 1.3～1.6mm，宽 0.5～0.6mm，灰绿色；近羽化呈棕黄色，翅纹黑色。

生物学特性： 成虫活动以 16：00—18：00 为多，有弱趋光性。雌蛾喜产卵于叶质较薄较软的叶面，多数产 1 个卵块，每卵块有卵 128～370 粒。初孵幼虫分散爬行，寻找两叶靠拢处吐丝缀叶取食；1～3 龄将梢头顶部 3～4 片叶缀合一起成虫苞，初食叶肉，后食成圆形孔洞；4 龄食量大增，取食被缀叶和附近叶片；虫苞内充满虫粪。幼虫一般转移 1～2 次重新缀叶为害。老熟幼虫在缀叶间化蛹，缀叶多呈馒头形。天敌种类较多，有赤眼蜂、蜘蛛、小茧蜂、寄生蝇、白僵菌、绿僵菌等。

成虫 - 千年桐 -20150928- 福州国家森林公园

幼虫 - 武夷桦 -20190428-
福建沙县萝卜岩自然保护区

幼虫 - 樟树 -20190811-
福建武夷山市五夫镇朱子故居

蛹 - 千年桐 -
20150915- 福州国家森林公园

茶长卷蛾 *Homona magnanima* Diakonoff

中文别名： 褐带长卷叶蛾、后黄卷叶蛾、茶淡黄卷叶蛾

分类地位： 鳞翅目 Lepidoptera 卷蛾科 Tortricidae。是柑橘长卷叶蛾的近似种。

国内分布： 分布于淮河以南，西至云贵川，东至东南沿海、台湾，南至两广、海南。西藏、陕西不详。

寄主植物： 樟树、枫香、桉树、金叶榕、油茶、茶、栎、柑橘、柿、梨、桃、水杉、女贞等多种林木。

危害特点： 初孵幼虫缀结叶尖，匿居其中取食上表皮和叶肉，致卷叶呈枯黄薄膜斑，大龄幼虫食叶成缺刻或孔洞。

形态特征

成虫　雌蛾体长 8～13mm，翅展 23～31mm，体浅棕色。前翅近长方形，浅棕色，翅尖深褐色，翅面散生很多深褐色细纹，有的个体中间具一条深褐色的斜形横带；后翅肉黄色，扇形，前缘、外缘色稍深或大部分茶褐色。雄蛾体长 8～11mm，翅展 19～23mm；前翅黄褐色，基部中央、翅尖浓褐色，前缘中央具一黑褐色圆形斑，前缘基部具一浓褐色近椭圆形突出，部分向后反折，盖在肩角处；后翅浅灰褐色。

卵　长约 0.9mm，扁平椭圆形，初产乳白色，后浅黄色。

幼虫　老熟幼虫体长 18～26mm，体黄绿色，头黄褐色，前胸背板前缘黄绿色，后缘及两侧暗褐色。雄性幼虫在第 5 腹节背中线两侧可见 1 对卵形浅黄色的精巢器官芽，可与雌性幼虫相区别。

蛹　长 11～15mm，纺锤形，深褐色，臀棘有8 个钩刺。

生物学特性： 在浙江、安徽 1 年 4 代，湖南 1 年 4～5 代，福建、台湾 1 年 6 代，以幼虫蛰伏在卷苞里越冬。翌年 4 月上旬开始化蛹，4 月下旬成虫羽化产卵。在 1 年 4 代发生区第 1 代卵期 4 月下旬～5 月上旬，幼虫期在 5 月中旬～5 月下旬，蛹期 5 月下

雌蛾 - 枫香 -20160624- 福建漳平五一林场

雄蛾 - 桉树 -20190826- 福建霞浦县牙城镇

卵块 - 油茶 -20120524- 福建光泽县寨里镇

雌幼虫 - 枫香 -20170831- 福建霞浦县牙城镇

旬～6月中旬，成虫期在6月份。第2代卵期在6月，幼虫期6月下旬～7月上旬，7月上中旬进入蛹期，成虫期在7月中旬。7月中旬～9月上旬发生第3代，9月上旬～翌年4月发生第4代。

成虫日落后或日出前1～2小时最活跃，有趋光性、趋化性。成虫羽化后当天即可交尾，雌蛾喜产卵于叶正面，聚集成鱼鳞状卵块，每雌产卵量86～250粒。初孵幼虫靠爬行或吐丝下垂进行分散，遇有幼嫩芽叶后即吐丝缀结叶尖，匿居其中取食。幼虫共5龄，4龄后进入暴食期。老熟后多离开原虫苞重新缀结2片老叶，在其中化蛹。天敌有赤眼蜂、茧蜂、寄生蝇等。

雄幼虫 - 油茶 -20110604- 福州国家森林公园北峰生态区

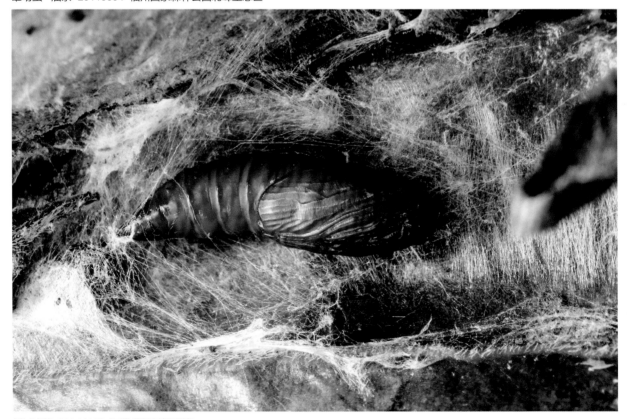

蛹 - 油茶 -20141230- 福建尤溪县新阳镇

木兰巨小卷蛾 *Statherotis threnodes* (Meyrick)

分类地位： 鳞翅目 Lepidoptera 卷蛾科 Tortricidae

国内分布： 福建（晋安、延平）。

寄主植物： 含笑、白兰花、黄兰花、玉兰、木莲、厚朴、火力楠等木兰科植物。

危害特点： 幼虫用丝将叶缘黏结成饺子形，匿居其中啮食叶肉，致使叶片逐渐干枯脱落。

形态特征

　　成虫　体长 14 ～ 16mm，翅展超过 30mm。体色变化较大，有棕色、棕褐色至黑色，翅表面有许多深色云状纹，翅外缘与臀角间形成圆形浅色斑，体棕色的圆形斑不明显，后翅褐色。

　　卵　卵圆形，乳白色，光滑，近孵化时转为淡黄色。

　　幼虫　老熟幼虫体长 15 ～ 21mm，体黄绿色至暗绿色，头部棕色，前胸板、胸足及肛上板棕褐色。体上具稀疏白色刚毛，臀足向后伸展似钳状。

　　蛹　梭形，长 12 ～ 16mm，宽 3.0 ～ 4.2mm，黄褐色，蛹体腹部各体节有黑色刻点 6 ～ 12 枚。蛹外具乳白色薄丝茧。

生物学特性： 在福建南平市 1 年 6 代，2 月中、下旬为越冬蛹羽化盛期。2 月下旬至 12 月上旬为幼虫为害期。老熟幼虫下地在枯枝落叶层、杂草丛下或土缝中，结薄茧化蛹越冬。2 月上中旬，正值木兰科植物开花盛期，越冬蛹开始羽化为成虫，成虫具有强烈趋光性，到木兰等花上补充营养，1 ～ 2 天后即交配产卵，卵散产在嫩芽托叶表面，孵化后潜入嫩芽组织内开始为害，当幼虫进入中龄时转移到嫩叶上为害，并吐丝将叶缘黏起形成饺子形，匿居其中啮食叶肉，造成叶片干枯脱落。幼虫老熟后，体色转为透明状淡黄色，坠丝悬挂或随着枯叶脱落在枯叶杂草丛上，寻找合适场所吐丝结茧化蛹。

成虫 - 含笑 -20150909- 福建省林科院

幼虫 - 含笑 -20150722- 福建省林科院

正在做虫苞的幼虫 - 含笑 -20150722- 福建省林科院

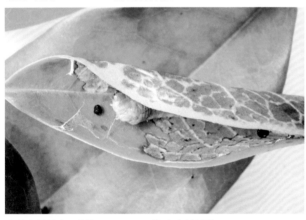
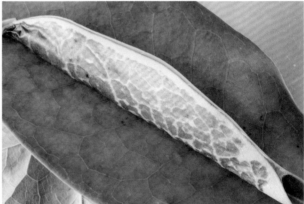

虫苞中的幼虫 - 含笑 -20150722- 福建省林科院

完整的虫苞与受害状 - 含笑 -20150722- 福建省林科院

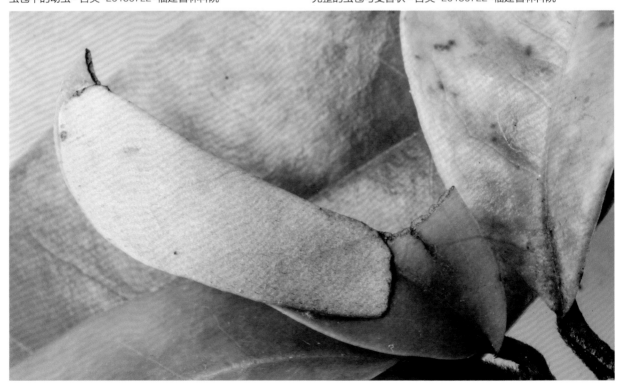

茧苞 - 含笑 -20150831- 福建省林科院

皮舞蛾 *Choreutis achyrodes* (Meyrick)

中文别名： 褐桑舞蛾

分类地位： 鳞翅目 Lepidoptera 舞蛾科／拟卷叶蛾科 Choreutidae

国内分布： 福建（晋安）、广西、贵州、台湾。

寄主植物： 高山榕。

危害特点： 幼虫在叶面织白色丝网使叶面卷曲，在网幕内取食叶肉。

形态特征

成虫　体长 5mm 左右，触角丝状，黑白相间。头胸背板棕褐色，前部有灰白色散点分布，近 2/3 处有灰白色倒"V"形纹。前翅翅面棕褐色，折叠时在前胸背板下方有 1 条横向连续的灰白色带，中室的横带较短且不连续，波浪形相接组成不规则三角形；外缘线深褐色，缘毛前半部灰黑色，端部灰白色。后翅黑色，前缘有白斑。腹部灰白色。

蛹　浅棕色，长约 0.6mm，宽 0.15mm。

生物学特性： 幼虫主要为害梢部较嫩叶片，老熟幼虫在叶的正面以丝连缀叶缘做白色网幕化蛹。福州 5 月份可见幼虫、蛹、成虫。

成虫 - 高山榕 -20170531- 福建省林科院

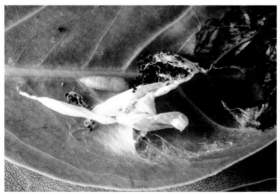

蛹 - 高山榕 -20170522 - 福建省林科院　幼虫在叶面吐丝做的网幕 - 高山榕 -20170522 - 福建省林科院

为害状 - 高山榕 -20170523- 福建省林科院

袋蛾、鸠蛾、卷蛾、舞蛾的防治方法

1. 林业防治 木兰巨小卷蛾老熟幼虫有下树越冬的特点，清理被害树下的落叶、杂草，或翻耕树冠下的土壤（深度5～10cm），消灭越冬虫茧，减少越冬代虫源。

2. 物理防治 结合经营管理实施。将目之所及的袋囊、卵块、虫苞、虫幕等摘除集中销毁，能起到一定的防治作用。或将采下来的卵块、虫苞等在天敌释放笼中自然放置一段时间，让寄生天敌羽化飞回林间。成虫发生高峰期设置诱虫灯、糖醋液、果醋液、酒糟液、发酵豆腐水等诱杀成虫。糖醋液按糖、酒、醋、水1∶1∶2∶16比例配制。还可用性信息素诱杀茶长卷蛾。

3. 生物防治 低龄幼虫可用含孢量100亿孢子/g的白僵菌粉剂，或10亿孢子/g的绿僵菌粉剂喷撒，在阴天或小雨天使用较好。利用核型多角体病毒、质型多角体病毒以及颗粒体病毒制剂防治卷蛾。在卵期每亩释放赤眼蜂8万～12万头防治茶长卷蛾。多加保护利用寄生蜂、寄蝇、螳螂、蜘蛛、鸟类以及虫生真菌等天敌。

4. 药剂防治 叶片上大面积出现虫苞、网幕等被害症状，爆发成灾时，可选用药剂防治（药剂种类参考附表）。虫口密度较低或是发生不严重时，提倡挑治。

窃达刺蛾 *Darna furva* (Wileman)

分类地位： 鳞翅目 Lepidoptera 刺蛾科 Limacodidae

国内分布： 国内除宁夏、新疆、西藏目前尚无记录外，遍布其他省区。

寄主植物： 枫香、樟树、桂花、油茶、茶、木荷、李树、山苍子、柿、米老排、石梓、火力楠、重阳木、柑橘、核桃等多种阔叶树。

危害特点： 幼虫取食叶片，严重发生时把叶片吃光。

形态特征

成虫 雌蛾翅展 20 ～ 26mm，触角丝状；雄蛾翅展 17 ～ 24mm，触角羽毛状。胸部背面有几束灰黑色长毛，腹部被有细长毛。前翅灰褐色，有 5 条明显的黑色横纹，外线和亚缘线之间形成褐色横带，褐色带在翅前缘处有一灰黄色近圆形斑；后翅暗灰褐色。

卵 淡黄色，椭圆形，长径约 0.8mm，短径约 0.6mm。

幼虫 呈鞋底形，胸部最宽，腹部往后逐渐变细。老熟幼虫体长 13 ～ 18mm。头黑褐色，缩入前胸；中胸盾黑色，后胸背 1 对枝刺之间有黑斑。体背褐色或深黄色，背线淡褐色，在背线两侧的亚背线部位上着生 10 对棕色枝刺，以中胸上的 1 对枝刺较大，其枝刺上刺毛棕褐色；其余枝刺上的刺毛基部及端部灰黑色；中段白色。在亚背线第 4 对枝刺基部有 2 个黑斑，第 5 ～ 8 对枝刺基部 4 个黑斑，第 9 对枝刺基部 2 个黑斑；腹末有 2 个黑斑。体侧枝刺第 1、2 节为黄褐色，第 3、8 节为黑色，其余枝刺青白色；腹部 3 ～ 6 节体侧呈青白色三角形斑，腹末与腹面青白色。

茧 卵圆形，坚硬，褐色。长 8 ～ 10mm，宽 6 ～ 8mm。

蛹 卵圆形，前半部乳白色，后半部棕褐色。

雌蛾 - 李树 -20160722- 福建永泰县岭路乡

生物学特性：在福建、广西南部 1 年发生 3 代，以幼虫在叶背面越冬。福建第 1 代发生在 4～6 月，幼虫期在 4～5 月；第 2 代 6～9 月，幼虫期在 6～8 月；越冬代 8 月至翌年 4 月，幼虫期在 8 月至翌年 3 月。成虫有趋光性，雌蛾产卵量 50～150 粒。刚孵化的幼虫只取食叶表皮，随着虫龄增长，可从叶部边缘取食成缺刻直至将叶片吃光，再转移他叶取食。老熟幼虫化蛹前一天停止取食，爬到树根上方及附近的枯枝落叶层中，或在两片叶之间结茧化蛹。天敌有刺蛾紫姬蜂、猎蝽、螳螂和蜘蛛等。

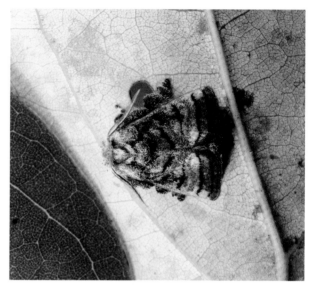

雄蛾 - 香樟 -20160725- 福建省林科院

幼虫 - 枫香 -20160704- 福建省林科院

幼虫 - 桂花 -20170714- 福建省林科院

幼虫（已被寄生）- 深山含笑 -20150915- 福州国家森林公园

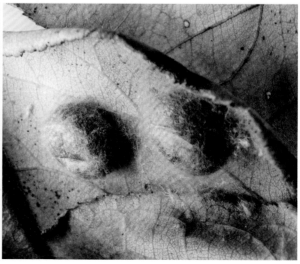

茧 - 李树 -20160708- 福建永泰县岭路乡

长须刺蛾 *Hyphorma minax* Walker

分类地位：鳞翅目 Lepidoptera 刺蛾科 Limacodidae

国内分布：福建（福州、福鼎、连城）、华北、浙江、河南、湖北、江西、湖南、广东、广西、海南、四川、贵州、云南、甘肃。

寄主植物：枫香、樱花、油桐、茶、油茶、麻栎、柿等。

危害特点：幼虫取食叶片。

形态特征

成虫 翅展 31 ～ 45mm。下唇须长，暗红褐色，向上伸过头顶，头部、胸背和腹背基毛簇红褐色。前翅茶褐色具丝质光泽，两条暗褐色斜线在前缘靠近翅尖几乎同一点伸出，内侧 1 条近呈直线向内斜伸至中室下角，外侧 1 条稍内曲伸达臀角。后翅色

雄成虫背面观 - 枫香 -20150917- 福建省林科院

雄成虫正面观 - 枫香 -20150917- 福建省林科院

雌成虫 - 枫香 -20160930- 福建省林科院

较前翅淡。

幼虫　幼虫黄绿色。老熟幼虫体长 30～41mm，宽 6～7mm；头浅黄褐色，体背黄色，体侧黄绿色略透明。体枝刺丛发达，前胸、中胸背面和侧面各有 1 对枝刺；后胸背面 1 对，侧面为 1 对浅灰色小毛瘤；第 1～5 腹节侧面枝刺各 1 对，第 6～8 腹节背面和侧面各 1 对；中、后胸及第 6～7 腹节背面的枝刺较长，黄色，枝刺端部为黑色圆球形；其余枝刺较短、颜色较浅，略透明；腹侧枝刺端部为黑色米粒状。中、后胸背面分布靛蓝色的斑纹；背线黄白色，具玉绿色宽边，亚背线黄色，下方衬绿色与黄色的窄边。

茧　圆形至短椭圆形，直径 6～8mm。黑褐色，外层附有黑灰色的丝。

蛹　椭圆形，黄色，长约 6mm，宽约 4mm。

生物学特性：虫态不整齐。在福州枫香树上 7 月下旬采集饲养的幼虫，8 月上旬开始结茧，蛹期 40～50 天，9 月中下旬成虫羽化。8 月下旬采集的中老龄幼虫，9 月上旬开始结茧。成虫寿命 6～8 天。

幼虫有群集性，在叶背取食、栖息。老熟幼虫食量大，结茧化蛹前体色鲜亮透明，在枝丫上结茧。成虫在晚上羽化，停息时中足与后足支撑起身体，使得头、胸部斜向上高高扬起，整体呈三角形。蛹有寄生蝇寄生。

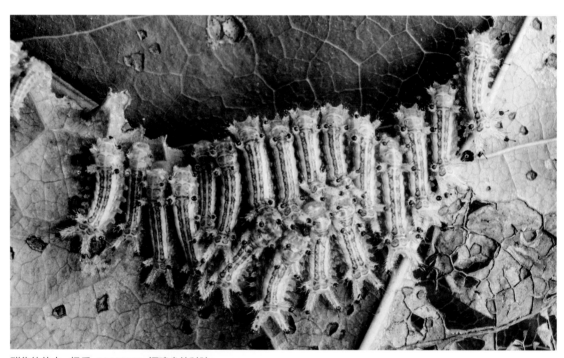

群集的幼虫 - 枫香 -20160725- 福建省林科院

大龄幼虫背面观 - 枫香 -20150805- 福州国家森林公园

茧 - 枫香 -20150817- 福州国家森林公园

中国绿刺蛾 *Parasa sinica* Moore

中文别名: 苹绿刺蛾、中华绿刺蛾、绿刺蛾、褐袖刺蛾、小青刺蛾、双齿绿刺蛾

分类地位: 鳞翅目 Lepidoptera 刺蛾科 Limacodidae

国内分布: 福建（福州）、河北、辽宁、吉林、黑龙江、上海、江苏、浙江、江西、山东、湖北、重庆、四川、贵州、云南、台湾等。

寄主植物: 枫香、木荷、油柰、杨、柳、榆、核桃、樱花、苹果、梨、桃、刺槐、梧桐、李、樱桃、柑橘、山楂、柿、栗、枣、杏梅、栀子花、紫藤等多种林木、果树。

危害特点: 初龄幼虫群集取食叶肉成筛网状，大龄幼虫取食叶片成缺刻或孔洞，严重时常将叶片吃光。

形态特征

成虫 体长 9 ～ 12mm，翅展 23 ～ 29mm。头顶和胸背绿色，腹背灰褐色，末端灰黄色。前翅绿色，基部灰褐色斑在中室下缘呈三角形，外缘灰褐色带向内弯，呈齿形曲线。后翅灰褐色，臀角稍带淡黄褐色。

卵 扁平椭圆形，长径约 1.0mm，短径约 0.7mm，初产时稍带蜡黄色，孵化前变深色。呈块状鱼鳞形排列。

幼虫 初孵幼虫体黄色，近长方体。随虫体发育，体线逐渐明显；体色由黄绿色转变为黄蓝相间。老熟幼虫体长约 15mm；前胸背板上有 2 个小三角形黑斑；中、后胸及腹节各节均着生黄绿色瘤突，其上有长短不一的枝刺，共 4 纵列；亚背线瘤突第一腹节退化，中胸及腹部第 2、8、9 节瘤突较大，且中胸及腹部第 2、8 节瘤突端半部为黑色；侧刺列瘤突为蓝绿色，第 9 腹节瘤突基半部为黑色；第 10 腹节仅有 1 对基半部为黑色的瘤突。背线由双行蓝绿色斑纹组成，侧线浅黄色，气门上线灰绿色，气门线黄色。

茧 椭圆形，略扁，长约 11mm，宽约 7mm，外被一层灰褐色丝网，质硬。

蛹 长 8 ～ 11mm，初为乳白色，隔天后即变成黄白色，羽化前为黄褐色。

生物学特性: 1 年发生 2 ～ 3 代，以老熟幼虫在表土层中结茧越冬。在福州 1 年 3 代，越冬代老熟幼虫于 11 月在枝干上结茧越冬，翌年 4 月化蛹，成虫

雌蛾 - 木荷 -20160802- 福州国家森林公园

分别于5月、7月和9月中下旬出现。

　　成虫卵多产在叶背，少数产在叶表面，成鱼鳞状排列。初孵幼虫取食卵壳，有群集性。4龄后食量大增，严重时仅剩叶柄。老熟幼虫在被害株枝干分叉处及树干粗皮裂缝中结茧，也有少数在树干基部表土层中结茧。

雄蛾 - 枫香 -20170924- 福州国家森林公园

低龄幼虫 - 木荷 -20160627- 福州国家森林公园

大龄幼虫 - 油柰 -20160630- 福建闽清县下祝乡度塘村

大龄幼虫 - 枫香 -20170905- 福州国家森林公园

茧 - 油柰 -20160705- 福建闽清县下祝乡度塘村

丽绿刺蛾 *Parasa lepida* (Cramer)

分类地位： 鳞翅目 Lepidoptera 刺蛾科 Limacodidae

国内分布： 福建、河北、江苏、浙江、江西、湖北、湖南、广东、广西、四川、贵州、云南、西藏、陕西、甘肃。

寄主植物： 枫香、木荷、油柰、油桐、苹果、梨、柿、杧果、桑、核桃、刺槐、胡椒、悬铃木、波罗蜜、油茶、红树植物的秋茄和桐花树等林木、果树。

危害特点： 低龄幼虫群集取食表皮或叶肉，致叶片呈半透明枯黄色斑块；大龄幼虫食叶成较平直缺刻，严重的把叶片食光。

形态特征

成虫　体长 10～17mm，翅展 35～40mm，头顶、胸背绿色。胸背中央具 1 条褐色纵纹向后延伸至腹背，腹部背面黄褐色。雌蛾触角基部丝状，雄蛾双栉齿状。前翅绿色，肩角处有 1 块深褐色尖刀形基斑，外缘具深棕色宽带；后翅浅黄色，外缘带褐色。

卵　扁平光滑，椭圆形，浅黄绿色。

幼虫　末龄幼虫体长约 25mm，粉绿色，背面稍白，背中央具 3 条紫色或暗绿色带，亚背区、亚侧区上各具 1 列带短刺的瘤，前面和后面的瘤红色。

蛹　茧棕色，较扁平，椭圆形或纺锤形。

生物学特性： 在福建 1 年发生 2 代，以老熟幼虫在茧内越冬。翌年 5 月上旬化蛹，5 月中旬至 6 月上旬成虫羽化并产卵。第 1 代幼虫为害期为 6 月中旬至 7 月下旬；第 2 代发生期为 7 月至翌年 5 月，幼虫为害高峰期为 8 月中旬至 9 月下旬。成虫有趋光性。雌蛾通常将卵产在叶背，十多粒或数十粒排列成鱼鳞状卵块，上覆一层浅黄色胶状物；产卵量 100～200 粒。低龄幼虫群集性强，3～4 龄开始分散。老熟幼虫在寄主植物的中下部枝干或树冠枝叶浓密处叶背结茧化蛹。

雌蛾 - 油茶 -20150915- 福建省林科院

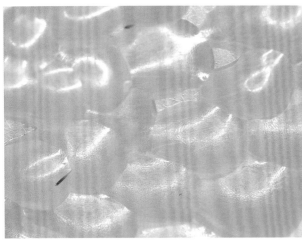
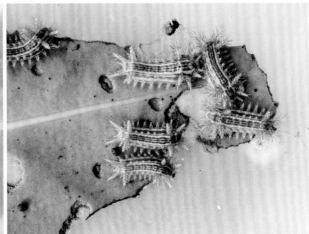

卵（100 倍）- 秋茄 -20160526- 福建云霄漳江口红树林自然保护区　中龄幼虫 - 秋茄 -20150826- 福建云霄漳江口红树林自然保护区

大龄幼虫 - 油茶 -20150913- 福建省林科院　　　　　茧 - 秋茄 -20150902- 福建云霄漳江口红树林自然保护区

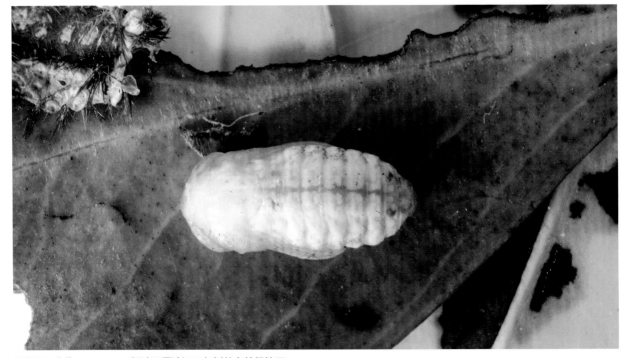

蛹背面 - 秋茄 -20150906- 福建云霄漳江口红树林自然保护区

扁刺蛾 *Thosea sinensis* (Walker)

分类地位：鳞翅目 Lepidoptera 刺蛾科 Limacodidae

国内分布：广布于全国各地。

寄主植物：樟树、枫香、红叶石楠、桂花、喜树、苦楝、橘、栀子、乌桕、茶、油茶、梧桐、刺槐、白杨、泡桐、枣、苹果、梨、桃、桑树等多种林木和果树。

危害特点：幼虫取食叶片。

形态特征

　　成虫　雌蛾体长 13～18mm，翅展 28～35mm。体暗灰褐色，腹面及足的颜色更深。前翅灰褐色、稍带紫色，中室的前方有 1 条明显的暗褐色斜纹，自前缘近顶角处向后缘斜伸。雄蛾中室上角有一黑点（雌蛾不明显）；后翅暗灰褐色。

　　卵　扁平光滑，椭圆形，长径 1.2～1.4mm，短径 0.9～1.2mm。初为淡黄绿色，孵化前呈灰褐色。

　　幼虫　老熟幼虫体长 22～27mm，宽 14～17mm。体扁，椭圆形，背部稍隆起，形似龟背。全体绿色或黄绿色，背部有白色线条贯穿头尾；背侧各节枝刺发达，上着生多数刺毛；中、后胸枝刺明显较腹部枝刺短，腹部各节背侧和腹侧间有 1 条黄白色线，基部各有红色斑点 1 对。

　　茧　圆形至短椭圆形，长 12～16mm，宽 11～14mm。暗褐色，形似鸟蛋。

　　蛹　长 10～15mm，近似椭圆形。初为乳白色，近羽化时变为黄褐色。

生物学特性：在长江中下游 1 年发生 2～3 代，以老熟幼虫在树下土层内结茧以前蛹越冬。4 月中旬开始化蛹，5 月中旬至 6 月上旬羽化；第 1 代幼虫发生期为 5 月下旬至 7 月中旬，第 2 代幼虫发生期

成虫 - 枫香 -20190822- 福州国家森林公园

为7月下旬至9月中旬，第3代幼虫发生期为9月上旬至10月。

成虫有强趋光性，卵多散产于叶面。卵期7天左右。初孵化的幼虫停息在卵壳附近，并不取食，第1次蜕皮后，先取食卵壳，再啃食叶肉。幼虫共8龄，6龄起可食全叶。老熟幼虫多夜间下树入土结茧，结茧部位的深度和距树干的远近与树干周围的土质有关，黏土地结茧位置浅，距离树干远，比较分散；腐殖质多的土壤及沙壤土地，结茧位置较深，距离树干较近，而且比较集中。0～60mm土壤深度，距离树干60cm范围内茧数较多。

低龄幼虫 - 枫香 -20150824- 福建省林科院

大龄幼虫 - 枫香 -20150905- 福建省林科院

茧 - 枫香 -20150917- 福州国家森林公园

沙罗双透点黑斑蛾 *Trypanophora semihyalina* Kollar

中文别名：网翅锦斑蛾

分类地位：鳞翅目 Lepidoptera 斑蛾科 Zygaenidae

国内分布：福建（晋安、洛江、顺昌、建阳）、四川、贵州、香港等。

寄主植物：枫香、木荷、紫薇、油茶、茶、枔木、毛葱、小果柿、榄仁、云南石梓、罗氏娑罗双等。

危害特点：幼虫取食树叶、果皮。

形态特征

成虫　雄蛾翅展 31 ～ 35mm，体长 10 ～ 13mm。体翅蓝黑色，触角蓝黑色短双栉齿状。胸部两侧有橙黄色斑纹。腹部第 1 ～ 4 节腹面及两侧橙黄色，第 5 ～ 6 节橙黄色，其他蓝黑色。前翅底色蓝黑色，基部有两个透明斑纹，基角黄色，中室外半部及周围透明，翅脉黑色，中室端有一黑斑，顶角、外缘及后缘黑色。后翅前缘赭黄色，顶角及后缘蓝黑色，其他透明，翅脉黑色。

幼虫　老熟幼虫体长 13 ～ 19mm，宽 6 ～ 9mm。头小缩在前胸下，棕黄色；体扁阔肥厚，近长方形而中部较宽；体背黑褐色，至第 6 腹节色带渐细，止于第 9 节，并由黄色替代。体多疣突并生有短毛。中胸 1 对黑色疣突，2 对红色疣突，后胸 3 对黑色疣突，1 对红色疣突；腹部第 1 ～ 6 节背面 2 对黑色疣突，第 7 ～ 8 背面 1 对黑色疣突。第 1 ～ 5 腹节气门线上疣突红色，第 6 ～ 8 腹节气门线上疣突为黄白色。第 9 ～ 10 腹节疣突为浅黄色。

茧　灰白色，丝质，长 20 ～ 22mm，宽 8 ～ 12mm，扁椭圆形贴于叶面。

蛹　桔黄色，锥形，长 12 ～ 14mm，宽 4 ～ 6mm。近羽化时颜色变深，棕黄色。

生物学特性：在福州，越冬代幼虫 11 月中旬结茧化蛹，成虫翌年 4 月上、中旬羽化。8 ～ 11 月枫香树上可见幼虫、蛹和成虫。成虫有趋光性。低龄幼虫取食叶肉，形成黄色透明枯斑；大龄幼虫行动迟缓，即使碰触也只缓慢爬行；老熟幼虫在叶片正面吐丝将其微卷，结茧化蛹。

成虫 - 油茶 -20100925- 福建省林科院

成虫 - 油茶 -20121118- 福建省林科院

幼虫 - 枫香 -20150811- 福建省林科院

幼虫 - 油茶 -20100925- 福建省林科院

幼虫 - 木荷 -20161026- 福建顺昌洋口林场

幼虫 - 紫薇 -20180625- 福建省林科院

茧 - 枫香 -20100925- 福建省林科院

蛹壳 - 油茶 -20100925- 福建省林科院

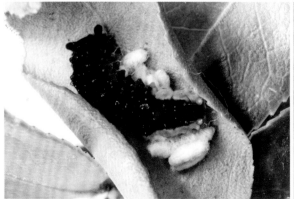

被绒茧蜂寄生的幼虫 - 油茶 -20121118- 福建省林科院

幼虫天敌 - 绒茧蜂 -20121125- 福建省林科院

朱红毛榕蛾 *Phauda flammans* Walker

中文别名： 朱红毛斑蛾、火红斑蛾、榕树斑蛾

分类地位： 鳞翅目 Lepidoptera 榕蛾科 Phaudidae

国内分布： 福建（晋安）、海南、广东、广西、云南。

寄主植物： 垂叶榕、聚果榕、青果榕、高山榕、印度胶榕等多种榕属树木。

危害特点： 初孵幼虫啃食叶肉，仅留下白色膜状的上表皮，大龄幼虫取食成缺刻、孔洞。发生严重时，可将整株叶片蚕食一空，当叶片缺乏时甚至还会为害枝条韧皮部。

形态特征

成虫 雌蛾体长 10～15mm，翅展 32～39mm；触角双栉齿状，黑色，端部灰白色；体及翅红色；胸部背面及腹部两侧红色的体毛较长，胸、腹部的腹面体毛为黑色，节间膜为金黄色，偶有蜜红色；前翅和后翅的臀区有 1 个黑色椭圆斑。雄蛾体型较雌虫小，体长 9～13mm；翅展 25～33mm；胸腹部腹面的体毛为灰白色；腹部末端露出 1 对黑色毛须；其余特征与雌蛾相同。

卵 扁椭圆形，直径 0.7～1.0mm，平铺块状，呈鱼鳞状排列，表面有透明胶质覆盖。初产时浅黄色，孵化前呈深黄色。

幼虫 幼虫共 6 龄。初孵幼虫呈米黄色，后背部逐渐变为褐色。老熟幼虫体长 17～19mm，头小，常缩在前胸盾下；体背赤褐色，两侧浅黄色，每 1 体节有 4 个白色毛突；前胸背板黄褐色，具黑色斑点，中胸似"盾"状，深栗色，后胸是整个体区最宽的体节；腹部背面红棕色，静止时腹部第 1 节特别膨大；气门上线和基线白色。体上能分泌一种黏液使体表有黏性。

雌成虫 - 聚果榕 -20150817- 福建省林科院

雄成虫 - 聚果榕 -20150810- 福建省林科院

卵 - 聚果榕 -20150813- 福建省林科院

幼虫背面 - 聚果榕 -20150716- 福建省林科院

茧　扁椭圆形，长15～19mm，土黄色，质地紧密，一端有羽化孔。

蛹　长10～12mm，宽2.8～4.8mm，纺锤形，腹部背面黑褐色，其余均呈淡黄色，腹末缺臀棘。

生物学特性：在广东1年发生2代，广西、福建1年发生2～3代。在福建龙海，5月上旬至7月下旬为第1代幼虫的为害期，8月上旬至11月下旬为第2代幼虫的为害期，10月下旬至11月下旬为第3代幼虫的为害期。12月上旬开始以预蛹期幼虫或蛹越冬。翌年3月下旬至5月幼虫化蛹和越冬蛹陆续羽化。5月上旬成虫开始产卵。

成虫羽化后3～4天进行交尾。雌雄蛾交尾1次，交尾次日即行产卵。雌蛾寿命3～7天，雄蛾6～10天。雌蛾多在树冠顶部的叶片上产卵。卵块扁平，呈鱼鳞状排列，单雌产卵量为65～92粒，卵期13～14天。卵以早晨孵化最多，幼虫孵化后，四处爬行或吐丝下垂分散取食。以树冠顶部的枝叶为害最严重，逐渐从上而下移动为害。幼虫历期40多天。老熟幼虫喜欢在根系与地表形成的夹角处吐丝结茧化蛹，少数在土壤表层0～10cm处做蛹室化蛹。5～9月蛹期11～20天，10月至翌年4月蛹期21～38天。

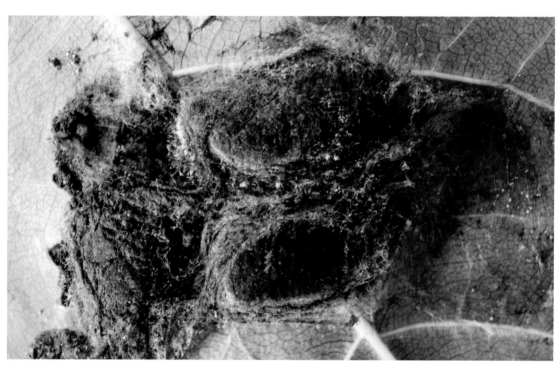

茧 - 聚果榕 -20150727- 福建省林科院

茧中初期蛹腹面 - 聚果榕 -20150727- 福建省林科院

中期蛹和近羽化蛹 - 聚果榕 --20150810- 福建省林科院

树冠顶部为害状 - 聚果榕 -20150716- 福建省林科院

刺蛾、斑蛾、榕蛾的防治方法

刺蛾幼虫体上大多具毒刺毛，接触皮肤会造成过敏瘙痒、红肿疼痛，因此，在防治过程中要做好自身防护。

1. 林业防治　修枝亮脚，垦覆灭蛹。将植株根际附近的表土层，翻入底部，用新土把根际培高5～10cm，压紧，可有效阻碍虫蛹羽化出土。

2. 物理防治　（1）摘除卵块。结合抚育管理，摘除卵块。摘除的卵块宜放在寄生蜂保护器中，以利卵寄生蜂羽化后飞回林间。（2）处理幼虫。刺蛾的低龄幼虫大多群集取食，被害叶呈现半透明白色斑块，此时斑块附近常栖有大量幼虫，及时摘除带虫枝、叶加以处理。刺蛾、斑蛾的老熟幼虫常沿树干下行至干基或地面结茧，可采取树干绑草等方法诱集并及时予以清除。（3）清除虫茧。根据不同害虫种类结茧化蛹场所，采用铲、挖、剪除等方法，清理被害株枝干、林间土石缝隙、浅土层、落叶杂草上（中）的虫茧。特别是越冬代历期长，可集中清理。（4）灯光诱杀。刺蛾成虫具较强的趋光性，在成虫羽化高峰期于19：00～21：00时段用灯光诱杀。

3. 生物防治　每公顷施放100亿孢子/g的白僵菌粉剂7.5～15.0kg，在雨湿条件下防治低龄幼虫。喷施苏云金杆菌可湿性粉剂（8000IU/mg）150～200倍液。核型多角体病毒、质型多角体病毒对刺蛾感染率较高，可将患此病幼虫引入非发病区；将感病刺蛾（含茧）粉碎，于水中浸泡24小时，离心10分钟，以粗提液20亿多角体（PIB）/毫升的病毒稀释1000倍液喷杀3～4龄幼虫。刺蛾的天敌较多，卵期、幼虫天敌有赤眼蜂、姬蜂、绒茧蜂、寄蝇、猎蝽、螳螂等，应注意保护利用，可采集其虫茧放入天敌保护器或纱笼中，待天敌羽化后飞出。

4. 药剂防治　加强测报，爆发成灾时，可用药剂防治（药剂种类参考附表），尽量在3龄幼虫之前用药。刺蛾低龄幼虫对药剂敏感，一般触杀剂均有效，如用90%敌百虫晶体800～1000倍液、80%敌敌畏乳油1000～1500液、2.5%溴氰菊酯乳油4000～5000倍液等喷雾防治。如2次连用间隔7～10天。

黑脉厚须螟 *Arctioblepsis rubida* C. Felder & R. Felder

分类地位： 鳞翅目 Lepidoptera 螟蛾科 Pyralidae 螟蛾亚科 Pyralinae

国内分布： 福建、江西、浙江、广东、湖南、四川、云南、台湾。

寄主植物： 樟树、楠木、天竺桂等樟科植物。

危害特点： 幼虫缀连寄主叶片取食。

形态特征

成虫　体长 13 ～ 16mm，翅展 32 ～ 48mm。体鲜红色。头部黄褐色，胸部背面深红色，胸足黑色，后胸足第 1 跗节有 1 束长毛丛；腹部黑色。前翅近方形，深红色，翅脉黑色；后翅红色，基部颜色略深，卵圆形，翅脉不黑。

卵　扁圆形，黄绿色，直径 0.5 ～ 0.7mm。

幼虫　老熟幼虫体长 32 ～ 37mm，细长型。体有 2 种基本色型：一种黑褐色，胴部背面有 1 条伸达臀节的宽黄褐色纹，前端较明显，体侧面毛白色。另一种黄褐色，散布褐色斑，体上生黄色毛。头部黄褐色，体腹面黑褐色。

茧　长 15 ～ 19mm，宽 9 ～ 11mm。椭圆形，丝质，初期黄褐色，后期黑褐色，丝茧外黏附土粒形成土茧。

蛹　长 13 ～ 16mm，宽 5 ～ 6mm。初期黄白色，后颜色逐渐加深呈红褐色。头部黑褐色；胸部、足和翅朱红色；腹部红褐色，背面从第 2 节开始，近前缘有 1 排明显圆形凹陷小刻点，腹部末端两侧有 2 个较大的刺状突起，突起上有 1 个较长的钩刺，突起间有 6 根臀棘，臀棘末端弯曲并互相织在一起。

成虫 - 樟树 -20160713- 福建永泰县东洋乡

黄绿色幼虫 - 樟树 -20150906- 福建永泰县白云乡

灰绿色幼虫 - 香樟 -20160801- 福建闽清县梅溪镇

黄褐色幼虫背面 - 香樟 -20150913- 福建永泰县白云乡

黑褐色幼虫 - 香樟 -20150816- 福建闽侯桐口林场华南工区

茧 - 香樟 -20150823- 福建闽侯桐口林场华南工区

生物学特性： 在福建沙县1年发生3代，以老熟幼虫入土结茧化蛹越冬。翌年4月中下旬成虫羽化，4月下旬至5月上旬第1代幼虫孵出，6月中下旬老熟幼虫陆续入土化蛹，6月下旬至7月上旬第2代成虫羽化并产卵，7月中旬第2代幼虫孵出，8月中旬开始入土化蛹，8月下旬成虫羽化，9月中旬第3代幼虫孵出，10月下旬老熟幼虫入土化蛹越冬。

　　成虫趋光性强，产卵于叶背呈块状。初孵幼虫取食叶肉，2龄后幼虫以丝将树叶黏起呈棚状，并在其中为害树叶；不取食时，静伏于丝网上。

蛹腹面 - 香樟 -20150922- 福建永泰县白云乡

蛹背面 - 香樟 -20150823- 福建闽侯桐口林场华南工区

缀叶丛螟 *Locastra muscosalis* (Walker)

中文别名：漆树缀叶螟、核桃缀叶螟、漆毛虫

分类地位：鳞翅目 Lepidoptera 螟蛾科 Pyralidae 丛螟亚科 Epipaschiinae

国内分布：福建、北京、天津、河北、辽宁、山东、江苏、安徽、浙江、江西、河南、湖北、湖南、广东、广西、四川、云南、贵州、陕西、台湾等。

寄主植物：金缕梅科的枫香、细柄蕈树，漆树科的盐肤木、青麸杨、黄栌、南酸枣、黄连木，胡桃科的薄壳山核桃、枫杨、核桃，马桑科的马桑等多种林木。

危害特点：以幼虫取食叶片，使成缺刻、孔洞；严重被害的林木枝条上仅挂着干枯的叶总轴、少数残叶以及网巢和黏附的虫粪，满树丝网，不见树叶。

形态特征

　　成虫　体长 14 ～ 20mm，翅展 35 ～ 50mm，丝状触角，全体黄褐色。前翅栗褐色，内横线波状黄褐色，外横线波状灰白色。横线两侧近前缘处有 1 个黑色斑块，外缘翅脉间有 1 个黑褐色斑块，前缘中部有 1 个褐色斑块。后翅灰褐色，外缘色较深。

　　卵　球形，聚集成鱼鳞状卵块，每块有卵 80 ～ 210 粒。

　　幼虫　老熟幼虫体长 22 ～ 30mm。头黑色，有光泽。前胸背板黑色，前缘有黄白色斑 6 个。背中线较宽，杏黄色线，亚背线和气门上线为黑线，各

成虫背面 - 枫香 -20150817- 福建省林科院

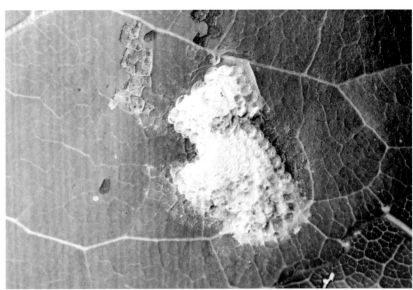

卵块（多数卵已孵化）- 枫香 -
20150701- 福建省林科院

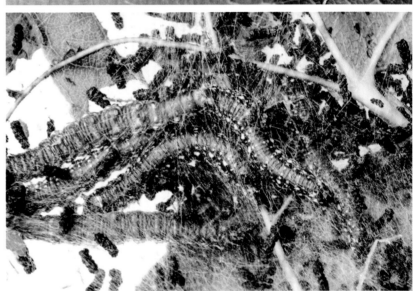

网巢中的大龄幼虫 - 枫香 -
20150715- 福建省林科院

老熟幼虫 - 枫香 -
20150717- 福建省林科院

体节有数个白色小斑点，全体有短毛。

　　茧　褐色，扁平，椭圆形，长约 20mm，宽约 10mm。

　　蛹　长约 15mm，暗褐色。

生物学特性：1 年一般 1～3 个世代。在福州 1 年 2 代，4 月上旬起越冬幼虫化蛹，5 月上旬至 6 月下旬为越冬代成虫羽化期；第 1 代卵期 5 月上旬至 7 月中旬，幼虫期 5 月中旬至 8 月中旬，蛹期 6 月下旬至 8 月下旬，成虫期 7 月下旬至 10 月上旬。第 2 代（越冬代）卵期 7 月下旬至 10 月中旬，幼虫期 7 月下旬至 10 月下旬，在福州以第 2 代老熟幼虫自 9 月中旬起陆续下地，寻找土质疏松的位置，钻入土中 3～8cm 深处或缀合落叶结茧以预蛹越冬。

绿僵菌感染的幼虫 - 枫香 -20150720- 福建省林科院

蛹背面 - 枫香 -20150727- 福建省林科院

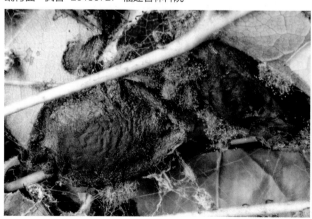

茧 - 枫香 -20160829- 福建永泰县盖洋乡

枫香受害状 -20160920- 福建省林科院

橄绿瘤丛螟 *Orthaga olivacea* (Warren)

中文别名： 樟巢螟、樟叶瘤丛螟、樟缀叶螟

分类地位： 鳞翅目 Lepidoptera 螟蛾科 Pyralidae 丛螟亚科 Epipaschiinae

国内分布： 福建（晋安、闽侯、永泰、闽清、建阳、延平、光泽、武夷山、蕉城、福安、霞浦、三元、沙县、大田、宁化、清流、新罗）、浙江、海南、广西、湖北、四川、云南、台湾。

寄主植物： 樟树、楠木、天竺桂、山苍子、山胡椒等樟科植物，厚朴、白玉兰、鹅掌楸、深山含笑等木兰科植物。

危害特点： 幼虫吐丝缀合当年生嫩叶和小枝成巢，居中取食叶片，幼树受害较重。

形态特征

　　成虫　雄蛾体长 7 ～ 11mm，翅展 20 ～ 28mm；雌蛾体长 9 ～ 14mm，翅展 22 ～ 30mm。触角丝状，黑褐色，雄蛾触角上具微毛。胸部背面为淡褐色、黄褐色和红褐色鳞片混杂。前翅暗褐色，有黄绿色、红褐色鳞片，翅基黄绿色，内横线黄绿色，外横线黄绿色波浪状，中部向外弯曲；前缘中后部有 1 个长条形腺状肿瘤。后翅暗褐色。

　　卵　扁圆形，长径 0.6 ～ 0.8mm，短径 0.3 ～ 0.4mm，中央有不规则的红色斑纹，卵表面散布点状纹。

雄成虫 - 樟树 -20160824- 福建永泰丹云乡翠云村

雌成虫 - 樟树 -20150902- 福州国家森林公园

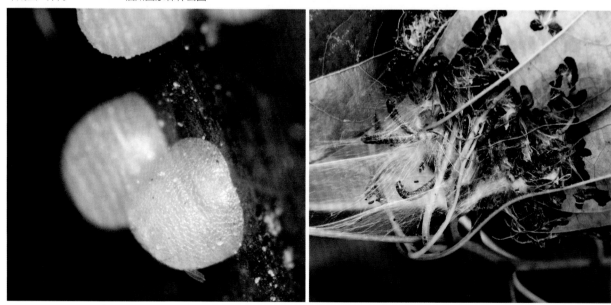

卵 - 樟树 -20150917- 福州国家森林公园   中龄幼虫及虫巢 - 樟树 -20180715- 福建省林科院

幼虫　初孵幼虫灰褐色至灰黑色，2 龄后逐渐变为棕色。老熟幼虫体长 23 ～ 32mm，褐色；头部及前胸背板红褐色，背线褐色宽带，亚背线、气门上线黄褐色；腹部黄褐色。

蛹　长 9 ～ 12mm，红褐色或深棕色，腹节具刻点，腹末有臀棘 6 根。

茧　长 12 ～ 14mm，长椭圆形，黄褐色。

生物学特性：在福州 1 年 3 代，以老熟幼虫在树基周围浅土中结茧越冬。在福州越冬代成虫 4 月中旬出现，4 月下旬第 1 代幼虫孵出；5 月中旬至 6 月上旬、7 月下旬至 8 月上旬、9 月下旬至 10 月上旬是为害高峰期；10 月中下旬多数幼虫入土结茧越冬。在浙江嘉兴 1 年 2 代。

成虫具趋光性。卵产在两叶靠拢处较隐蔽的叶面叶尖处，初孵幼虫出壳 1 ～ 2 小时后即开始吐丝缀连叶片，聚集在叶片之间取食叶肉，留下网状叶脉。低龄幼虫有群集性，随着虫龄增大，幼虫不断吐丝缀连叶片和枝梢，使虫苞不断扩大，形成虫巢，并分巢，巢中有丝织成的巢室并充满虫粪、丝和枯枝叶；最大的虫巢可以缀合 70 多片叶片及其树梢。每巢一般有幼虫 2 ～ 20 头，同一巢穴内虫龄相差大。幼虫行动敏捷，稍受惊动即躲入巢内。老熟幼虫多在浅土层中结茧化蛹，深的可达 30mm，茧大多分布在树干基部 1m 范围内；极少数也可在巢中作丝织蛹室并在其中化蛹。天敌主要有黄愈腹茧蜂（*Phanerotoma flava*）、绿僵菌、白僵菌等。

老熟幼虫 - 樟树 -20150802- 福州国家森林公园

蛹腹面 - 樟树 -20150902- 福州国家森林公园

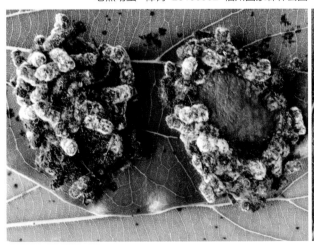

茧 - 樟树 -20150820- 福州国家森林公园

预蛹感染绿僵菌 - 樟树 -20150902- 福州国家森林公园

竹弯茎野螟 *Crypsiptya coclesalis* (Walker)

中文别名：竹织叶野螟

分类地位：鳞翅目 Lepidoptera 草螟科 Crambidae 野螟亚科 Pyraustinae

国内分布：福建、北京、河南、山东、江苏、安徽、浙江、江西、广东、广西、湖北、湖南、四川、贵州、云南、台湾。

寄主植物：竹。

危害特点：幼虫吐丝卷当年竹叶取食。

形态特征

　　成虫　雌蛾体长9～14mm，雄蛾体长8～12mm。体黄色至黄褐色，腹面银白色。前翅深黄色，后翅黄白色；前后翅外缘均有褐色宽边。前翅有3条深褐色弯曲的横线，外横线下半段内倾成一纵线与中线相接；后翅中央有1条弯横线。

　　卵　扁椭圆形，长径0.8～0.9mm，短径0.58～0.62mm。卵块蜡黄色，呈鱼鳞状排列。

　　幼虫　初孵幼虫青白色，长1.0～1.2mm。老熟幼虫长18～26mm，体色多变，有青灰色、橘黄色、黄褐色等，结茧化蛹前为乳黄色。前胸背面有6块黑斑，中后胸背面各有2块褐斑，被背线分割。腹部各节背面有2块长褐斑，气门斜上方有1块褐斑。

　　蛹　长11～15mm，橙色，具8根臀棘。

　　茧　椭圆形，长14～17mm，为丝土黏结，内壁光滑。

生物学特性：在福建1年2代，以老熟幼虫在土茧中越冬，翌年4月中旬化蛹，4月下旬成虫羽化。第1代幼虫5月下旬出现，7月中旬化蛹，7月下旬成虫羽化；第2代（越冬代）幼虫8月中旬出现，直至11月越冬。

　　成虫趋光性强，取食花蜜补充营养，雌蛾在当

成虫背面 - 竹 -20180626- 福建建瓯市小桥镇

幼虫 - 毛竹 -20170917- 福建武夷山市五夫镇

近化蛹幼虫 - 竹 -20180628- 福州国家森林公园

蛹 - 竹 -20180628- 福州国家森林公园

虫苞 - 竹 -20180715- 福建省林科院

危害状 - 竹 -20170914- 福建武夷山市五夫镇

年新竹梢头叶背产卵，每头雌蛾可产卵86～168粒。初孵幼虫吐丝卷叶，取食竹叶上表皮，每叶苞有虫2～9头，最多每苞有幼虫27头；2龄幼虫转苞为害，每苞有虫1～3头；5龄后幼虫每天或隔天需换苞取食，每次换苞，幼虫就向竹中、下部或邻竹转移1次；3龄后竹株上部出现大量空苞，远看一片枯白。每头幼虫一生可缠苞41～56个。幼虫老熟后，夜间吐丝下垂至地，在竹根基周围入土20～50mm结茧；少量老熟幼虫不入土结茧，直接在竹上虫苞中化蛹。

华丽野螟 *Agathodes ostentalis* (Geyer)

分类地位： 鳞翅目 Lepidoptera 草螟科 Crambidae 斑野螟亚科 Spilomelinae

国内分布： 福建（晋安、厦门、武平梁野山、武夷山）、海南、四川、云南、台湾。

寄主植物： 刺桐、海桐。

危害特点： 幼虫卷叶取食叶片，严重时树叶被取食殆尽，并形成大量丝网。

形态特征

　　成虫　翅展 24～26mm。米黄色至紫红色；头部及胸部有白点；腹部有白色环带，背面暗褐色，尾部鳞毛黑色。前翅前缘白色，中室端脉有 1 枚白色新月形斑，有 1 条宽的桃红色镶白边的斜线从中室到翅内缘而后向外弯曲，翅顶有 1 枚大型带白边的半圆形斑，缘毛桃红色。后翅赭色无斑纹。

　　幼虫　老熟幼虫头部黄褐色至黑褐色；胸足黑褐色；体背面黄绿色具黑色宽带，侧面及腹面乳白色至黄白色。前胸背面有圆形小黑斑，中、后胸背面各有 4 个圆形小黑斑，呈"一"字形排列；腹部各体节有 4 个圆形小黑斑，呈四方形排列。

　　蛹　浅黄色至红褐色。

生物学特性： 在福州刺桐上 1 年可发生多代，世代重叠，6～10 月可见幼虫、蛹、成虫。在武平梁野山自然保护区，7 月初在刺桐上发现的幼虫，7 月下旬羽化为成虫。成虫产卵于叶背，幼虫吐丝做简单丝网将叶稍微卷缩，在卷缩的虫苞中取食，初孵幼虫取食叶肉，大龄幼虫取食叶片成孔洞，严重受害的树叶被取食的残缺不全，甚至仅剩叶柄。老熟幼虫在叶背皱缩处做简单丝茧于其中化蛹。

成虫背面 - 刺桐 -20190820- 福州国家森林公园

成虫侧面 - 刺桐 -20190820- 福州国家森林公园

幼虫背面 - 刺桐 -20190803- 福州国家森林公园

幼虫侧面 - 刺桐 -20190807- 福州国家森林公园

幼虫 - 刺桐 -20151020- 福州森林公园

茧与蛹 - 刺桐 -20190811- 福州国家森林公园

黄杨绢野螟 *Cydalima perspectalis* (Walker)

分类地位：鳞翅目 Lepidoptera 草螟科 Crambidae 斑野螟亚科 Spilomelinae

国内分布：青海、甘肃、陕西、河北、山东、江苏、上海、浙江、江西、福建、湖北、湖南、广东、广西、贵州、重庆、四川、西藏。

寄主植物：主要为害雀舌黄杨、瓜子黄杨、大叶黄杨、小叶黄杨、朝鲜黄杨等黄杨科植物，以及冬青、卫矛等。

危害特点：幼虫取食叶片和嫩芽，常吐丝缀合叶片，于其内取食，受害叶片枯焦，暴发时可将叶片吃光，造成黄杨整株枯死。

形态特征

成虫　体长 14～19mm，翅展 33～45mm；头部暗褐色，胸、腹部浅褐色，胸部有棕色鳞片，腹部末端深褐色；翅白色半透明，有紫色闪光；前翅前缘褐色，中室内有两个白点，一个细小，另一个弯曲成新月形，外缘与后缘均有一褐色带；后翅外缘边缘黑褐色。雌虫腹部较粗大，腹末无毛丛；雄虫腹部较瘦，腹部末端有黑色毛丛。

卵　椭圆形，长 0.8～1.2mm，初产时白色至乳白色，孵化前为淡褐色。

幼虫　老熟时体长 42～46mm。头部黑褐色，胴部黄绿色，表面有具光泽的毛瘤及稀疏毛刺，前胸背面具 2 个较大三角形黑斑；背线绿色，亚被线及气门上线黑褐色，气门线淡黄绿色，基线及腹线淡青灰色。

蛹　长 24～26mm，宽 6～8mm；纺锤形，棕褐色，腹部尾端有臀棘 6 枚。以丝缀叶成茧，茧长 25～27mm。

生物学特性：年发生世代数，因地域不同而有差异。青海 1 年发生 1 代；河北 1 年发生 2 代；河南、山东、上海、江苏、贵州、湖南、陕西等 1 年发生 3～4 代，10 月以幼虫在寄主植物缀叶吐丝结薄茧越冬，翌年 4 月上旬越冬幼虫开始活动，5 月中旬为盛期，

成虫 - 黄杨 -20150627- 福建省林科院

幼虫 - 黄杨 -20150616- 福建省林科院

蛹 - 黄杨 -20150621- 福建省林科院

5月下旬开始在缀叶中化蛹；在浙江、广西、四川，1年发生5代，以3龄幼虫越冬，翌年3月活动，4月中旬开始化蛹，4月下旬开始羽化，5月上旬第1代幼虫出现，10月越冬代幼虫出现，11月开始陆续进入越冬期。在福建尤溪以九里香为寄主，1年发生4代。

成虫多在19:00～23:00羽化，卵多产于寄主植物叶背，呈鱼鳞块状，每雌成虫产卵103～674粒。成虫飞翔力弱，有一定趋光性。幼虫一般6龄，1、2龄幼虫于叶背取食叶肉，3龄后将叶片、嫩枝缀连成巢，在其中取食，为害加重，受害严重的植株叶片取食殆尽，枝条上残存丝网、蜕皮、虫粪，少量残存叶边、叶缘等。老熟幼虫大多在树的中下部吐丝缀合几片枯叶或老叶于其中作茧化蛹。

蛹寄生蝇 - 黄杨 -20150624- 福建省林科院

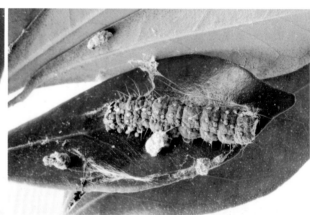

幼虫被绿僵菌感染 - 黄杨 -20150624- 福建省林科院

为害状 - 黄杨 -20150616- 福建省林科院

双点绢丝野螟 *Diaphania bivitralis* (Guenée)

分类地位：鳞翅目 Lepidoptera 草螟科 Crambidae 斑野螟亚科 Spilomelinae

国内分布：福建（晋安）、江苏、台湾、广东、四川、云南。

寄主植物：桑科植物。

危害特点：以幼虫卷叶为害。

形态特征

成虫 翅展 27 ～ 28mm。栗黄色，腹部两侧与腹面白色，雄蛾尾部有黑色毛丛。前翅栗黄色，翅内缘基部有 1 白色横带及 1 条黑色斜内横线与 1 半透明梨形斜中斑，中室内及中室端脉有 2 个斑点。后翅有白色闪光，边缘有 1 条栗色宽带，缘毛褐色。

卵 黄绿色，扁平紧贴于叶面，椭圆形，长 1.0 ～ 1.1mm，宽约 0.7mm，外围有约 0.3mm 宽的白色胶状物形成宽带包围卵粒。

幼虫 老熟幼虫体长 24 ～ 27mm。头、前胸背板黄褐色至黑褐色，体黄绿色至绿色，背中线深绿色。中、后胸背板两侧各有 1 对黑色小瘤突，瘤突内侧有 1 白斑；第 8 腹节背面有 4 个呈 "一" 字形排列的黑色小瘤突，第 9 腹节背面有 1 对白斑。

蛹 长 13 ～ 16mm，黄褐色，梭形。

生物学特性：生活史不详。福建福州 4 ～ 12 月均可见其幼虫为害，7 ～ 10 月可同时见到成虫、卵、幼虫、蛹。

成虫在晚上羽化。雌虫产卵于叶正面，以主脉附近居多，4 ～ 8 粒紧密排列。初孵幼虫取食叶面叶肉，2 龄后开始分散取食，将叶片沿主脉向内对折为饺子形的虫苞，也有做成三角形或长方形虫苞的，一苞一虫，幼虫匿居其中取食，虫苞中有丝膜便于幼虫停息，从叶片端部取食叶片约一半后转移他叶另做虫苞。老熟幼虫通常将未受害的叶片作 1 个虫苞化蛹，苞中吐稀疏丝网，蛹悬垂于网中。8 月份蛹期 8 ～ 10 天。

成虫 - 雅榕 -20150821- 福建省林科院

卵 - 雅榕 -20151016- 福建省林科院

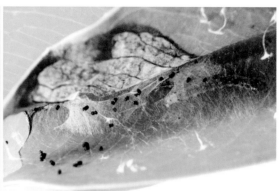

中龄幼虫 - 雅榕 -20150710- 福建省林科院

老熟幼虫 - 雅榕 -20150811- 福建省林科院

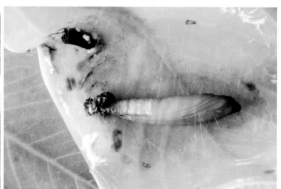

蛹 - 雅榕 -20150817- 福建省林科院

虫苞 - 雅榕 -20150812- 福建省林科院

棉褐环野螟 *Haritalodes derogata* (Fabricius)

中文别名：棉大卷叶螟

分类地位：鳞翅目 Lepidoptera 草螟科 Crambidae 斑野螟亚科 Spilomelinae

国内分布：除宁夏、青海、新疆未见报道外，其余省区均有分布。

寄主植物：扶桑、芙蓉、木槿、棉花、蜀葵、黄秋葵、苘麻、蓖麻、木棉、梧桐、豇豆、扁豆、木薯、茄子及冬苋菜等。

危害特点：幼虫喜食完全展开的嫩叶，初孵幼虫聚集在叶背取食叶肉，3龄后分散，吐丝卷叶成喇叭状，隐藏于卷叶内取食为害，严重时仅留下残枝败叶。

形态特征

成虫 体长 10 ~ 14mm，翅展 22 ~ 30mm，淡黄色；头、胸部背面有 12 个棕黑色小点排列成 4 行；腹部各节前缘有黄褐色带。前、后翅外横线、内横线褐色，呈波纹状，前翅中室前缘具 "OR" 形褐斑，在 "R" 斑下具 1 条黑线，缘毛淡黄色；后翅中室端有细长褐色环，外横线曲折，外缘线和亚外缘线波纹状，缘毛淡黄色。

卵 扁椭圆形，长约 1.2mm，宽约 0.9mm，初产乳白色，后变浅绿色。

幼虫 末龄幼虫体青绿色，有闪光，长约 25mm，化蛹前变成桃红色，全身具稀疏长毛。

蛹 长 13 ~ 14mm，红褐色，细长。

生物学特性：棉褐环野螟在江淮地区 1 年 5 ~ 6 代，福建建阳 1 年 5 代，华南地区 1 年 5 ~ 6 代。幼虫共 5 龄，以老熟幼虫越冬，越冬场所多为卷曲的老叶或在枯枝落叶、草丛等隐蔽处潜伏越冬。

成虫产卵量差异大，73 ~ 638 粒不等。幼虫孵化后，多头聚集于一处，取食叶背叶肉，留下上表皮，呈白色薄膜状。幼虫喜吐丝卷曲叶片，低龄时一般卷曲叶片一角或直接潜伏于高龄幼虫为害过的卷筒

成虫 - 扶桑 -20200901- 福建泉州森林公园

叶片内取食，高龄时卷曲整张叶片呈喇叭状或几张叶片缀合成虫苞。低龄幼虫喜群集为害，3 龄后一般 1 张卷叶内仅有 1 头幼虫，且喜转移为害。取食扶桑发育历期约为 39 天；20～32℃温度范围为棉褐环野螟的最适生长温区；当温度超过 32℃时，其发育历期延长，世代起点发育温度为 12℃。生长茂密的植物，多雨年份发生严重。

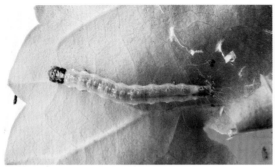

中龄幼虫 - 扶桑 -20150629- 福建省林科院

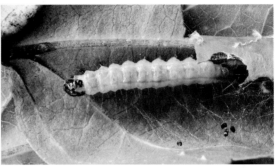

高龄幼虫 - 扶桑 -20150629- 福建省林科院

老熟幼虫 - 扶桑 -20150706- 福建省林科院

蛹侧面 - 扶桑 -20150629- 福建省林科院

为害状 - 扶桑 -20150706- 福建省林科院

茉莉叶野螟 *Nausinoe geometralis* (Guenée)

分类地位：鳞翅目 Lepidoptera 草螟科 Crambidae 斑野螟亚科 Spilomelinae

国内分布：福建（鼓楼、晋安、仓山、马尾、台江、闽侯、长乐、沙县）、广东、广西、海南、湖南、云南。

寄主植物：茉莉、卵叶小蜡。

危害特点：幼虫取食叶片，有时也为害花蕾和嫩枝，严重时引起叶片枯黄脱落，整株枯死。

形态特征

成虫　体长 9 ～ 12mm，翅展 20 ～ 25mm。全体深褐色，腹面淡黄。触角丝状。前翅狭三角形，每翅有 10 个形状各异的半透明白斑，其中近外缘 4 个较大，中部、基部 6 个较小。后翅宽三角形，每翅有 5 个形状不同的透明白斑，基部白斑呈钩状，最粗大。腹部各节后缘中央及两侧鳞毛呈黄白色斑块。雄蛾腹部细长，静止时向上翘。

卵　椭圆形，淡黄色，长 0.9 ～ 1.1mm，宽 0.6 ～ 0.8mm，卵面稍隆，具网状纹。

幼虫　体绿色，头乳黄色至黄褐色。老熟幼虫体长 16 ～ 25mm，各体节毛片边缘灰黑色，刚毛基部漆黑色。

蛹　初呈绿色，后转淡黄绿色，长 12 ～ 14mm，宽 2.4 ～ 2.8mm。

生物学特性：成虫在福州 3 ～ 4 月间开始出现。在湖南攸县 1 年 10 代，以幼虫越冬。卵多产于叶面上，也有产于叶背和小枝上，卵呈鱼鳞状排列；产在虫丝上的卵 3 ～ 5 粒黏结一团。每头雌虫可产卵 50 ～ 200 粒，1 ～ 2 龄幼虫群集叶背近叶柄处，取食叶肉，留下一层半透明的叶表皮；大龄幼虫将叶片吃成洞孔或咬成缺刻，3 龄后扩散，常将枝叶连缀一起，隐藏其中取食。秋季为害较严重。老熟幼虫在寄主丛间化蛹，悬挂于被害枝叶的虫丝上。

成虫 - 茉莉花 -20181002- 福州井店湖公园

成虫 - 卵叶小蜡 -20150817- 福建省林科院

卵 - 卵叶小蜡 -20150820- 福建省林科院

幼虫 - 茉莉花 -20180930- 福州井店湖公园

蛹 - 卵叶小蜡 -20150817- 福建省林科院

被肿腿蜂寄生的蛹 - 茉莉花 -20180930- 福州井店湖公园

双突绢须野螟 *Palpita inusitata* (Butler)

中文别名： 黄环绢须野螟、黄环绢野螟、小蜡绢须野螟

分类地位： 鳞翅目 Lepidoptera 草螟科 Crambidae 斑野螟亚科 Spilomelinae

国内分布： 福建（晋安、厦门、武夷山、建阳、将乐）、江苏、浙江、湖北、湖南、广东、广西、四川、云南、贵州、台湾。

寄主植物： 水蜡树、小蜡树、女贞、毛叶丁香、桂花。

危害特点： 幼虫吐丝缀苞取食叶肉，留下表皮呈白色膜状，虫粪排在虫苞内。受害严重的植株焦黄，枝条干枯或整株枯死。

形态特征

成虫　体乳白色，有丝质光泽。体长 8～11mm，翅展 24～28mm。双翅乳白色半透明；前翅前缘有黄褐色宽带，从翅基部到中室端部有 3 个逐渐增大的暗褐色边的淡黄色斑，最外的 1 个最大，呈葫芦形，在第 2、3 斑之间的下方有 1 个肾形斑，外横线浅灰色波浪形弯曲。后翅中室中央有 1 个黑色小点，中室端部有 1 个肾状斑，斑边缘色较深；外横线浅灰色，波浪形。前、后翅缘线均断裂成小黑点，缘毛白色。

卵　扁椭圆形，长径约 0.6mm，短径约 0.4mm。初产时嫩黄绿色，近孵化时有锈红色斑。

幼虫　老熟幼虫体长 16～17mm，宽 1.8～2.3mm；体黄绿色，头黄褐色，胸部各节背板两侧及第 8 腹节气门上方各具 1 个黑色小斑，小斑为棱形或蝌蚪形。

蛹　长 10～12mm，宽 2.5～3.0mm。蛹初期为绿色，后变成绿褐色；近羽化时变为黄褐色，翅上斑纹清晰可见。腹末有臀棘 8 根，成弧形排列。

生物学特性： 在福州，6～10 月为害最为严重。在浙江（丽水）1 年 7 代，以幼虫在虫苞内越冬；翌年 3 月上中旬开始活动，3 月下旬出现成虫，以后

成虫背面 - 桂花 -20200927- 福州国家森林公园北峰生态区

成虫腹面 - 卵叶小蜡 -20160523- 福建省林科院

卵块 - 卵叶小蜡 -20150714- 福建省林科院

大龄雄幼虫 - 卵叶小蜡 -20150701- 福建省林科院

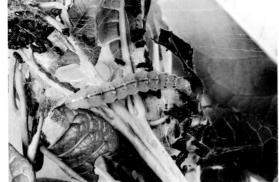

老熟雌幼虫 - 桂花 -20200917- 福州国家森林公园北峰生态区　幼虫与茧 - 桂花 -20200921- 福州国家森林公园北峰生态区

各代成虫发生盛期分别为 5 月中旬、6 月中旬、7 月中旬、8 月上旬、9 月上旬、10 月中旬；第 1 代发生较整齐，以后各代发生不整齐。在湖南（衡阳）1 年 3 代，以蛹在寄主附近的土壤中越冬。

成虫趋光性不强，飞翔能力弱，寿命 7 天左右。卵多产在嫩枝的中上部叶片叶背中脉两侧或叶片正面的中脉凹陷处，卵与卵之间呈鳞片状重叠；初产卵嫩绿色，半透明，与叶色很相似，不易发现；卵期 4～8 天，越冬代 9～11 天。幼虫 5 龄，初孵幼虫善爬行，寻找两叶片重叠处取食或缀嫩叶为害，3 龄后幼虫吐丝缀叶或结虫苞为害；老熟幼虫在枯枝落叶中或在新的虫苞内化蛹，蛹外被有丝质薄茧。

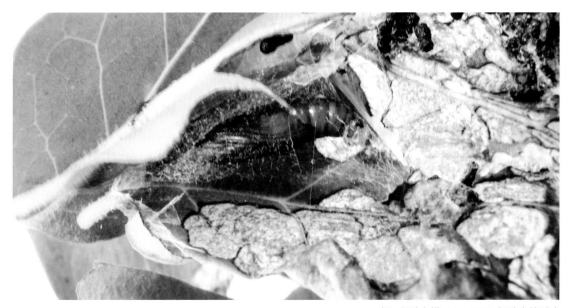

蛹 - 卵叶小蜡 -20150706- 福建省林科院

为害状 - 卵叶小蜡 -20150824- 福建省林科院

绿翅野螟 *Parotis angustalis* (Snellen)

分类地位：鳞翅目 Lepidoptera 草螟科 Crambidae 斑野螟亚科 Spilomelinae

国内分布：福建（晋安、永泰）、广东、广西、重庆、四川、贵州、云南。

寄主植物：盆架树（糖胶木）。

危害特点：幼虫取食叶片。

形态特征

　　成虫　体长 20 ～ 30mm，翅展 26 ～ 37mm；体及翅均为绿色至嫩绿色。前翅中室端脉有一小黑点，前缘淡棕色，外缘缘毛深棕色。后翅中室有一黑斑。足淡黄色。雄虫腹末尖削，雌虫腹末有一深红棕色毛簇。

　　卵　椭圆形，扁平，长 0.3 ～ 0.5mm、宽 0.1 ～ 0.2mm，初产乳白色，后期淡黄色。越冬卵有体毛覆盖。

　　幼虫　头红棕色，体淡绿色，化蛹前变成桃红色或粉红色。1 龄幼虫体长 8 ～ 10mm。老熟幼虫体长 38 ～ 43mm，腹部背面各节有 4 个斑点组成的四方斑，亚背线下方各节也有 1 个近椭圆形斑。

　　蛹　红褐色，长约 20mm，尖梭形，腹末有 8 根臀棘。

生物学特性：绿翅绢野螟在广东茂名 1 年发生 7 代，

雌成虫 - 盆架树 -20150415- 福建永泰县樟城镇

化蛹前幼虫 - 盆架树 -20151028- 福建永泰县樟城镇

蛹壳 - 盆架树 -20151125- 福建永泰县樟城镇

被寄生蜂寄生的幼虫 - 盆架树 -20151028- 福建永泰县樟城镇

虫苞 - 盆架树 -20151028- 福建永泰县樟城镇

树梢嫩叶受害状 - 盆架树 -20160527- 福建永泰县城峰镇

越冬成虫在翌年 2 月羽化。第 1 代幼虫在每年 3 月中下旬开始出现，第 2 代幼虫出现在 4 月下旬；12 月上旬，老熟幼虫常缀 2～3 片叶形成虫苞，或在其中化蛹，以这 2 种虫态越冬。在云南思茅 1 年 6 代。在福建福州地区，老熟幼虫 11 月下旬开始进入越冬，翌年 2 月下旬成虫开始羽化。

成虫有趋光性。雌蛾大多在嫩叶上产卵，散产或聚产成卵块，卵块卵粒呈鱼鳞状排列，平均产卵 410 粒。幼虫吐丝纵卷叶片，或缀 2～3 片叶形成虫苞，匿居其中取食叶肉，常使枝叶枯萎，造成落叶。叶肉食尽后，幼虫转移为害新叶片。幼虫共 6 龄。1～3 龄幼虫食量小；4～6 龄幼虫进入暴食期，每天或隔天转苞取食。严重时可把全株嫩叶吃光，成秃枝光杆，甚至导致幼树枯死。

螟蛾的防治方法

1. 林业防治　利用老熟幼虫下树作茧越冬的特点，清理被害树下及周边的落叶、杂草等并烧毁，或翻耕树冠下 5～10cm 土壤，消灭越冬虫茧，减少来年虫源。

2. 物理防治　摘除卵块与虫苞，采下来的卵块、虫苞可在天敌释放笼中自然放置一段时间，让寄生天敌羽化飞回林间，再次寄生；或直接烧毁卵块、虫苞。捕杀幼虫，一些螟蛾种类幼虫有群集为害的习性，在低龄幼虫分散取食之前及时除巢，集中处理。成虫发生高峰期设置诱虫灯、糖醋液、果醋液、酒糟液、发酵豆腐水等诱杀成虫；或用性信息素诱杀。

3. 生物防治　螟蛾天敌较多，有寄生蜂、蚂蚁、螳螂、多种鸟类以及虫生真菌等，可多加保护利用。低龄幼虫可用含孢量 100 亿孢子/g 的白僵菌粉剂或 10 亿孢子/g 的绿僵菌粉剂喷撒，在阴天或小雨天使用较好。老熟幼虫入土期，于树冠下地面撒施绿僵菌或白僵菌粉剂，然后耙松土层，以消灭入土幼虫。或施用苏云金杆菌等。利用感病虫体分离获得的核型多角体病毒、质型多角体病毒、颗粒体病毒等进行防治。释放寄生蜂。

4. 化学防治　产卵盛期至卵孵化盛期，尚未卷叶，或叶片上大面积出现被啃食成灰白色半透明的网状斑，爆发成灾时，可选用药剂防治。虫口密度较低或发生不严重时，提倡挑治，即只喷发虫中心。若需再次喷药防治时，应交替用药，以减少抗药性，提高防治效果。可选用 90% 敌百虫 600～800 倍液，或 50% 杀螟松乳油 1000 倍液，或 2.5% 溴氰菊酯乳油 2000～3000 倍液、5% 甲维盐 8000 倍液、1.8% 阿维菌素 4000 倍液、4.5% 高效氯氰菊酯 1500 倍液等农药喷雾防治（药剂种类参考附表）。

盘鹰尺蛾 *Biston panterinaria* (Bremer & Grey)

中文别名：木橑尺蠖、黄连木尺蠖

分类地位：鳞翅目 Lepidoptera 尺蛾科 Geometridae

国内分布：福建（城厢、翔安、平和、漳浦）、北京、内蒙古、辽宁、河北、河南、山东、江苏、山西、浙江、江西、广西、四川、云南、台湾。

寄主植物：桉树、核桃、黄连木、刺槐、板栗、茶、苹果、枣、杏、李、山楂、胡枝子、珍珠梅、梨、花椒、柿、侧柏、臭椿、杨树、柳、榆、泡桐、油桐等30余科的多种植物。

危害特点：幼虫取食叶片，严重发生时寄主树叶被全部食光。

形态特征

成虫 体长 18～22mm，翅展 55～65mm。体黄白色。雌蛾触角丝状，雄蛾双栉齿状。翅底白色，翅面上有灰色和橙黄色斑纹。前、后翅的外线上各有 1 串橙色和深褐色圆斑，但圆斑隐显变异很大；中室端各有 1 个大灰斑。前翅基部有 1 个橙黄色大圆斑，内有褐纹。翅反面斑纹和正面相同。

卵 长约 0.9mm，扁圆形，绿色。卵块上覆有一层黄棕色绒毛，孵化前变为黑色。

幼虫 老熟幼虫体长 60～80mm。幼虫体色变化大，多与寄主植物的颜色相近似，黄褐或黄绿色，

雌成虫 - 桉树 -20180731- 福建平和天马林场

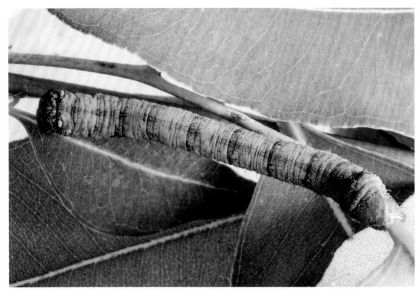

幼虫背面 - 桉树 -20180525-
福建平和天马林场

幼虫侧面 - 桉树 -20180525-
福建平和天马林场

预蛹 - 桉树 -20180528-
福建平和天马林场

并散生灰白色斑点。体表满布颗粒；头部正面略呈四边形，头顶中央有凹陷成深棕色的"∧"形纹。前胸盾峰状突起，具7毛。臀板前缘中央凹陷，后端尖削。

蛹 长约30mm，宽8～9mm。初为翠绿色，后变为黑褐色，体表光滑，布满小刻点。

生物学特性：盘鹰尺蠖在河南、山西1年1代，浙江余杭县1年2～3代，以蛹在根际松土中越冬。在浙江第1、2代幼虫分别于5月下旬至6月上旬、7月下旬至8月初盛发；老熟幼虫于8月中旬开始，通常选择在树干周围土壤、土缝以及乱石堆中化蛹，入土深度一般在3cm左右；越冬蛹在5月上旬羽化。成虫趋光性强，白天静伏在树干、树叶等处，易发现；

卵多产于寄主植物的皮缝处，聚集成堆，排列不规则，并覆盖一层厚厚的棕黄色绒毛；卵历期9～10天；孵化后即迅速分散，稍受惊动，即吐丝下垂，低龄幼虫可借风力转移为害。5月份降雨较多，发生率较高。

据记载，盘鹰尺蛾寄主植物达170余种，是北方林木、果树的重要害虫。该虫近年在福建平和、漳浦等桉树林与油桐鹰尺蛾（油桐尺蛾）混合发生，幼虫高峰期在5月上旬、7月上旬、9月中旬，造成较大经济损失。福建省桉树林尺蛾的发生，报道均认为是油桐鹰尺蛾为害，实则是盘鹰尺蛾和油桐鹰尺蛾2种混合发生，有时甚至盘鹰尺蛾的比例更高。这2种虫的幼虫形态相近，但成虫甚易区别。

蛹侧面 - 桉树 -20180528- 福建平和天马林场

蛹背面 -20180528- 福建平和天马林场

被白僵菌感染的幼虫 -20180613- 福建省林科院

被绿僵菌感染的幼虫 -20180613- 福建省林科院

油桐鹰尺蛾 *Biston suppressaria* (Guenée)

中文别名：桉尺蠖、油桐尺蠖

分类地位：鳞翅目 Lepidoptera 尺蛾科 Geometridae

国内分布：辽宁、江苏、浙江、安徽、福建、江西、海南、重庆、四川、贵州、云南、陕西。

寄主植物：桉树、油桐、乌桕、柑橘、油茶、茶树等。

危害特点：幼虫取食叶片。

形态特征

成虫　雌蛾体长 24～25mm，翅展 67～76mm；触角丝状；体翅灰白色，密布灰黑色小点；翅基线、中横线和亚外缘线系不规则的黄褐色波状横纹，翅外缘波浪状，具黄褐色缘毛；腹部末端具黄色茸毛。雄蛾体长 19～23mm，翅展 50～61mm；触角羽毛状，黄褐色，翅基线、亚外缘线灰黑色，腹末尖细。其他特征同雌蛾。

卵　长 0.7～0.8mm，椭圆形，蓝绿色，孵化前变黑色。常数百至千余粒聚集成堆，上覆黄色茸毛。

幼虫　老熟幼虫体长 56～65mm。初孵幼虫长约 2mm，灰褐色，背线、气门线白色。体色随环境变化，有深褐、灰绿、青绿色。头密布棕色颗粒状小点，头顶中央凹陷，两侧具角状突起。前胸背面生突起 2 个，腹面灰绿色。腹部第 8 节背面微突，胸腹部各节均具颗粒状小点。

蛹　长 19～27mm，圆锥形。头顶有 1 对黑褐色小突起，翅芽达第 4 腹节后缘。臀棘明显，基部膨大，凹凸不平，端部针状。

生物学特性：油桐鹰尺蛾在福建 1 年 2～3 代，以蛹在土中越冬，翌年 3～4 月成虫羽化产卵。越冬代成虫发生期与早春气温关系很大，温度高成虫羽化期早。成虫多栖息在树木的主干上或建筑物的墙壁上，有趋光性，飞翔力强。卵多成堆产在树皮的缝隙处、叶背面，雌蛾产卵可达 2000 余粒。幼虫孵化后向树木上部爬行，后吐丝下垂，借风飘散。低龄幼虫仅取食嫩叶或叶肉，使叶片呈红褐色焦斑，3 龄后从叶缘向内咬食成缺刻，4 龄后食量大增。幼虫共 6～7 龄，老熟后在距根基 60cm 半径内入土 2～10cm 筑土室化蛹。

福建漳州地区幼虫高峰在 5 月上旬、7 月上旬和 9 月中旬，以 7 月份为害最严重。

雌蛾产卵中 - 乌桕 -20160427- 福建省林科院

雄蛾 - 桉树 -20180704- 福建漳浦县长桥镇

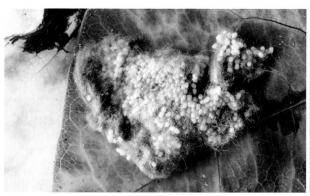

卵块 - 乌桕 -20160503- 福建省林科院

卵 - 乌桕 -20160503- 福建省林科院

幼虫背面 - 乌桕 -20151013- 福建省林科院

幼虫侧面 - 乌桕 -20151013- 福建省林科院

预蛹 - 乌桕 -20151026- 福建省林科院

蛹腹面 - 乌桕 -20151030- 福建省林科院

绿僵菌感染的幼虫 -20180613- 福建省林科院　　　　被病毒感染的幼虫 -20180522 - 福建平和天马林场

小蜻蜓尺蛾 *Cystidia couaggaria* (Guenée)

分类地位：鳞翅目 Lepidoptera 尺蛾科 Geometridae

国内分布：东北，华北，浙江、福建（晋安、永泰、翔安、明溪、浦城、顺昌、邵武、武夷山）、湖南、湖北、四川、贵州、甘肃、台湾。

寄主植物：红叶石楠、李、梅、樱桃、苹果、杏、梨、火棘、茶树、油桐等多种林木，尤其是蔷薇科植物。

危害特点：幼虫取食叶片。

形态特征

成虫　雌蛾前翅长 22～23mm，雄蛾前翅长 19～23mm。头顶和胸部背面中部黑褐色，两侧黄褐色，胸部背面披长毛。腹部细长，黄褐色有黑褐斑。前后翅均为黑褐色，斑纹白色。翅端部为一黑褐色宽带，有时黑褐色斑纹扩展并占据绝大部分翅面。

卵　长方形，长约 0.8mm，宽 0.5mm；初产卵浅绿色，后呈淡褐色。

幼虫　老熟体长 30～38mm。头部黑褐色，正面有 1 条黄褐色横条纹和 2 条纵条纹；胸部和腹部有黑褐色和黄褐色相间的条纹。背中线黄褐色，背线、亚背线及气门上线为黑褐色，与体节形成网格。

蛹　长椭圆形，长 18～21mm，宽 5～6mm，黄色；复眼黑褐色，胸部背板有 2 块长形黑斑，腹部背面各节有黑斑，第 5、6 节的黑斑大。

生物学特性：在福建 1 年 1 代，以卵在叶片上越冬。3 月中旬开始孵化为幼虫，4 月下旬化蛹，5 月中旬羽化成虫。成虫吸食花蜜补充营养，15：00～18：00 时最活跃，寿命大多 9～11 天。雌蛾可产卵 60 余粒。老熟幼虫在叶间做简单丝网于其中化蛹，蛹期 11～15 天。

成虫 - 红叶石楠 -20190517- 福州鼓山

卵 - 梅花 -20180521-
福州国家森林公园

幼虫 - 红叶石楠 -20160420-
福建永泰县梧桐镇

蛹侧面 - 红叶石楠 -20160428-
福建永泰县梧桐镇

钩翅尺蛾 *Hyposidra aquilaria* (Walker)

分类地位: 鳞翅目 Lepidoptera 尺蛾科 Geometridae。

国内分布: 福建、江西、广东、广西、湖南、四川、贵州、西藏、甘肃。

寄主植物: 枫香、柳树、樟树、油茶、茶树、黑荆树、桉树、楠木、相思等多种林木。

危害特点: 幼虫取食寄主植物叶片、嫩梢。

形态特征

成虫 雌蛾体长 16～20mm, 翅展 47～57mm; 体褐色, 触角灰褐色, 丝状; 翅灰褐色, 前翅顶角突出成钩状, 中脉处凹陷; 前后翅外线、中线明显, 深褐色。雄蛾体长 14～20mm, 翅展 40～54mm; 体深褐色, 触角双栉齿状; 翅浅褐色, 前翅顶角突出成钩状, 但中脉处不凹陷; 前翅外线、中线、内线明显, 深褐色; 后翅外线、中线明显, 与前翅相连接, 内线不明显。

卵 椭圆形, 长径 0.6～0.7mm, 短径 0.4～0.5mm, 外表光滑, 初产时绿色, 后渐变黑色, 具白斑点。

幼虫 1～4 龄体黑褐色, 前胸前缘和第 1～5 腹节后缘有明显的小白斑 (点)。老熟幼虫体长 36～48mm, 体棕绿色, 体表有许多波状黑色间断纵纹。头黄绿色或棕绿色, 散布许多褐色小斑。胸、腹背面的白斑淡化或消失, 中胸亚背线上有一黄色斑。

蛹 雌蛹长 15～22mm, 宽 6～7mm; 雄蛹长 12～16mm, 宽 5～6mm。棕褐色。第 4、5 腹节间略凹陷, 具数列小刻点。

生物学特性: 在福建福州 1 年 4～5 代, 以蛹越冬, 翌年 3 月中、下旬羽化。林间世代重叠, 各代幼虫的为害盛期分别是: 第 1 代 4 月中、下旬, 第 2 代 6 月中、下旬, 第 3 代 8 月中、下旬, 第 4 代 11 月上、中旬。12 月中旬老熟幼虫开始陆续入土化蛹越冬。在枫香上为害主要为第 2～4 代。

雌虫成堆产卵于树干分叉处或树皮裂缝中, 卵块上覆盖一层稀疏绒毛。卵经 6～12 天孵化。1～2 龄幼虫有群集性。1 龄幼虫取食嫩叶的下表皮, 2 龄幼虫食叶成缺刻状, 3 龄后幼虫可食尽叶片, 并可

雄成虫 - 桉树 -20200623- 福建闽清县白中镇攸太村

为害梢端幼嫩部。停食时以臀足支撑起虫体，形似小枝条。老熟幼虫下树寻找疏松土壤入土或裂缝中化蛹，入土深度 30 ～ 80mm，蛹室明显，多分布于树兜基部。成虫多在傍晚羽化，有趋光性。成虫羽化后次日凌晨开始交配，交配后当晚开始产卵，产卵历期 3 ～ 4 天，寿命 4 ～ 12 天。

中龄幼虫 - 相思 -20190702- 福州金鸡山公园

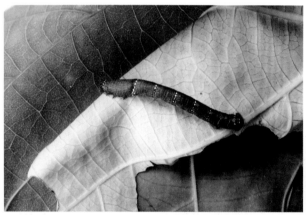

大龄幼虫 - 千年桐 -20160825- 福建永泰县长庆镇南尾村

老熟幼虫 - 油茶 -20150518- 福建延平来舟林场

蛹腹面 - 油茶 -20130102- 福建省林科院

被绿僵菌感染的幼虫僵虫 - 油茶 -20150526- 福建延平来舟林场

大钩翅尺蛾 *Hyposidra talaca* (Walker)

分类地位：鳞翅目 Lepidoptera 尺蛾科 Geometridae

国内分布：福建（晋安、荔城、闽南）、广东、海南、广西、云南、贵州、台湾。

寄主植物：合欢、桉树、荔枝、龙眼、柑橘、油茶、黑荆树等。

危害特点：幼虫取食叶片、嫩梢。

形态特征

成虫 雌蛾体长 16～24mm，翅展 38～56mm，触角线状；雄蛾体长 12～18mm，翅展 28～38mm，触角羽毛状。体和翅黄褐色至灰紫黑色。前翅顶角外凸呈钩状，后翅外缘中部有弱小凸角，翅面斑纹较翅色略深。前翅内线纤细，在中室内弯曲；中线至外线为一深色宽带，外缘锯齿状，亚缘线处残留少量不规则小斑。前后翅斑纹有时极弱或近于消失，在雌蛾中尤甚。

卵 椭圆形，长径 0.7～0.9mm，短径 0.4～0.6mm。卵壳表面有许多排列整齐的小颗粒。初产卵为青绿色，2 天后为橘黄色，3 天后渐变为紫红色，近孵化时为黑褐色。

幼虫 老熟幼虫体长 37～46mm，头、体暗黄绿色杂以黑褐色斑纹。第 1 腹节气门周围有 3 个黄白色斑；第 1～5 腹节气门右上方各有 2 个白点；第 8 腹节气门上方有 1 个橙黄色斑。

蛹 纺锤形，棕色，长 14～16mm，宽 3～5mm；臀棘端部分为二叉，基部两侧各有 1 枚刺状突。

生物学特性：2010 年 10 月 9 日于福建省林科院内油茶上采集的幼虫，10 月 13 日化蛹，10 月 27 日羽化为成虫。在福建省华安县为害黑荆树，1 年发生 5 代，林间世代重叠。以蛹在土中越冬，翌年 3 月中旬成虫开始羽化，第 1～5 代幼虫分别于 3 月下旬、5 月中旬、7 月上旬、8 月下旬和 10 月中旬孵出，11 月下旬老熟幼虫陆续下地入土化蛹越冬。在福建漳浦县为害桉树，发生世代数与黑荆树上相似。

雄蛾（黑褐色型）- 桉树 -20180726- 福建漳浦县长桥镇

雄蛾（灰褐色型）- 桉树 -20190520- 福建漳浦县长桥镇

雌蛾 - 桉树 -20180715- 福建漳浦县长桥镇

卵 - 桉树 -20180717- 福建漳浦县长桥镇

低龄幼虫 - 桉树 -20180629 - 福建漳浦县长桥镇

高龄幼虫 - 桉树 -20180629- 福建漳浦县长桥镇

蛹腹面 - 桉树 -20180709- 福建漳浦县长桥镇

橙带蓝尺蛾 *Milionia basalis* Walker

中文别名：黄带枝尺蛾、罗汉松尺蛾、橙带丹尺蛾

分类地位：鳞翅目 Lepidoptera 尺蛾科 Geometridae

国内分布：福建（漳州、厦门、龙岩、莆田、福州、三元、梅列、明溪、尤溪、永安、大田、清流、将乐、延平、光泽、古田、柘荣、福鼎）、广东、广西、海南、台湾。

寄主植物：单食性，为害罗汉松科罗汉松属、竹柏属和陆均松属植物。

危害特点：幼虫主要取食树叶，树叶食光后可啃食嫩枝皮。由于该虫 1 年发生多代，且世代重叠，易出现在一些植株上反复为害，严重的导致死亡。2019 年在福建省多地爆发成灾，南靖、漳平、新罗、洛江、尤溪、明溪等均有数十株至上千株连片林木叶片被吃光的现象。

形态特征

成虫　翅展 52 ～ 61mm，体表蓝紫色具金属光泽，翅面蓝黑色具金属光泽；前翅中央及后翅下缘有 1 条宽的橙色带，后翅近外缘有 5 ～ 7 个黑色近圆形斑，斑点沿翅端弧形排列。

卵　椭圆形，两端较钝，一端略大，长 1.0 ～ 1.1mm，宽约 0.68mm，表面有 5 ～ 7 边形图案；初产卵灰绿色，近孵化时红褐色。

幼虫　初孵幼虫体长约 3.5mm，前胸隆起，腹部前半部分灰色，后半部分浅褐色。老熟幼虫体长 40 ～ 45mm，虫体具稀疏白色长刚毛。头部橙黄色至橙红色；前胸背部及腹面橙色，侧面有黑斑；中、后胸及腹部背面具 3 条白色纵线及多条横向白线相交，呈网格图案；腹部 1 ～ 8 节气门周围具大型橙色斑。

蛹　纺锤形，红褐色，长 22 ～ 28mm，宽 5 ～ 7mm；腹部各节表面均有黑色斑纹和小刻点，末节向后延长成臀棘，臀棘末呈 "V" 状分叉。

生物学特性 1 年多代，世代重叠，老熟幼虫入土化蛹。

成虫 - 罗汉松 -20190723- 福州晋安区宦溪镇

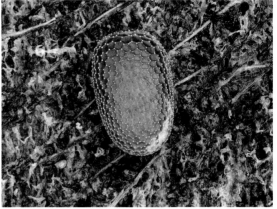

卵 -20190723- 福州晋安区宦溪镇　　　　近孵化卵 -20190723- 福州晋安区宦溪镇

3 ～ 12 月均能见到幼虫，无明显越冬现象。

　　橙带蓝尺蛾为日行性蛾类，趋光性不强。成虫、幼虫颜色和斑纹醒目，具有明显的警戒色。成虫羽化后主要在寄主植物附近活动，做短距离飞行，常可见大量成虫聚集停息于树干、枝叶上。雌蛾喜产卵于翘起的树皮背面及树干上，也有少量产在嫩梢叶柄基部或叶片上；卵散产，每处数量约 1 ～ 5 粒，卵期约 5 ～ 8 天。幼虫孵化后沿树干爬到树冠或枝梢顶端取食嫩叶，随着龄期增大开始为害老叶；老熟幼虫吐丝下垂或沿树干爬至地面，于浅土层化蛹，蛹期大多 6 ～ 8 天（除越冬代外）。

幼虫与成虫 - 竹柏 -20190713- 福建龙岩市新罗区红坊镇

幼虫背面观 - 罗汉松 -20190425- 福建漳浦县绥安镇

蛹 - 罗汉松 -20190505- 福建漳浦县绥安镇

严重受害的罗汉松（树龄近 200 年）-20190725-
福建将乐县大源乡西田村马岭自然村（黄金明摄）

叶片被取食殆尽的竹柏（树龄 361 年）-20200325-
福建德化县上涌镇桂格村

尺蛾的防治方法

1. 林业防治　加强管理，垦覆，树干基部松土或培土灭蛹。

2. 物理防治　人工捕杀幼虫。成虫高峰期灯光诱杀或性诱杀。

3. 生物防治　尺蛾天敌种类较多，应多加保护。在低龄幼虫期喷施白僵菌、绿僵菌、多角体病毒、苏云金杆菌等生物杀虫剂。结合实际，如在第1、2代幼虫发生期湿度大的适宜天气，林间应用白僵菌粉炮（100亿孢子/g，每个粉炮重125g）防治幼虫，每亩3～5个，降低虫口基数。

4. 药剂防治　虫害严重时，可用药剂防治（药剂种类参考附表）。

云南松毛虫 *Dendrolimus houi* de Lajonquière

中文别名：柳杉毛虫

分类地位：鳞翅目 Lepidoptera 枯叶蛾科 Lasiocampidae

国内分布：福建、浙江、江西、广东、海南、湖北、湖南、重庆、四川、云南、贵州、陕西等。

寄主植物：柳杉、云南松、思茅松、黑松、马尾松、圆柏、侧柏、油杉等。

危害特点：幼虫取食针叶。

形态特征

成虫　雌蛾灰褐色；体长 40～56mm，翅展 105～125mm；触角短栉齿状，腹部粗肥；前翅宽大，中室白斑不明显，由翅基至外缘有 4 条浅褐色波状纹；亚缘线由 9 个灰黑色斑组成，自顶角往下第 1～5 斑排列呈弧状，6～9 斑位于一直线上；后翅无斑纹。雄蛾体型较雌虫小，体长 37～48mm，翅展 70～95mm；体色较雌虫深，触角羽状，翅面斑纹与雌虫同，唯中室斑点较明显，腹部瘦小。

卵　扁球形，长宽厚径约 2.0mm×1.8mm×1.4mm，灰绿色至灰褐色，卵壳有 3 条黄白色环纹，中间 1

产卵中的雌蛾 - 柳杉 -20151012- 福州鼓岭

条环纹的两侧各有 1 灰褐色圆点。

幼虫　1 龄幼虫颜色较浅，其上毛丛为白色；2 龄幼虫灰黑色至黑色，其间着生有白色毛丛；3 龄幼虫体色和毛丛色泽更为鲜艳，呈红褐色，毛丛间夹有白色毛束；4 龄幼虫体色和毛丛色泽与 3 龄同；5 龄后幼虫体色加深。老熟幼虫体长 72～98mm，体粗壮，近黑色，腹部背面有 1 个蝶形斑，各节背面着生 2 丛发达的黑色刚毛束。

蛹　纺锤形，长 38～62mm，后期呈深褐色，各节稀生淡褐色短毛。

茧　长椭圆形，长 66～94mm，初期灰白色，后转为淡黄色，上缀有毒毛。

生物学特性：云南松毛虫在我国各地均是 1 年 1 代，以卵在针叶上或树枝、杂草上越冬。翌年 1 月中下旬开始孵化，3 月上旬为孵化盛期，末期为 4 月上旬；结茧化蛹始于 6 月下旬，盛期在 7 月中旬，8 月上旬结束；成虫羽化期为 9 月上旬至 10 月中旬，9 月中下旬为羽化、产卵盛期，10 月上旬结束。

成虫具趋光性。雌蛾产卵大多于针叶上，呈块状，产卵量 96～452 粒。初孵幼虫群集取食，4 龄后食量大增；幼虫喜阴湿，盛夏酷暑骄阳直射时，幼虫向树冠下部荫凉处转移，有些还会在地面爬向水源处吸水。幼虫 7 龄，老熟幼虫在灌木、杂草或柳杉枝条上结茧化蛹。该虫喜为害年龄较大的柳杉，对幼树为害较轻。

卵 - 柳杉 -20151012- 福州鼓岭

幼虫 - 柳杉 -20150702- 福州鼓岭

蛹 - 柳杉 -
20150713- 福州鼓岭

茧 - 柳杉 -
20150714- 福州鼓岭

感染白僵菌的幼虫 - 柳杉 -
20150806- 福州鼓岭

马尾松毛虫 *Dendrolimus punctatus* (Walker)

分类地位： 鳞翅目 Lepidoptera 枯叶蛾科 Lasiocampidae

国内分布： 秦岭至淮河以南，东达台湾省，西达大相岭东坡，西南至广西百色地区。

寄主植物： 马尾松、黑松、湿地松、火炬松等松树。

危害特点： 幼虫取食松针，大发生时连片松林在数日即可被蚕食精光，远看枯黄，如同火烧。被害松树轻者影响生长，重者造成枯死。松树受害后易招引松墨天牛、小蠹、象虫等蛀干害虫的入侵。

形态特征

成虫　体色变化较大，有深褐、黄褐、深灰和灰白等色。体长 18～30mm。雌蛾触角短栉齿状，翅展 60～70mm；雄蛾触角羽毛状，翅展 49～53mm。前翅较宽，外缘呈弧形弓出，翅面有 5 条深棕色横线，中间有一白色圆点，外横线由 8 个小黑点组成；后翅无斑纹，暗褐色。

卵　椭圆形，长×宽为 1.50～1.55mm×1.15～1.20mm，粉红色，近孵化时紫红色。

幼虫　老熟体长 60～80mm，深灰色，各节背面有橙红色或灰白色的不规则斑纹。背面有暗绿色宽纵带，两侧着生灰白色长毛，第 2、3 节背面簇生蓝黑色刚毛，腹面淡黄色。

蛹　长 20～35mm，暗褐色至棕褐色，节间有黄绒毛。

茧　灰白色，后期污褐色，上有棕色短毒毛。

生物学特性： 马尾松毛虫在海拔 500m 以下 1 年发生 2～5 代，局部海拔 500m 以上 1 年发生 1 代（广西资源县）。在福建 1 年发生 2～3 代，成虫在 4～10 月出现，幼虫全年可见。以幼虫在针叶丛、树皮缝、地被物、石块下等越冬，在闽南、广东等地无明显越冬现象。成虫有趋强光性，卵多成块或成串产在针叶上。1～2 龄幼虫有群集和受惊吐丝下垂的习性，3 龄后受惊扰有弹跳现象，幼虫喜食老叶。

雄成虫（头、胸部长出腐生真菌）- 马尾松 -20200521- 福建松溪县旧县乡下坞村

成虫、幼虫扩散迁移能力均较强。马尾松毛虫易大发生于海拔 100～300m 的丘陵地区、阳坡和 10 年生左右的马尾松纯林，针阔混交林松毛虫危害较轻。

天敌种类繁多，每个虫态都有天敌寄生或捕食，对马尾松毛虫的抑制作用大。

雌成虫（茶褐色型）- 马尾松 -20200521-
福建松溪县旧县乡下墘村

雌成虫（灰褐色型）- 马尾松 -20190802-
福建沙县水南国有林场

雌成虫（黄褐色型）- 马尾松 -20150504-
福建泉州市台商投资区张坂镇

卵块 - 马尾松 -20150506- 福建泉州市台商投资区张坂镇

卵 -20190807- 福建沙县水南国有林场

低龄幼虫 - 马尾松 -20200320- 福建松溪县旧县乡下垅村

老熟幼虫 - 马尾松 -20150326- 福建泉州市台商投资区张坂镇

茧 - 马尾松 -20150401- 福建泉州市台商投资区张坂镇

蛹背面 - 马尾松 -20150407-
福建泉州市台商投资区张坂镇

蛹侧面 - 马尾松 -20150407-
福建泉州市台商投资区张坂镇

蛹腹面 - 马尾松 -20150407-
福建泉州市台商投资区张坂镇

幼虫被白僵菌感染 -20150404- 福州市晋安区新店镇

幼虫被绿僵菌感染 -20150418- 福建三明市尤溪县

松毛虫瘤姬蜂（蛹寄生）-20190801- 福建沙县水南国有林场

为害状 - 马尾松 -20200319- 福建松溪县旧县乡岩下村

细斑尖枯叶蛾 *Metanastria gemella* de Lajonquière

中文别名： 鸡尖丫毛虫

分类地位： 鳞翅目 Lepidoptera 枯叶蛾科 Lasiocampidae

国内分布： 福建（晋安、马尾、将乐龙栖山）、广东、广西、海南、云南。

寄主植物： 枫香、木荷、鸡珍（鸡尖）（使君子科）、柿。

危害特点： 幼虫取食叶片。

形态特征

成虫　体长约 19mm，翅展 40～50mm。雄蛾体翅暗赤褐色；前翅较狭长，中室上方有深咖啡色三角形斑；内、外横带银灰色，各以白线纹为边；亚外缘斑黑褐色，诸斑点长形斜列；后翅外半部有污褐色斜横带。雌蛾体翅灰褐色，前翅无深咖啡色三角形斑。

卵　圆形，直径 1.2～1.5mm，灰白色满布浅褐色斑纹。卵孔区域为褐色小圆斑，卵上有 2 个近对称的倒心形褐色大斑，大斑周围灰白色。

幼虫　初孵幼虫黑褐色，节间白色，体长约 5mm；体上有黑白色绒毛，尤其是头、胸部绒毛较长。老熟幼虫体长 70～80mm，宽 6～8mm；体黑色，布灰白色斑纹；第 2、3 胸节中央有一红色环，止于气门上线；从第 2 胸节开始各体节背面有 1 对黑底红边中心为蓝色的圆形斑纹，斑纹上有黑色刚毛数根；亚背线、气门上线灰白色，头部和第 1 胸节的较宽且明显，向后变细且呈不连续段斑；第 2 胸节背面有 1 黑色毛束，体侧毛为灰白色，长短不一，足基部的毛较长。

蛹　棕黑色至棕褐色，长 35～45mm，体着生密集的黄棕色短毛，尤其是头顶、腹部背面的毛多而密。

生物学特性： 1 年 2 代，以幼虫越冬。越冬代老熟幼虫在 5 月上旬开始结茧化蛹，蛹期 22～29 天；成虫在 5 月下旬至 6 月初羽化，寿命 5～9 天。第

雄蛾 - 枫香 -20160905- 福州国家森林公园

雌蛾 - 枫香 -20160527- 福州国家森林公园

卵 - 枫香 -20160531- 福州国家森林公园

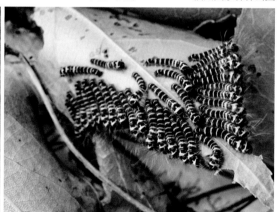

2 龄幼虫 - 枫香 -20160621- 福州国家森林公园

群集在树干基部休息的幼虫 - 枫香 -20160510- 福建省林科院

老熟幼虫 - 枫香 -20150827- 福州国家森林公园

1代卵在5月下旬至6月中旬出现,卵期13～15天,6月上、中旬孵化;老熟幼虫在8月下旬开始结茧化蛹,蛹期18～22天,成虫于9月中、下旬羽化。第2代(越冬代)卵在9月下旬开始孵化。

幼虫喜群聚取食叶片,中龄后幼虫在白天多爬至树干下部(基部1m以内)聚集在一起休息,晚上再爬回树冠取食。中龄后幼虫食量大,老熟幼虫在枝丫上吐丝结茧。成虫在晚上羽化,雌成虫产卵量75～150粒,产卵后1～2天内死亡。

茧 - 枫香 -20160507- 福州国家森林公园

蛹侧面 - 枫香 -20160524- 福州国家森林公园

绿黄枯叶蛾 *Trabala vishnou* Lefèbvre

中文别名: 栗黄枯叶蛾、栎黄枯叶蛾、绿黄毛虫

分类地位: 鳞翅目 Lepidoptera 枯叶蛾科 Lasiocampidae

国内分布: 福建，华东，华南，中南，西南各省（区、市）。

寄主植物: 相思、黄檀、樟树、核桃、油茶、桉树、桃金娘、栎类、木麻黄、榄仁、无瓣海桑、板栗、沙棘、石榴、苹果等多种阔叶树。

取食特点: 幼虫取食叶片，严重时吃光成片林木树叶。

形态特征

成虫　雌蛾翅展 70 ~ 95mm，头部黄褐色；胸部背面黄色，前翅内、外横线之间为鲜黄色，中室处有 1 个近三角形的黑褐色小斑，后缘和自基线到亚外缘间又有 1 个近四边形的黑褐色大斑，亚外缘线处有 1 条由 8 ~ 9 个黑褐色小斑组成的断续的波状横纹；后翅灰黄色。雄蛾翅展 54 ~ 62mm；淡绿色或黄绿色；前翅有两条深色斜线。

卵　近圆形，长 0.30 ~ 0.35mm，宽 0.22 ~ 0.28mm。初产卵黑褐色，孵化前逐渐变成铅灰色。

幼虫　共 6 龄或 7 龄。初孵幼虫体长 4.7 ~ 6.9mm。老熟幼虫体长 66 ~ 78mm，密生体毛；前胸背板中央有红褐色"X"形斑纹，两侧各有一黑色瘤突，其上各长 1 束黑色长毛，基部则有黄色或白色短毛簇；自中胸以后各体节亚背线、气门上下线和基线处均具有 1 个黑色瘤突，亚背线上的瘤突较大，各瘤突上均生有 1 簇刚毛，其中亚背线和气门上线的刚毛为黑色，其余为灰白色、玫瑰红色或黄色。

茧　雌茧长 37 ~ 48mm，宽 19 ~ 24mm。雄茧长 30 ~ 37mm，宽 12 ~ 19mm。茧外附有幼虫体毛。

蛹　纺锤形，黄褐色至黑褐色。雌蛹长 34 ~ 37mm，宽 12 ~ 14mm；雄蛹长 23 ~ 26mm，宽 9 ~ 10mm。

生物学特性: 绿黄枯叶蛾在湖南、四川 1 年 2 代，海南 1 年 5 代，广西 1 年 4 ~ 5 代。福建 1 年 3 ~ 4 代，6 ~ 7 月可见第 2 代成虫。在广西取食无瓣海桑，以卵、幼虫或蛹越冬，无明显的越冬虫态。成虫具趋光性。雌蛾卵多产于叶片、枝条及茧表面等处，卵粒双行相间排列成长条状，上覆雌蛾腹末的深褐色长毛，产卵量 164 ~ 380 粒；1 ~ 3 龄幼虫具有聚集取食和栖息习性，4 龄幼虫开始分散取食，5 龄幼虫自叶缘开始大量蚕食叶片，形成缺刻或将叶片全部吃光。老熟幼虫在树枝上结茧化蛹。

雌蛾 - 桃金娘 -20160606- 福州国家森林公园

雄蛾 - 油茶 -20160714- 福建闽清县三溪乡

卵 - 桃金娘 -20160612- 福州国家森林公园

幼虫 - 榄仁 -20191027- 福州牛岗山公园

雌幼虫（玫瑰红色长体毛）- 桃金娘 -20160520-
福州国家森林公园

幼虫（灰白色长体毛）- 桉树 -20190425- 福建漳浦县

雄幼虫（灰黄色长体毛）- 油茶 -
20160622- 福建闽清县三溪乡

绿僵菌感染的幼虫 -
桉树 -20190529- 福建漳浦县

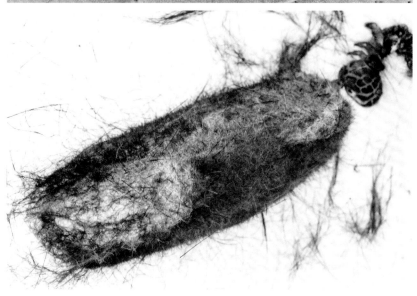

茧 - 桃金娘 -20160531-
福州国家森林公园

黑点白蚕蛾 *Ernolatia moorei* (Hutton)

中文别名： 黑点大白蚕蛾

分类地位： 鳞翅目 Lepidoptera 蚕蛾科 Bombycidae

国内分布： 福建（晋安）、云南、香港、台湾。

寄主植物： 榕属植物。

危害特点： 幼虫取食叶片。

形态特征

成虫 雄蛾翅长 13～17mm，雌蛾翅长约 21mm。体灰白色，腹端具黄毛。触角双栉齿形，黄褐色，雄蛾触角色稍深，栉枝亦长。前翅外线呈细窄波浪状纹，各脉纹处有黑色小点，近顶角上方有灰黑色斑点。后翅中室有小黑点，臀角内上方在中线部位有黄褐色斑。雌蛾体型较大，腹部较长，腹背具棱脊状的毛丛；雄蛾腹背中央不具棱脊状毛丛，尾部常向上翘起。

卵 近圆形，扁平，表面光滑，直径约 0.75mm，厚度约 0.23mm。

幼虫 初孵幼虫头黑色，体表被原生刚毛，体背黄绿色，体侧褐色，各体节均有数根刚毛。老熟幼虫体背黑褐色，前胸背板有 1 黑色横斑，后胸与第 1、2 腹节背面有 1 个"X"形黑色斑纹，第 4 腹节背面有 2 个白色斑，尾角向后下弯。

蛹 淡黄色，长约 11mm。

茧 长椭圆形，白色或淡黄色，结于卷叶上，单个或 2～3 个并列。

生物学特性： 生活史不详，福州 7～10 月可见幼虫，成虫具趋光性，交配时，一般雌蛾在上雄蛾在下，或垂吊姿态进行。初产卵乳白色，在树皮、小枝或叶背面成串排列，每列多上下 2 层相叠，有时产 3 列以上，每列堆叠 3～5 层，雌蛾一次产卵 120～200 粒，孵化前卵颜色变黑。孵化时，卵从侧面裂开，黑色幼虫出壳爬到叶上取食，初孵幼虫群集取食叶表面叶肉。幼虫有很强的保护色，白天群集贴在树干上，夜间活动觅食。

雄成虫 - 雅榕 -20160905- 福州国家森林公园

产卵中的雌成虫 - 雅榕 -20160905- 福州国家森林公园

卵 - 雅榕 -20160906- 福州国家森林公园

大龄幼虫 - 雅榕 -20160905- 福州国家森林公园

茧 - 雅榕 -20160905- 福州国家森林公园

蛹侧面 - 雅榕 -20160905- 福州国家森林公园

灰白蚕蛾 *Trilocha varians* (Walker)

分类地位： 鳞翅目 Lepidoptera 蚕蛾科 Bombycidae

国内分布： 福建、广东、广西、海南、四川、重庆、香港、澳门、台湾等。

寄主植物： 榕树、无花果、木波罗等桑科植物。

危害特点： 幼虫取食叶片。

形态特征

成虫　雌蛾翅展 19～27mm，腹部粗壮，末端稍尖，有时向体侧弯曲。雄蛾翅展 19～24mm，腹部细削，末端钝，常向上翘起。体灰白色或灰褐色。前翅前缘浅黄褐色，外缘有 1 个模糊的褐色三角形斑，内线、中线和外线呈不太明显的灰褐色波状带，中室端有 1 个暗褐色纹圈成的肾形斑；后翅中部有浅色横带，缘毛棕褐色，后缘有纵排的灰褐色点，翅面有蓝色光泽。静止时翅常展开，不遮盖腹部。

卵　扁平，两端平截的椭圆形，长约 0.7mm，宽约 0.6mm。初产卵橙黄色，孵化前呈黑褐色。

幼虫　老熟幼虫体长 13～31mm。头棕黄色。胸节多皱褶，每 1 腹节有 3～4 个皱褶，尾角向后下弯。中胸、后胸及第 2、5 腹节背面各有 1 对黑斑，第 2 腹节的斑纹较大，并有棕色脊状凸起，有时左右相连。末龄幼虫体色多变化，多数为棕黄色与灰白色相间型；其次为灰白色型，似榕树枝条；灰绿色型较少见。

茧　长椭圆形，长 11～14mm，宽 5～7mm。

蛹　长约 7mm，宽约 2.5mm，黄褐色。

生物学特性： 灰白蚕蛾在福建福州 1 年 7 代，无明显越冬现象。11 月中旬发育快的幼虫开始结茧化蛹，发育慢的幼虫则静伏于叶片和枝条上，中午气温较高时可少量取食。成虫寿命 4～6 天，卵期 4～7 天，幼虫期 20～27 天，蛹期 4～5 天。第 1 代幼虫 1

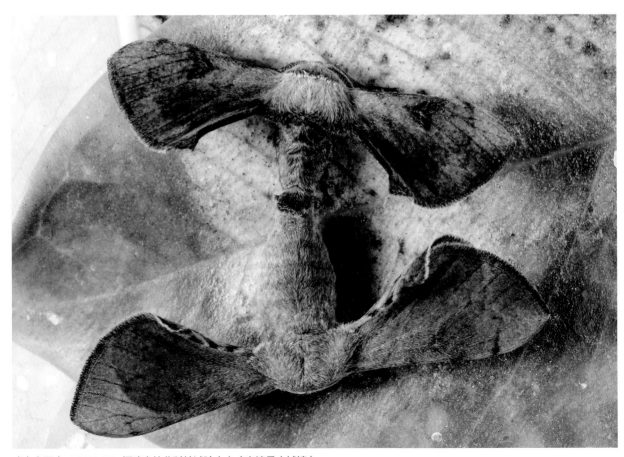

成虫交配中 -20201109- 福建省林业科技试验中心（南靖县山城镇）

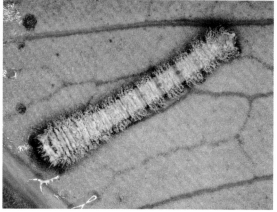

卵 - 雅榕 -20150820- 福建省林科院　　　　初孵幼虫 - 雅榕 -20150820- 福建省林科院

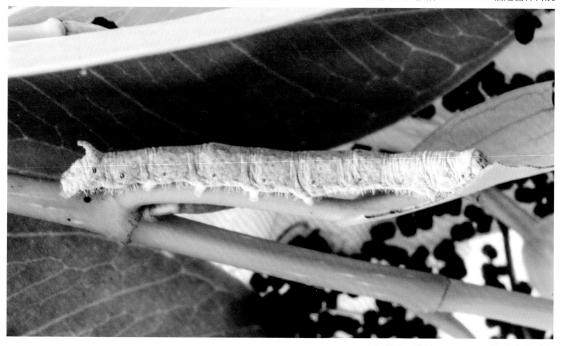

大龄幼虫 - 雅榕 -20150801- 福建省林科院

月中旬孵化，3 月中旬开始结茧化蛹，4 月上旬成虫羽化；第 2 代幼虫 4 月上旬孵化，5 月中旬化蛹，6 月上旬成虫羽化；第 3 代幼虫 6 月下旬孵化，第 4、5、6 代幼虫分别于 8 月上旬、下旬、9 月下旬孵化，第 7 代幼虫于 11 月上旬出现，幼虫期持续到翌年 2 月下旬。

　　成虫具趋光性，羽化后不久便进行交尾、产卵。卵一般产在树叶背面、枝条或树干上，以产在叶背居多，呈单行或双行排列，每串卵 4 ～ 18 粒不等，偶见卵粒重叠，极少散产。若雌虫未经交配即产卵，卵粒散产及重叠数都较多。初孵幼虫多聚集于卵壳旁取食，1 龄幼虫常在叶片背面将叶片啃成致密的小刻点；2 ～ 3 龄幼虫亦在叶背取食下表皮及叶肉，仅留下网状脉。4 ～ 5 龄幼虫从叶边缘向内蚕食，使叶片呈缺刻状，甚至全部吃光叶片和嫩枝。敲击树干时，幼虫便吐丝下垂。低龄幼虫为害树叶后常使树叶受害部位变褐干枯，树叶从叶柄处纷纷脱落，若幼虫来不及转叶或爬于树枝上，便会随树叶落于地上。老熟幼虫在树叶、枝条或树皮缝上吐丝结茧，有单个、2 个或多个无规则地排列在一起的。茧有 3 种颜色，其中黄色及白色的茧较多，粉红色的较少。白色茧多为雄虫，黄色茧多为雌虫。

老熟幼虫侧面 - 雅榕 -20160930- 福建省林科院

茧 - 雅榕 -20150804- 福建省林科院

灰纹带蛾 *Ganisa cyanogrisea* Mell

分类地位： 鳞翅目 Lepidoptera 带蛾科 Eupterotidae

国内分布： 福建（晋安）、湖北、浙江、江西、广西、云南。

寄主植物： 卵叶小蜡、女贞。

危害特点： 幼虫取食寄主植物叶片、花蕾。

形态特征

成虫　体翅铁灰色。雌蛾翅展 69 ～ 80mm，雄蛾翅展 60 ～ 65mm。前翅顶角明显，顶角区呈三角形焦褐色斑，顶角内侧至后缘有 2 条并列的黑色斜横线，翅中区呈模糊的 4 ～ 5 条深色波状纹（有的个体很不明显）。后翅呈 4 ～ 5 条深色斑纹（有的个体不明显），最外侧一条有 2 列深色小点，以雄蛾最明显。前后翅满布灰色鳞粉，闪发金属光泽。

幼虫　中龄幼虫体黑色，胸、腹部深黑色疣突上着生长短不一的刚毛，其中胸部至第 8 腹节背面黄色体毛较多，其余体毛为灰白色或黑色；头胸部和腹部末节体毛较多且长。老熟幼虫体长 48 ～ 60mm，全体密生体毛，以至于看不到体色，也无法分辨体节；背中线毛黄白色，背部有 7 丛飞燕形的黑毛，其余体毛灰白色、黄白色，杂以少量黑色；有的个体杂有玫瑰红色体毛，尤其是头胸部的体毛甚至以红色为主。

蛹　红褐色，长 19 ～ 27mm，宽 4 ～ 5mm。

生物学特性： 在福州，幼虫 3 ～ 5 月、9 ～ 10 月可见。2015 年 9 月 16 日在福建省林科院采集的幼虫，10 月 14 日化蛹，11 月 13 日成虫羽化；2016 年 5 月 9 日采集的幼虫，5 月下旬化蛹，6 月下旬成虫羽化。幼虫在叶背取食，大龄幼虫可连同叶柄食光全叶，仅剩小枝。老熟幼虫入浅土中或在枯枝落叶间化蛹。幼虫期有茧蜂寄生。

成虫 - 卵叶小蜡 -20151115- 福建省林科院

幼虫 - 卵叶小蜡 -20150916- 福建省林科院

刚蜕皮的幼虫 - 卵叶小蜡 -20150917- 福建省林科院

幼虫（具黄白色长毛）- 卵叶小蜡 -20150919- 福建省林科院

幼虫（具玫瑰红色长毛）- 卵叶小蜡 -20150922- 福建省林科院

幼虫（具灰白色长毛）- 卵叶小蜡 -20160513- 福建省林科院

被茧蜂寄生的幼虫 - 卵叶小蜡 -20150928- 福建省林科院

蛹腹面 - 卵叶小蜡 -20151006- 福建省林科院

乌桕大蚕蛾 *Attacus atlas* (L.)

乌桕大蚕蛾是蛾类中个体最大的一种，被列入2000年8月1日国家林业局发布实施的《国家保护的有益的或者有重要经济、科学研究价值的陆生野生动物名录》（简称"三有名录"）。

中文别名：蛇头蛾、大柏蚕、皇蛾

分类地位：鳞翅目 Lepidoptera 大蚕蛾科 Saturniidae

国内分布：福建、浙江、江西、湖南、广东、广西、海南、云南、台湾。

寄主植物：乌桕、樟、依兰香、白兰花、番龙眼、冬青、小檗、柳、大叶合欢、苹果、桦木、枫等。

危害特征：幼虫取食寄主叶片。

形态特征

成虫　体翅赤褐色。翅展180～265mm。前翅顶角显著突出，粉红色，近前缘有半月形黑斑1块，下方土黄色并间有紫红色纵条，黑斑与紫条间有锯齿状白色纹相连。前后翅的内线和外线白色；内线的内侧和外线的外侧有紫红色镶边及棕褐色线，中间夹杂有粉红及白色鳞毛；中室端部有较大的三角形透明斑。

卵　半球形，直径约2.5mm。淡红色，顶部有一深红色的小点，有褐色纹。

幼虫　初孵幼虫头黑褐色，体浅褐色，周身长满枝刺，6～7天后枝刺与体色变为白色；腹部第1、6～8节两侧各有1块浅橘红色斑。2龄幼虫臀节两侧各有1块浅橘红色三角形斑；胸部两侧、气门下方各有3枚枝刺，腹部第7、8节两侧各有2枚枝刺，黑白色。中、后胸各有1个峰状隆起。3龄幼虫，体绿白色，枝刺黑白色；腹部第1、6～8节两侧浅橘红色斑逐渐消失，腹部第1～7节有4枚、第8节有3枚白色枝刺。4龄幼虫胸、腹足绿色，

雌蛾 -20050512- 福州金山（江凡提供标本）

雄蛾 -20050516- 福州金山（江凡提供标本）

卵 - 乌桕 -20150805- 福建省林科院

2 龄幼虫 - 乌桕 -20150817- 福建省林科院

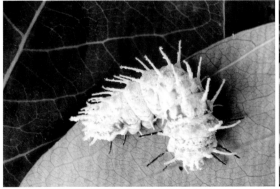

3 龄幼虫 - 乌桕 -20150824- 福建省林科院

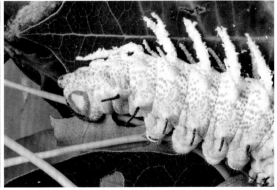

5 龄幼虫后半部 - 乌桕 -20150831- 福建省林科院

6 龄幼虫 - 乌桕 -20150910- 福建省林科院

茧 - 乌桕 -20150917- 福建省林科院

蛹侧面 - 乌桕 -20150928- 福建省林科院

蛹背面 - 乌桕 -20150928- 福建省林科院

腹足上有 2 条黑色横纹。5、6 龄幼虫体绿色，各体节的亚背线、气门上线、气门下线处各有 1 枚枝刺，体背布满淡绿色斑，颊及其两侧布满暗绿色斑点，臀节两侧各具 1 个三角形圈状红斑。

　　茧　长 58 ～ 75mm，宽 21 ～ 30mm，以叶片与丝缀织而成，淡褐色。

　　蛹　长卵形，长 48 ～ 65mm，宽 21 ～ 24mm；红褐色。

生物学特性：乌桕大蚕蛾在福建、江西 1 年 2 代，以蛹在茧内越冬，茧多结在寄主上，翌年 5 月上旬开始羽化。第 1 代卵期 5 月中旬到 6 月中旬；幼虫期 6 月下旬到 7 月下旬；蛹期 7 月上旬到 8 月中旬；成虫期 8 月上旬到 9 月上旬。第 2 代卵期 8 月中旬到 9 月中旬；幼虫期 9 月上旬到 10 月下旬；10 月下旬老熟幼虫开始化蛹越冬。

　　成虫多在夜间羽化，羽化后 2 ～ 5 天交尾产卵。卵散产，多产于叶片或枝干上。每雌产卵 30 ～ 158 粒。成虫白天静伏，夜间活动，飞翔能力强，具强趋光性，寿命 6 ～ 15 天。卵期 11 ～ 16 天，初孵幼虫常吃掉部分卵壳，后分散取食寄主叶片，无群集性。幼虫共 6 龄，4 龄后幼虫食量增大；中午太阳光较强时，幼虫爬到阴凉处栖息。老熟幼虫以叶片包裹结茧化蛹。幼虫历期 28 ～ 35 天，预蛹期为 4 ～ 8 天，第 1 代蛹历期 28 ～ 35 天，越冬代蛹期 195 ～ 212 天。

绿尾大蚕蛾 *Actias ningpoana* C. Felder & R. Felder

中文别名：绿尾天蚕蛾、大水青蛾、月神蛾、水青蛾、燕尾蛾

分类地位：鳞翅目 Lepidoptera 大蚕蛾科 Saturniidae

国内分布：华北、华东、中南各省（自治区、直辖市）。

寄主植物：喜欢取食枫香、樟树，主要取食梨树、梻木、乌桕、喜树、核桃、杏树、柳树、杨树、杨梅、山茱萸、丹皮、杜仲等多种林木。

危害特点：幼虫食叶，低龄幼虫食叶成缺刻或孔洞，稍大时可把全叶吃光，仅残留叶柄或叶脉。大龄幼虫体型大，故食叶量大，为害重。在森林公园和风景区内多发。

形态特征

成虫 翅长 59～63mm，体长 35～45mm。雄、雌触角均为长双栉齿形。体披较密的白色长毛，有些个体略带淡黄色。翅粉绿色，基部有较长的白色茸毛；前翅前缘暗紫色，翅脉及 2 条与外缘平行的细线均为淡褐色，外缘黄褐色；中室端有 1 个眼形斑。后翅有 1 长可达 40mm 尾带，末端常呈卷折状；中室端有与前翅相同的眼形纹。通常雌蛾色较浅，翅较宽，尾突亦较短。不同世代的个体大小也有变化，一般情况下越冬代成虫体形偏小；不同个体尾突有变形。取食不同植物的个体也有大小、颜色深浅的差异。

卵 球形稍扁，直径约 2mm，初产暗绿色，渐变浅绿至褐色，夹杂条形灰白斑，形似雀卵。

幼虫 一般为 5 龄，少数 6 龄。老熟幼虫体长 69～76mm。初孵幼虫体长约 3mm，黄褐色，腹部 1～6 节颜色较深，上有 6～8 个黑斑，各体节有瘤突 3 对，瘤突基部亮黄色，端部着生黑褐色或白色刺毛。2 龄幼虫体紫红色，其余同 1 龄幼虫。3 龄体渐呈嫩绿色，具橘红色毛瘤 3 对，其中背面和气门下方的 1 对较大，毛瘤上有黑色和白色的刚毛。4～5 龄体色较 3 龄更深绿，体各节背面具有橙红色至暗褐色瘤突 1 对，中、后胸节和第 8 腹节上的瘤

雌蛾 - 枫香 -20190826- 福建武夷山市五夫镇

突较大，瘤上着生深褐色刺及白色或褐色长毛；气门上、下方各有一着生黑色刺的小瘤突，其中气门下方的瘤突中间蓝色明显。尾足特大，臀板暗紫色。

茧　丝质，棕褐色。

蛹　长45～50mm，红褐色，额区有一浅白色三角形斑。

生物学特性：绿尾大蚕蛾在华北1年2代，华中、华东1年2～3代，华南1年3～4代。以老熟幼虫在寄主枝干上或附近杂灌丛中结茧化蛹越冬。在福建1年3～4代，越冬蛹3月下旬开始羽化。各代成虫出现期分别为3月下旬至4月中旬、5月下旬至6月中旬、7月中旬至7月下旬、8月下旬至9月下旬。幼虫发生期分别出现在4月上旬至6月上旬、6月上旬至7月下旬、7月下旬至9月中旬、9月中旬至10月下旬，但11～12月仍能见少量幼虫，12月老熟幼虫结茧化蛹，越冬蛹期4个月。

成虫有趋光性，飞翔力强。雌蛾多产卵于寄主叶面边缘及叶背、叶尖处，常数粒或偶见数十粒产在一起，成堆或排开，平均每雌产卵量为150粒。成虫寿命4～12天，卵期7～12天。初孵幼虫群集取食，1～2龄幼虫在叶背啃食叶肉，2～3龄后分散，取食时先把一叶吃完再为害邻叶，残留叶柄；4龄幼虫身体长大，叶片不能支持，常爬到叶柄或枝条上，伸长体躯以胸足抓住叶片取食。老熟幼虫在枝条或树干上吐丝结茧化蛹，茧外常黏附树叶。越冬代幼虫老熟后下树，在树干或其他植物上吐丝结茧化蛹越冬。

雌蛾产卵中 - 枫香 -20171029- 福建武夷山市新丰镇

初孵幼虫 - 枫香 -20170922- 福建武夷山市新丰镇

2龄幼虫 - 枫香 -20170924- 福建武夷山市新丰镇

3 龄幼虫 - 枫香 -20170721- 福州国家森林公园　　4 龄幼虫 - 枫香 -20171002- 福建武夷山市新丰镇

5 龄幼虫 - 枫香 -20171007- 福建武夷山市新丰镇　　5 龄幼虫前半部 - 枫香 -20171007- 福建武夷山市新丰镇

茧 - 枫香 -20170917- 福建武夷山市新丰镇

樟蚕 *Eriogyna pyretorum* (Westwood)

中文别名：枫蚕

分类地位：鳞翅目 Lepidoptera 大蚕蛾科 Saturniidae

国内分布：福建，东北，华北，华南。

寄主植物：枫香、樟、枫杨、胡桃、银杏、桦木、枇杷、板栗、榕树、野蔷薇、榆树、番石榴、槭树等。

危害特点：幼虫取食叶片。

形态特征

成虫 体长 22～39mm，翅展 61～118mm。触角雌栉齿形，雄长双栉齿形；胸部棕色，腹部灰白色，各节间有棕褐色横带，雌性末端有棕褐色长毛。前翅前缘棕灰色，端部钝圆并有紫红色条纹，内侧上方近前缘有一椭圆形黑斑及一短黑色条纹；中室端有圆形大眼斑，斑的外沿蓝黑色，内层外侧有淡蓝色半圆形纹。后翅灰白色有紫红色光泽，中室有较小眼形纹。

卵 椭圆形，乳白色，初产卵呈浅灰色，长约 2mm，宽约 1mm。卵块表面覆有黑褐色绒毛。

幼虫 初孵幼虫黑色，中龄幼虫头黄色，胴部青黄色。各节亚背线、气门上线及气门下线处，生有瘤状突起，瘤上具黄白色及黄褐色刺毛。老熟幼虫体长 74～100mm。

茧 椭圆形，长 35～52mm，宽 15～20mm，灰褐色，质地较硬。

蛹 纺锤形，长 25～34mm，宽约 10mm，黑褐色至红褐色，具 16～18 根臀棘。

生物学特性：樟蚕在福建、浙江 1 年 1 代，以蛹在枝干、树皮缝隙等处的茧内越冬。翌年 2 月下旬开始羽化，3 月中旬为羽化盛期。成虫有强趋光性。卵产于枝干上，由几十粒至百余粒组成卵块，卵粒呈单层整齐排列，上披有黑色绒毛，常不易被察觉。

雄蛾 - 香樟 -20200224- 福建省林科院

雌蛾产卵中 - 香樟 -20200219- 福建省林科院

卵 - 香樟 -20200219- 福建省林科院

树枝上的卵块 - 香樟 -20200219- 福建省林科院

2~3 龄幼虫 - 香樟 -20190327- 福州晋安斗顶公园

3~4 龄幼虫 - 香樟 -20190401- 福州晋安斗顶公园

3 ～ 4 月间幼虫相继出现，1 ～ 3 龄幼虫群集取食，4 龄后分散为害，5 月下旬至 6 月上旬幼虫老熟，陆续在树干或树枝分叉处结茧化蛹，至 7 月下旬全部化蛹完毕。在福建幼虫期 57 ～ 89 天。樟蚕核多角体病毒常在林间爆发流行，感染幼虫大量死亡，可用于生物防治。

5~6 龄幼虫 - 香樟 -20190408- 福州晋安斗顶公园

7 龄幼虫 - 香樟 -20170515- 福州鼓山

树干上爬行的幼虫 - 香樟 -20170503- 福州鼓山

茧 - 香樟 -20180610- 福州国家森林公园

蛹腹面 - 香樟 -20180610- 福州国家森林公园

蛹背面 - 香樟 -20180610- 福州国家森林公园

被白僵菌感染的幼虫 - 香樟 -20190426- 福州晋安斗顶公园

被绿僵菌感染的幼虫 - 枫香 -20120629- 福建省林科院

樗蚕 *Samia cynthia* (Drury)

分类地位：鳞翅目 Lepidoptera 大蚕蛾科 Saturniidae

国内分布：福建、河北、陕西、山西、山东、河南、浙江、江西、湖南、四川、云南。

寄主植物：樟树、乌桕、山苍子、马褂木、冬青、臭椿、喜树、核桃、枫杨、法国梧桐、盐肤木、野鸦椿、黄檗、枫香、含笑、紫玉兰、花椒、刺槐、咖啡等多种林木。在福建主要为害樟树和乌桕。

危害特征：幼虫取食寄主叶片。

形态特征

　　成虫　体长 20～30mm，翅展 107～130mm，体青褐色。触角羽毛状。前翅顶角突出，粉紫色，具一黑色圆斑。前、后翅中央各具 1 个新月形斑；斑外侧具 1 条横贯全翅的宽带，宽带粉紫色；基角褐色，其边缘有 1 条白色曲纹。

　　卵　扁椭圆形，长 1.7～1.9mm。灰白色，表面有不规则的褐色斑纹。

　　幼虫　老熟幼虫体长：末龄为 5 龄者 45～67mm，末龄为 6 龄者 64～75mm。体粗壮，青绿色至灰绿色。头黄色。前胸背黄色，有 4 个蓝斑，胴部各节的亚背线、气门上线、气门下线处各有 1 个棘状突起，以亚背线上的突起更显著；各排棘状突之间，胸足及腹足基部有黑点。腹部末节黄绿色，后缘蓝色。

　　茧　长 35～52mm，宽 17～27mm，橄榄形，灰褐色，茧柄长 40～130mm，缠绕在寄主叶柄上，以 1 张叶片包裹半边茧。

　　蛹　长 23～28mm，宽 11～13mm，棕褐色。

生物学特性：福建闽中（尤溪）1 年 2 代，以蛹越冬，

雄蛾 - 山苍子 -20160616- 福建平和天马林场

2 龄幼虫 - 马褂木 -20160804- 福建闽清白云山林场

3 龄幼虫 - 乌桕 -20151018- 福建省林科院

4 龄幼虫 - 冬青 -20150916- 福建晋安区岭头乡

翌年 4 月中旬至 5 月中旬羽化为成虫。第 1 代卵期在 4 月中旬至 6 月上旬，幼虫期 4 月下旬至 6 月中旬，蛹期 5 月下旬至 7 月下旬，成虫期 7 月下旬至 9 月中旬。第 2 代（越冬代）卵期 7 月下旬至 9 月中旬，幼虫期 8 月上旬至 10 月下旬，蛹期 9 月下旬至翌年 5 月中旬。在闽南 1 年可发生 3 代。

卵产于叶背，堆积成块，每堆多数在 10 ~ 20 粒之间。初孵幼虫有群集性，取食叶肉；2 龄幼虫取食叶缘；3 龄幼虫开始分散取食。幼虫一般 6 龄。老熟幼虫吐丝缠绕叶柄及叶柄基部处的小枝，并缀叶结茧；如寄主树叶稀疏，幼虫可迁移到地面下木或附近其他植株上结茧化蛹。从吐丝到结茧完成需 1 ~ 2 天。成虫多在傍晚羽化，寿命 2 ~ 5 天；成虫有较强飞翔能力，趋光性强；雌蛾性引诱力强。

5 龄幼虫 - 山苍子 -20160519- 福建平和天马国有林场

6 龄幼虫 - 樟树 -20160824- 福建闽清美菰林场

蛹腹面 - 樟树 -20160830- 福建闽清美菰林场

蛹侧面 - 樟树 -20160830- 福建闽清美菰林场

青球箩纹蛾 *Brahmaea hearseyi* (White)

分类地位： 鳞翅目 Lepidoptera 箩纹蛾科 Brahmaeidae

国内分布： 福建（晋安、闽清、南靖、延平、建瓯、武夷山、三元、梅列、将乐、大田）、河南、江西、湖南、广东、海南、广西、云南、贵州。

寄主植物： 女贞、水蜡、桂花等木犀科植物。

危害特点： 幼虫取食叶片。

形态特征

　　成虫　雌蛾翅展 110 ～ 150mm，雄蛾翅展 100 ～ 130mm。体青褐色，翅灰褐色。前翅中带底部近椭圆形，内有 3 个黑点，中带顶部外侧呈凹齿状纹，齿状纹外为一灰褐圆斑，上有 4 条白色横行鱼鳞纹；中带外侧有 5 垄箩筐纹，翅外缘有 7 个青灰褐色斑，顶角为一褐斑，中带外侧与翅基间有 5 条青黄色纵行条纹；后翅中线曲折，内侧棕黑色，有灰黄斑，外侧有箩筐状纹 9 垄，条纹波浪状，青黄色间棕黑色，外缘有 1 列半球状斑。

　　卵　半球形，直径 2.0 ～ 2.5mm，初产时乳黄色，后顶部出现褐色小斑点。卵壳表面有不明显的纵横脊纹，呈网格状。

　　幼虫　共 5 龄。1 龄幼虫体长 4 ～ 15mm，体有黑色、浅绿色相间的环状纹。1 ～ 4 龄体生漆黑色丝状羚羊角形毛突，中、后胸各 2 根，第 8 腹节 1 根，臀节 2 根。5 龄幼虫淡蓝色，体长 55 ～ 130mm，体表丝状毛突消失，仅留白色疤痕，头部由黑褐色变为黄绿色。

　　蛹　深褐色，前胸背面有 2 个较大的突起。

生物学特性： 青球箩纹蛾在福州 1 年 2 代，以蛹越冬。翌年 5 月中旬越冬蛹开始羽化成虫，5 月中旬第 1 代卵始见，同旬出现第 1 代幼虫，6 月中旬开始化蛹，8 月上旬第 1 代成虫羽化。第 2 代卵 8 月上旬始见，8 月中旬孵化成第 2 代幼虫，9 月中旬开始化蛹，此后进入越冬期。

　　成虫飞翔力和趋光性强，受惊时发出咯咯叫声。雌蛾卵散产于叶背，产卵量 84 ～ 166 粒，近孵化时

雌蛾 - 桂花 -20201117- 福建省林科院

雄蛾 -20150817- 福建邵武市龙湖（江凡提供标本）

卵 - 女贞 -20160913- 福州国家森林公园

1 龄幼虫 - 女贞 -20170527- 福州国家森林公园

卵粒顶部出现褐色小斑，孵化时幼虫即从此处咬破出壳；初孵幼虫有取食卵壳习性，1 龄幼虫多取食寄主嫩叶，4 ～ 5 龄幼虫食量剧增，幼虫受惊扰后，头部常抬起左右摆动，可发出咯咯的响声；幼虫期30 天左右；老熟幼虫在地面石块下或土壤缝隙中做土室化蛹。第 1 代蛹期 40 ～ 53 天，第 2 代蛹期218 ～ 263 天。土壤含水量过高时容易造成蛹死亡。

2 龄幼虫 - 女贞 -20170531- 福州国家森林公园

3 龄幼虫 - 女贞 -20160601- 福建闽清县坂东镇

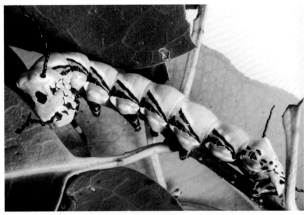 

4龄幼虫-女贞-20161005-福州国家森林公园　　5龄幼虫-桂花-20201011-福建省林科院

蛹背面-女贞-20160615-福建闽清县坂东镇　　蛹侧面-桂花-20201019-福建省林科院

枯叶蛾、蚕蛾、带蛾、大蚕蛾、萝纹蛾的防治方法

1. 林业防治　加强林分管理，合理密植，封山育林，创造不利于害虫生长发育的生态环境，建立自控能力强的森林生态系统。

2. 物理除治　人工摘除卵块；利用幼虫群集及下树习性，人工捕杀幼虫；利用其蛹期长、结茧密集的特点，人工将茧摘除，集中杀灭，减少虫口数量；采捕枯叶蛾时宜用夹子夹取或以木棒击杀，以防毒毛刺伤。将采到的茧置于竹筐内，上盖可容寄生性天敌飞出而成虫不能逃逸的筛子，再放置在林中，以便天敌返回林间。利用成虫的强趋光性，于羽化盛期，灯光诱杀。

3. 生物防治　蚕蛾类幼虫和蛹期天敌种类较多，尽量减少或不用化学农药防治，以利保护天敌；招引益鸟等进行防治。3～6月，可采用白僵菌、绿僵菌防治，或喷施苏云金杆菌1亿～2亿芽孢/mL悬浮液；或用1×10^9多角体/mL核型多角体病毒悬浮液喷施对应的幼虫。尽量在低龄幼虫期防治。

4. 药剂防治　虫害严重时，可采用药剂防治（药剂种类参考附表），尽量选择在低龄幼虫期施药，主要防治虫源地，迅速压低虫口。可在2.5%溴氰菊酯3000～5000倍液、10%氯氰菊酯2000倍液、20%氰戊菊酯5000倍液、50%马拉硫磷乳油800～1000倍液、65%敌百虫乳剂500～800倍液、森得保可湿性粉剂2000～3000倍液、1.2%苦•烟乳油植物杀虫剂800～1000倍液中任选一种喷雾。

夹竹桃天蛾 *Daphnis nerii* (L.)

中文别名： 粉绿白腰天蛾、鹰纹天蛾、夹竹桃白腰天蛾

分类地位： 鳞翅目 Lepidoptera 天蛾科 Sphingidae

国内分布： 山西、上海、江苏、浙江、福建（晋安、安溪、同安、翔安、延平）、江西、广东、海南、广西、湖南、四川、云南、宁夏、台湾。

寄主植物： 夹竹桃、长春花、萝芙木、软枝黄蝉、马茶花等夹竹桃科的植物。

危害特点： 幼虫取食叶片。

形态特征

成虫　体纺锤形，灰褐色至深褐色，全体密被绒毛。雌蛾体长 42 ～ 49mm，翅展 75 ～ 95mm；雄蛾体长 45 ～ 50mm，翅展 80 ～ 100mm。中胸两侧各有 1 个镶白边的灰绿色的大三角形斑纹。前翅基部灰白色，中心有一个黑点，中部至前缘有 1 个形似汤勺状、灰白至青色斑纹，翅中下部至外缘有 1 条浅棕红色宽带，翅顶角区域有 1 条灰白色纵线。后翅深褐色，后缘至前缘在近外缘处有 1 条灰白色

成虫背面 - 长春花 -20201019- 福建省林科院

波状条纹。

卵　椭圆形，长 1.0 ～ 1.4mm，高 0.9 ～ 1.1mm，淡黄色至翠绿色，有光泽。近孵化时为黑色。

幼虫　老熟幼虫体长 55 ～ 75mm，宽 8 ～ 12mm，黄绿色至深绿色，少数金黄色。头深绿色至灰绿色，后胸两侧各有 1 个大的近圆形眼斑，眼斑周围紫褐色至黑色，中间白色、浅蓝白色至浅蓝色。胴部自第 2 节开始至腹末两侧各有 1 条白色纵纹，纵纹上下散生白色小圆点。尾突橙黄色，粗短，向下弯曲。

蛹　黄褐色，长椭圆形，长 51 ～ 67mm，宽 12 ～ 15mm，尾部突尖，黑色，末端呈鱼尾状分叉。

成虫腹面 - 夹竹桃 -20201019- 福建省林科院

2 龄幼虫 - 夹竹桃 -20151102- 福州动物园

老熟幼虫侧面 - 夹竹桃 -20151102- 福州动物园

老熟幼虫背面 - 夹竹桃 -20151102- 福州动物园

预蛹期的幼虫 - 夹竹桃 -20151103- 福州动物园

新化蛹 - 长春花 -20200930- 福建省林科院

蛹 - 夹竹桃 -20151109- 福州动物园

背面从头至尾、腹面从头部至胸部各有 1 条黑色纵线。头部两侧各有 1 个黑点，身体两侧各有 7 个黑点。

生物学特性： 夹竹桃天蛾在广东汕头 1 年 3 代，以蛹越冬；越冬代成虫于 2 月下旬开始羽化，第 1 代幼虫于 3 月上旬开始孵化，3 ~ 12 月均可见幼虫为害，以 5 ~ 6 月、8 ~ 9 月为幼虫取食高峰期。在湖南省衡阳市 1 年 2 ~ 3 代；越冬代成虫 6 月上旬出现，6 月中下旬野外寄主树上可见卵和初孵幼虫；第 2 代幼虫 8 月下旬至 9 月上旬为为害盛期。在福州，老熟幼虫 11 月上旬开始化蛹越冬。

成虫有趋光性，飞翔能力强。卵单产，常产于树冠枝条近顶梢叶面及枝条上。幼虫共 5 龄。幼虫孵出取食部分卵壳后，爬至枝条顶端嫩叶处取食，受害嫩叶边缘呈黑色枯死状。幼虫 3 龄前食量小，

生长慢，多在枝条上部取食嫩叶。4 龄起食量增大，并开始取食老叶，5 龄后进入暴食期，取食全叶。各龄幼虫在生长过程中，尾突的形状、颜色、长度以及胸部两侧的眼斑有明显区别。幼虫受到惊扰时常将头胸部昂起，露出胸部两侧眼斑。老熟幼虫爬到树冠下面的枯枝落叶、表层疏松土壤、地面裂缝中或土洞内等隐蔽场所，不做茧也不筑蛹室，直接化蛹，入土深度仅 1 ~ 2cm，预蛹期 3 ~ 4 天。化蛹前，体色变深。

该虫的发生受温度、湿度影响明显，特别是蛹的成活率受环境温度、湿度的影响很大，常因失水而大量死亡；冬季气温过低，导致野外越冬蛹大量死亡。因而呈现间歇性爆发的特点。

霜天蛾 *Psilogramma discistriga* (Walker)

中文别名：梧桐霜天蛾、灰翅天蛾、泡桐灰天蛾

分类地位：鳞翅目 Lepidoptera 天蛾科 Sphingidae

国内分布：华北、华东、西南、华南。

寄主植物：丁香、白蜡、女贞、冬青、桂花、菜豆树、泡桐、悬铃木、柳、梧桐、榕树、牡荆、梓树、楸树、水蜡树等多种园林植物。

危害特点：幼虫取食寄主叶片，严重时可将全叶吃光。

形态特征

成虫　翅展 90 ～ 130mm，体长 43 ～ 50mm。体翅暗灰色，混杂霜状白粉。胸部背板有棕黑色似半圆形条纹，腹部背面中央及两侧各有一条灰黑色纵纹。前翅中部有 2 条棕黑色波状横线，中室下方有两条黑色纵纹；顶角有 1 条黑色曲线。后翅棕黑色，前后翅外缘由黑白相间的小方块斑连成。

成虫（上雄下雌）（蒋卓衡供图）

卵 球形，直径约 2mm。初产时绿色，渐变浅黄绿色。

幼虫 初孵幼虫乳白色，长约 6mm。老熟幼虫绿色，体长 75～96mm，头部淡绿色，胸部绿色，背面有黄白色颗粒 8～9 列；腹部黄绿色，体侧有较细的白色斜带 7 条；尾突褐绿色，长 9～13mm，上面有紫褐色颗粒；气门黑色，胸足黄褐色，腹足绿色。幼虫化蛹前体背多呈紫红色。

初孵幼虫 - 丁香 -20150713- 福建省林科院

2 龄幼虫 - 丁香 -20150715- 福建省林科院

3 龄幼虫 - 丁香 -20150720- 福建省林科院

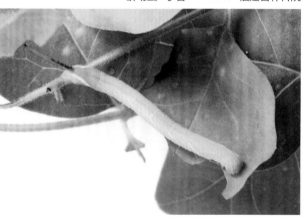

4 龄幼虫 - 丁香 -20150723- 福建省林科院

5 龄幼虫 - 丁香 -20150710- 福建省林科院

蛹　红褐色，纺锤形，长 38 ～ 60mm。

生物学特性：霜天蛾在浙江宁波 1 年发生 3 代。9 月中旬老熟幼虫陆续入土作蛹室越冬，土中历期 200 多天。越冬代在 8 月中旬至翌年 8 月上旬，成虫发生在 4 月下旬至 8 月上旬；第 1 代在 5 月上旬至 9 月下旬，第 2 代在 6 月下旬至 10 月中旬。成虫白天隐藏于树丛、枝叶、杂草、房屋等暗处，黄昏后飞出活动。成虫飞翔力强，具有较强的趋光性。卵多散产于叶背面或叶柄。初孵幼虫先取食部分卵壳，后啃食叶表皮；2 龄后蚕食叶片，咬成大的缺刻和孔洞，大龄幼虫可将全叶吃光，以 7 ～ 9 月危害严重；老熟幼虫钻入土中、枯枝落叶下或石缝中化蛹，越冬代蛹室深度一般 30 ～ 50mm，在疏松土层可深达 100mm。

蛹背面 - 丁香 -20160603- 福建省林科院

蛹腹面 - 丁香 -20160603- 福建省林科院

蛹侧面 - 丁香 -20160603- 福建省林科院

丁香天蛾 *Psilogramma increta* (Walker)

中文别名：丁香霜天蛾、细斜纹霜天蛾

分类地位：鳞翅目 Lepidoptera 天蛾科 Sphingidae

国内分布：辽宁、河北、北京、江苏、浙江、江西、福建、海南、湖南、山西、陕西、河南、重庆、云南、台湾。

寄主植物：菜豆树、丁香、黄钟花、梧桐、女贞、榉树、杜虹花、香水树。

危害特点：幼虫取食寄主叶片，严重时可将全叶吃光。

形态特征

成虫 翅展 108～126mm，体长 32～38mm。腹部背面中央有较细的黑色纵带，两侧有较宽的棕黑纵带；胸部及腹部腹面白色。前翅灰白，各横线不显著，中室端有灰黄色小点，点周围有较厚灰色鳞片，形成不甚规则的短横带，在黄点下方有比较明显的黑色斜条纹；前翅顶角内侧有黑色曲线并折向前缘。后翅棕黑，外缘有白色断线，后角内方有 2 块椭圆形灰白色斑。

幼虫 老熟幼虫绿色，体长 80～95mm，宽 6.5～9.5mm。体侧具白色斜带 7 条，斜纹下方灰绿色；尾突红褐色，上面布满疣突。化蛹前体多呈淡紫色，体背具 "W" 形黄白色纹。

蛹 长 40～55mm，9～11mm。棕褐色。

生物学特性：丁香天蛾以老熟幼虫入土化蛹越冬，成虫散产卵于寄主叶背或叶柄上。老熟幼虫入土化蛹。2021 年 9 月 24 日在福州市鼓楼区菜豆树上采集的大龄幼虫，9 月 26 日至 10 月 6 日陆续化蛹；9 月 26～27 日化蛹的幼虫，10 月 16～17 日羽化出成虫。

雌成虫 - 菜豆树 -20211018- 福州市福飞南路龙腰

雄成虫 - 菜豆树 -20211018- 福州市福飞南路龙腰

5 龄幼虫 - 菜豆树 -20210925- 福州市福飞南路龙腰

化蛹前幼虫 - 菜豆树 -20210925- 福州市福飞南路龙腰

5 龄幼虫 - 菜豆树 -20211018- 福州市福飞南路龙腰

入土化蛹幼虫 - 菜豆树 -20210926- 福州市福飞南路龙腰

天蛾类的防治方法

1. 物理防治　当年若发生严重，可在7月下旬和9月下旬1、2代蛹期，结合常规管理，对植株进行修剪，清理树冠下部枯枝落叶；翻动表土，破坏化蛹场所，使蛹暴露于空气中，失水而死亡。灯光诱杀。

2. 生物防治　结合垦覆，在10月中旬前施用绿僵菌或白僵菌菌剂，感染入土化蛹的幼虫和蛹。保护利用天敌。

3. 化学防治　在1、2代幼虫发生初期，可用2.5%溴氰菊酯乳油2500倍稀释液喷洒受害植物。

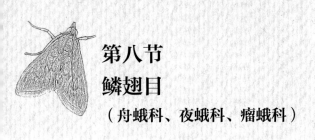

第八节
鳞翅目
（舟蛾科、夜蛾科、瘤蛾科）

苹掌舟蛾 *Phalera flavescens* (Bremer & Grey)

中文别名：枇杷舟蛾、舟形毛虫、举尾毛虫

分类地位：鳞翅目 Lepidoptera 舟蛾科 Notodontidae

国内分布：北京、黑龙江、吉林、辽宁、河北、河南、山东、山西、陕西、四川、广东、云南、湖南、湖北、安徽、江苏、浙江、福建、台湾。

寄主植物：枇杷、光叶石楠、苹果、杏、梨、桃、李、樱桃、山楂、海棠、沙果、榆、梅、栗等。

危害特点：幼虫取食叶片。

形态特征

成虫 体长 22～25mm，翅展 49～52mm。雌蛾触角背面白色，雄蛾各节两侧有微黄色茸毛。前翅银白色，在近基部具 1 个长圆形斑，外缘有 6 个椭圆形斑，横列成带状，各斑内端灰黑色，外端茶褐色，中间有 1 条黄色弧线隔开；翅中部有 4 条淡黄色波浪状线；顶角具 2 个不明显的小黑点。后翅浅黄白色，近外缘处具 1 条褐色横带，有些雌蛾横带消失或不明显。

卵 球形，直径约 1mm，初淡绿后变灰色。

幼虫 老熟幼虫体长 55mm 左右，被灰黄色长毛。头、前胸盾片、臀板均黑色。胴部紫黑色，背线和气门线及胸足黑色，亚背线与气门上、下线紫红色。体侧气门线上下生有多个淡黄色的长毛簇。

蛹 长 20～23mm，暗红褐色至黑紫色。中胸背板后缘具 9 个缺刻，腹部末节前缘具 7 个缺刻，腹末有臀棘 6 根。

生物学特性：苹掌舟蛾在福建莆田 1 年 3 代，以蛹在枇杷树干基部周围的土壤越冬。第 1 代幼虫 5 月上中旬孵出，7 月上旬化蛹，8 月上中旬成虫羽化；第 2 代幼虫在 8 月中旬孵出，9 月下旬化蛹，10 月中下旬成虫出现；第 3 代（越冬代）幼虫 10 月中下

成虫背面 - 枇杷 -20170928- 福建霞浦县牙城镇

旬开始出现，11月下旬以后陆续开始化蛹越冬，越冬蛹翌年4月下旬开始羽化，5月为羽化高峰期。

成虫趋光性强。卵产在叶背面，常数十粒或百余粒集成卵块，排列整齐。幼虫共5龄，孵化后先群居叶片背面，头向叶缘排列成行，由叶缘向内蚕食叶肉，仅剩叶脉和下表皮，4龄后食量剧增；幼虫的群集、分散、转移常因寄主叶片的大小而异，停息时头、尾翘起，形似小舟。

成虫侧面 - 枇杷 -20170928- 福建霞浦县牙城镇

幼虫 - 枇杷 -20170831- 福建霞浦县牙城镇

幼虫 - 枇杷 -20170918- 福建霞浦县牙城镇

蛹背面 - 枇杷 -20170922- 福建霞浦县牙城镇

蛹腹面 - 枇杷 -20170922- 福建霞浦县牙城镇

斜纹夜蛾 *Spodoptera litura* (Fabricius)

分类地位： 鳞翅目 Lepidoptera 夜蛾科 Noctuidae

国内分布： 北京、天津、河北、辽宁、黑龙江、河南、上海、山东、江苏、安徽、浙江、江西、福建、湖北、湖南、广东、海南、广西、四川、云南、贵州、陕西、宁夏、新疆。

寄主植物： 马褂木、山樱花、苏铁、茉莉花、桐花树等 100 科 300 多种林木以及蔬菜、瓜果、粮食等植物。

危害特点： 幼虫取食叶片、花蕾、花及果实，初龄幼虫啮食叶片下表皮及叶肉，仅留上表皮呈透明斑；4 龄后进入暴食期，咬食叶片，仅留主脉。在包心椰菜上，幼虫还可钻入叶球内为害，把内部吃空，并排泄粪便，造成污染，使之降低或失去商品价值。

形态特征

成虫　体长 14 ～ 21mm，翅展 33 ～ 42mm。前翅灰褐色，内横线和外横线灰白色，呈波浪形，有白色条纹；环状纹不明显；肾状纹前部呈白色，后部呈黑色；环状纹和肾状纹之间有 3 条白线组成明显的较宽的斜纹，自翅基部向外缘还有 1 条白纹。后翅白色，外缘暗褐色。

卵　半球形，直径约 0.5mm。初产时黄白色，孵化前呈紫黑色，表面有纵横脊纹，数十至上百粒集成卵块，外覆黄白色鳞毛。

幼虫　老熟幼虫体长 38 ～ 51mm。头黑褐色，体色多变，一般为暗褐色，也有呈土黄色、褐绿色至黑褐色的，背线橙黄色，在亚背线内侧各节有 1 个近半月形或似三角形的黑斑。

蛹　长 18 ～ 20mm，长卵形，红褐色至黑褐色。腹末具 1 对发达的臀棘。

生物学特性： 斜纹夜蛾是一类多食性和暴食性害虫，在我国从北至南 1 年 4 ～ 9 代，以蛹在土中蛹室内越冬，少数以老熟幼虫在土缝、枯叶、杂草中越冬。发育最适温度为 28 ～ 30℃，不耐低温，长江以北地区大都不能越冬。在福建 1 年 7 代，世代重叠，冬季没有明显的越冬现象，全年均可见幼虫。成虫趋光性强，对糖、醋、酒味很敏感。卵多产于叶背。幼虫共 6 龄，有假死性。4 龄后进入暴食期，猖獗时可吃尽大面积寄主植物叶片，并迁徙他处为害。

成虫 - 芋头 -20160719- 福建永泰县红星乡

3 龄幼虫 - 苏铁 -20160831- 福州国家森林公园

4 龄幼虫 - 桐花树 -20181108- 福建省林科院

5 龄幼虫 - 马褂木 -20160719- 福建闽清县下祝乡

6 龄幼虫 - 山樱花 -20160809- 福建永泰县丹云乡

蛹腹面 - 马褂木 -20160725- 福建闽清县下祝乡

癞皮瘤蛾 *Gadirtha inexacta* (Walker)

中文别名: 乌桕癞皮夜蛾、乌桕伪切翅夜蛾、乌桕癞皮夜蛾

分类地位: 鳞翅目 Lepidoptera 瘤蛾科 Nolidae

国内分布: 辽宁、山东、江苏、浙江、安徽、福建、江西、广东、湖北、湖南、广西、贵州、台湾。

寄主植物: 乌桕、山杨、木荷等。

危害特点: 幼虫取食叶片。

形态特征

成虫　体长 20～24mm，翅展 45～51mm。前翅灰褐色至棕褐色；内线黑色波线外弯，前段内侧1个黑斑，中段内侧有许多黑色及棕色点；环纹灰褐色，有不完整的黑边，中有竖鳞；肾纹桃形，尖端向外，褐色黑边，中有竖鳞；外线模糊，双线褐色，波浪形外弯至肾纹后端再稍外斜，前段外侧有1个黑褐斑；亚端线灰白色波浪形；端线为1列黑点，亚中褶端部1条黑纹。后翅淡黄褐色至褐色，缘毛黄白色。

卵　近圆形，乳白色。

成虫背面 - 乌桕 -20160808- 福建闽清县梅溪镇　　　　成虫侧面 - 乌桕 -20160808 - 福建闽清县梅溪镇

绿色幼虫 - 乌桕 -20160727- 福建闽清县梅溪镇

黄色幼虫 - 乌桕 -20190818- 福建福州市鼓山

预蛹与蛹 - 乌桕 -20190823- 福建福州市鼓山

茧 - 乌桕 -20190823- 福建福州市鼓山

幼虫　老熟幼虫体长 28 ～ 31mm，头部黄绿色，头顶有隆起的颗粒，体淡绿色或黄绿色，并具细长毛，背线黑色，或由不连续的黑点组成，以第 1、2、8 腹节背面的黑点较大，胸部的黑点不明显，亚背线为黄色宽带，气门上线黄色，气门线黄色不明显，刚毛很长，最长刚毛长约为体长的 1/2，刚毛有黑色和白色 2 种。

茧　灰白色，半纺锤形，长 24 ～ 28mm。

蛹　扁圆筒形，红褐色，长 20 ～ 25mm，宽约 7mm。

生物学特性：在福建邵武 1 年 4 代，以卵在枝干或叶背越冬，翌年 5 月上旬开始孵化，各代成虫出现期分别为 6 月下旬、7 月下旬、9 月上旬、10 月中旬；幼虫出现期分别在 5 月上旬、7 月上旬、8 月上旬、9 月中旬。

成虫有趋光性，卵散产在叶背或枝干。幼虫共 6 龄，喜食嫩叶。老熟幼虫将叶片咬碎，在枝干上吐丝作薄茧化蛹。

紫薇洛瘤蛾 *Meganola major* (Hampson)

分类地位：鳞翅目 Lepidoptera 瘤蛾科 Nolidae

国内分布：福建（晋安）、江西、云南、台湾。

寄主植物：紫薇、核桃。

危害特点：幼虫取食叶片。

形态特征

成虫 雌蛾体长 7～8mm，翅展 23～25mm，触角丝状；雄蛾体长 6～7mm，翅展 20～22mm，触角羽毛状。前翅被灰色鳞片，杂以黑色星点鳞片。前缘的基线处及内线处均有黑色鳞簇，其黑色鳞簇前者似长方形，后者似三角形，组成了在基线及内线处的 2 块明显黑斑；前缘脉下方在内线、外线、亚端线及端线处有 4 条黑色波状纹，内线和外线处波状纹清晰，亚端线和端线处波状纹模糊。后翅灰黄色至灰褐色。前后翅缘毛灰色密而短。

卵 扁圆形，直径 0.4～0.5mm，中央顶部略凹陷，四周有纵横细刻纹。初产卵为淡绿色，后渐变淡褐色，孵化前呈褐色。

幼虫 共 5 龄。1 龄幼虫体长 1mm 左右，体色淡绿色至黄绿色具长毛，头部黑色，前胸背板中央有一黑点，腹部末端有 4 块黑斑，成横排列，体上两侧背毛黑色，其余为淡色，毛瘤不明显，毛瘤上的毛不成簇状，腹末端若干长毛，近末节有 2 根毛更长。5 龄幼虫体长约 11mm，全体毛瘤暗红褐色，中、后胸背板中央有 1 块黄斑，7～9 节背板中央有 2 条黄色纵线。

蛹 近椭圆形，长 8.5～9.0mm，宽 2.0～2.5mm，初淡褐色，后变褐色，羽化前变深褐色，蛹头顶及各节被覆长短不一刚毛。

生物学特性：该虫在福建为害紫薇，6～7 月可见幼虫、成虫。在江西南昌 1 年 4 代，世代重叠；第

成虫 - 紫薇 -20160725- 福建永泰县红星乡

雄成虫 - 紫薇 -20170711- 福建清流县夏坊乡

幼虫 - 紫薇 -20160708- 福建永泰县红星乡

幼虫 - 紫薇 -20170625- 福建清流县赖坊乡

幼虫 - 紫薇 -20201019- 福建光泽县鸾凤乡武林村

预蛹和茧 - 紫薇 -20170626- 福建清流县夏坊乡

1代4月下旬至6月上旬，第4代8月下旬至翌年4月下旬。老熟幼虫在10月中旬结茧化蛹。

成虫白天常静伏叶面。雌蛾卵多产于1～5对嫩叶反面，叶柄基部主脉与侧脉叉上，一般单产，少数2～3粒，每雌平均可产卵百余粒。初孵幼虫常栖息在叶背，头钻入叶肉内啃食，剩上下表皮，排出的粪便在叶背呈不规则形扭曲状黑线；2～5龄幼虫取食叶肉，仅剩膜状上表皮，几乎无绿色组织，严重时整叶吃光；老熟幼虫吐淡棕色丝作茧化蛹，一般在叶正面作茧，预蛹期1～2天，蛹羽化多在18：00～21：00，羽化当晚即行交配，第3天开始产卵。

舟蛾、夜蛾、瘤蛾类的防治方法

1. 林业防治　加强管理。结合垦覆，将土中的蛹挖出，有利于天敌寄生或捕食；同时，部分蛹将在垦覆过程中遭受到物理伤害而死亡。减少下代虫源基数，降低发生程度。

2. 物理防治　摘除卵块和幼虫聚集的叶片；根据老熟幼虫化蛹作茧部位和时期及时摘除蛹茧，予以烧毁。诱杀（夜蛾）成虫，将酒、水、糖、醋按1：2：3：4比例配制诱虫液诱杀。成虫高峰期用灯光诱杀。

3. 生物防治　在3～6月高湿天气，应用白僵菌或绿僵菌防治树上幼虫。结合垦覆，在10月中旬前施用绿僵菌或白僵菌剂，感染入土化蛹的幼虫和蛹。保护利用天敌，如蜘蛛、赤眼蜂、寄生蜂、病原菌及捕食性昆虫，对其天敌多加保护利用。

4. 药剂防治　大量发生时，可用0.36%苦参碱乳油1000～1500倍液、80%敌敌畏乳油800～1000倍液、50%马拉硫磷乳油1000倍液、10%氯氰菊酯乳油4000～6000倍液等进行喷雾防治。害虫在1～3龄时多群集叶背，且食量小、抗药性差，是药剂防治的最佳时机。因此，应在虫龄较小时及时防治，在晴天8：00前或傍晚施药。4龄后幼虫具有夜间为害特性，应在傍晚施药。防治药剂种类参考附表。

佳俊瘤蛾 *Westermannia nobilis* Draudt

分类地位：鳞翅目 Lepidoptera 瘤蛾科 Nolidae

国内分布：福建（南平、明溪、尤溪、清流）、河南、浙江、江西。

寄主植物：紫薇。

危害特点：幼虫取食叶片。

形态特征

　　成虫　翅展 30mm 左右。前翅棕褐色，前缘及中部银白色，内线与中线为白色细线，勾画出翅中央的 2 个前后毗连的褐色斑；肾纹为长形褐斑与大褐斑并列，具白边；外线为白色细线；臀角处有 1 个棕色大斑点，顶角处有 3～4 个带白边的小褐点。

后翅淡黄色。

　　幼虫　大龄幼虫头黄绿色，单眼黑色；体黄白色、黄绿色至淡紫色，具稀疏白色刚毛。背线不明显；亚背线清晰，黄白色，从头部直达臀部。胸、腹部各节背面具 4 个梯形排列的黄白色点（有的个体 2 个点不明显），体侧具黄白色斑点。

生物学特性：佳俊瘤蛾 2018 年 8～9 月在福建省明溪县盖洋镇村头村和谐园林公司的紫薇苗圃上爆发，80% 以上的紫薇叶片被取食殆尽，受灾面积达 330 亩。老熟幼虫在浅土中越冬。

为害状 - 紫薇 -20180925- 福建明溪县盖洋镇（林曦碧供图）

幼虫 - 紫薇 -20180929- 福建明溪县盖洋镇

成虫 - 紫薇 -20180929- 福建明溪县盖洋镇

第九节
鳞翅目
（裳蛾科）

蕾鹿蛾 *Amata germana* (Felder)

中文别名：茶鹿蛾、黄腹鹿蛾

分类地位：鳞翅目 Lepidopteraj 裳蛾科 Erebidae

国内分布：秦岭、淮河以南的广大地区。

寄主植物：桂花、扶桑、油茶、茶、桑、蓖麻、橘、黑荆等植物。

危害特点：幼虫取食叶片。

形态特征

成虫　雌蛾体长 12 ～ 15mm，翅展 31 ～ 40mm；雄蛾体长 12 ～ 16mm，翅展 28 ～ 35mm。体黑褐色；触角丝状，黑色，顶端白色；头黑色，额橙黄色；颈板、翅基片黑褐色，中、后胸各有 1 个橙黄色斑。胸足第 1 跗节灰白色，其余部分黑色；腹部各节具有黄色或橙黄色带；翅黑色，前翅基部通常具黄色鳞片，翅面有 5 个透明大斑。后翅小，后缘基部黄色，中部具 1 个透明大斑。

卵　圆形，径 0.6 ～ 0.7mm，表面具高尔夫球面斑纹。初产卵乳白色，孵化前变为褐色。

幼虫　初龄幼虫体长 2.0 ～ 2.2mm，头宽 0.5 ～ 0.7mm。头红褐色，体灰黄色，各体节毛瘤上着生 1 ～ 2 根长毛，腹足淡褐色。老熟幼虫体长 22 ～ 29mm。头橙红色，颅中沟两侧各有 1 块长形黑斑。体紫黑色。各胸节有 4 对毛瘤；腹部第 1、2、7 腹节各有 7 对毛瘤，第 3 ～ 6 腹节各有 6 对毛瘤；瘤上生有白细毛并杂以黑色刚毛。腹足橙红色。

蛹　纺锤形，长 12 ～ 17mm，宽 4 ～ 5mm。初橙红色，快羽化时变为灰褐色。下唇须基部，前、中足及翅上各有小黑斑，腹部各节有 2 ～ 3 块黑斑。臀棘具钩刺 48 ～ 56 枚。

生物学特性：20 世纪 80 年代，蕾鹿蛾在福建省黑荆树主要引种区南靖、漳州、长泰、南平、尤溪、

交配的成虫 - 油茶 -20120604- 福建泰宁县

成虫腹面 - 桂花 -20160509- 福建永泰县梧桐镇

幼虫 - 桂花 -20160420- 福建永泰县梧桐镇

蛹 - 桂花 -20160427- 福建永泰县梧桐镇

长汀等地普遍发生。在福建 1 年 3 代，以幼虫越冬，翌年 3 月上旬越冬幼虫开始取食活动，4 月下旬开始化蛹，5 月中旬成虫羽化。各代幼虫为害盛期：越冬代 3 月下旬至 4 月下旬，第 1 代 6 月下旬至 7 月中旬，第 2 代 9 月上、中旬。第 1 代卵期 6 ～ 9 天，幼虫期 44 ～ 56 天，蛹期 8 ～ 13 天，成虫 6 ～ 18 天。

成虫白天活动，吮吸花蜜，无趋光性，尤其在雨前闷热傍晚活动频繁，夜间静伏不动。交尾可长达 10 多个小时。雌蛾交尾后 1 ～ 2 天产卵；卵多产在寄主植物背面或嫩梢上，排列整齐；每个卵块 27 ～ 55 粒。初孵幼虫先取食卵壳，经 5 ～ 6 小时后才开始取食叶片。1 龄幼虫多群集于叶上，取食叶肉组织；2 龄幼虫开始分散取食，食叶呈缺刻状；3 ～ 4 龄幼虫可取食整片叶子；5 龄后幼虫食量大增。老熟幼虫预蛹前停止取食，爬向枝梢端部，吐少量丝于枝叶及虫体上，悬挂化蛹。预蛹期 2 ～ 3 天。

凤凰木同纹夜蛾 *Pericyma cruegeri* (Butler)

分类地位: 鳞翅目 Lepidoptera 裳蛾科 Erebidae

国内分布: 福建（永泰、海沧、集美、同安、翔安）、广东、海南、广西。

寄主植物: 胡枝子、凤凰木、双翼豆、盾柱木、华楹、紫檀等。

危害特点: 幼虫取食叶片。凤凰木夜蛾在 20 世纪 60 年代在广东湛江、海南岛尖峰岭等地严重为害凤凰木，20 世纪 80 年代，广州的双翼豆、盾柱木和凤凰木林普遍成灾，一株高仅 8m 的双翼豆树上幼虫多达 2052 头，大发生时整片林木树叶全被吃光。

形态特征

　　成虫　体长 17 ～ 22mm，翅展 33 ～ 48mm。全身灰褐色，前后翅有多条黑褐色线。雌虫触角丝状，雄虫触角基半部加粗。

　　卵　绿色，略呈半球形，底部平的一面粘在叶片上，卵壳表面有约 40 条纵脊。

　　幼虫　1 龄幼虫体长 5.5 ～ 6.5mm。老龄幼虫体长 44 ～ 60mm，体宽 4mm 左右；头部黑色，体黄绿色，散布黑色斑点，体被有 1 层白粉，有的映出红色。气门上线在气门上方和两侧为黑色，在腹节间为棕

成虫背面 - 胡枝子 -20170619- 福建永泰县霞拔乡福长村

幼虫 - 胡枝子 -20160623- 福建永泰县霞拔乡福长村

黄色。第 1 ～ 8 腹节气门后方各有 1 块黑褐色的微隆起的不规则斑块。

蛹 长 17 ～ 26mm，深褐色或棕褐色。臀棘较长，末端有 2 对弯向两侧的褐色钩，在其两侧各有 1 根弯向内侧的短钩。

生物学特性：该虫在广州室内以双翼豆为食料饲养，1 年 9 代，其中 1 月后有些蛹休眠的每年 8 代。2016 年 6 月 23 日在福建省永泰县霞拔乡福长村胡枝子上采集的幼虫，6 月 24 日至 28 日结茧，直至 2017 年 6 月 16 日成虫才羽化，据此推算，该虫在福州 1 年只发生 1 代。凤凰木夜蛾在福州和广州的世代数差异如此大，有待进一步研究。

成虫趋光性强，大发生初期卵集中产在树冠上部、林缘和地势高的林地，大多分布于叶背，每雌产卵量 872 ～ 1264 粒。幼虫共 6 龄。初孵幼虫有取食卵壳习性，行动活泼，受惊后迅速爬行或吐丝下垂；1 ～ 2 龄幼虫将叶片吃成小孔或缺刻，3 龄后能食尽全叶，当树叶吃尽时，有群集转移的习性；末龄幼虫还会弹跳落地，栖息时拱成桥形，蜕皮时能食尽旧虫皮。老熟幼虫在寄主树上或爬到其他树和杂草上缀叶结茧化蛹。

乌桕黄毒蛾 *Arna bipunctapex* (Hampson)

异名： *Euproctis bipunctapex* (Hampson)

中文别名： 双斑黄毒蛾

分类地位： 鳞翅目 Lepidoptera 裳蛾科 Erebidae

国内分布： 上海、江苏、浙江、安徽、福建、江西、河南、湖北、湖南、广东、广西、重庆、四川、贵州、云南、陕西、甘肃、台湾。

寄主植物： 乌桕、山茶、茶、枇杷、油桐、油茶、枫香等数十种不同科属的林木和果树。

危害特点： 幼虫取食叶片、嫩枝皮及花蕾。

形态特征

　　成虫　雌蛾体长 8 ~ 13mm，翅展 26 ~ 36mm，黄褐色；前翅除前缘、翅尖和臀角外，均密布深褐色鳞片；顶角黄色区内有 2 个黑点；后翅除外缘和缘毛外，均散生茶褐色鳞片。腹末具黄色毛丛。雄蛾较小，体长 6 ~ 10mm，翅展 20 ~ 28mm；黄褐色至深茶褐色，有季节性变化；翅面斑纹与雄蛾相似；腹末无毛丛。

　　卵　扁球形，直径约 0.8mm，高 0.5mm，黄白色；卵数十粒至百余粒集成块，上覆有黄褐色厚绒毛。

　　幼虫　不同龄期的形态有较大差异。末龄幼虫体长 20mm，头部褐色，体黄色，圆筒形；胸部三节较细，体背面两侧各有 2 条褐色带状线。各体节

成虫 - 乌桕 -20150908- 福建省林科院

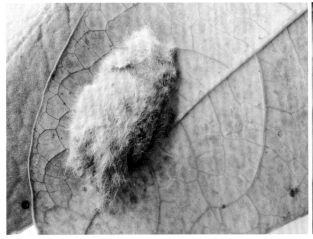

卵块 - 乌桕 -20150915- 福州国家森林公园

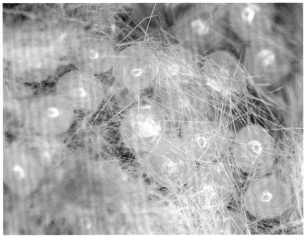

卵 - 枇杷 -20160526- 福建闽清县雄江镇

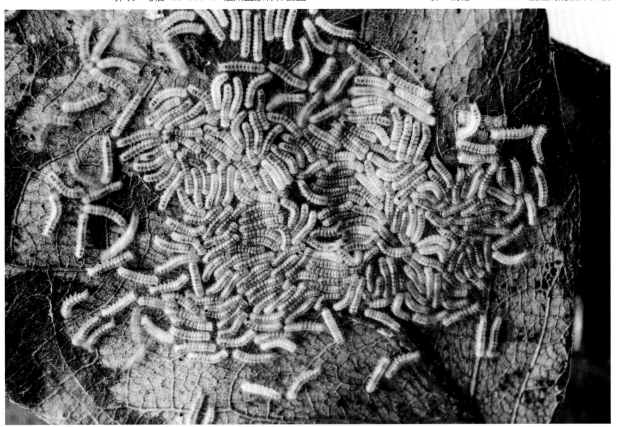

低龄幼虫 - 青冈栎 -20150930- 福州国家森林公园

背和侧方有几个黑色毛瘤,瘤上簇生黄色毒毛。

　　茧　丝质薄茧,黄褐色,长 12 ～ 14mm。

　　蛹　圆锥形,长 7 ～ 10mm,黄褐色,末端有一束 20 多根钩状刺。

生物学特性:1 年发生代数随各地温度不同而异,在浙江宁波 1 年 2 代,以低龄幼虫越冬,在福建 1 年 3 ～ 4 代,以卵在植株中、下部叶片背面越冬。越冬代卵 4 月上旬开始孵化,第 1、2 代幼虫为害期分别在 6 月下旬至 8 月中旬,9 月上旬至 10 月中旬。成虫有趋光性,雌蛾产卵量一般 100 ～ 200 粒。卵块大多产在植株中、下部老叶背面。幼虫 6 ～ 7 龄，1 ～ 3 龄有群集性，常数十头至百余头聚集在叶背，3 龄后开始分散为害。1 ～ 2 龄时，在叶背取食而留下上表皮，3 龄后食量明显增大，虫体多沿叶片边缘咬食成缺刻，或将叶片全部吃光仅留下叶柄；严重时，可将花蕾和嫩枝皮部都吃掉。幼虫有成群迁移到另外枝叶上为害的习性。夏天中午阳光强烈时，幼虫常躲在植株基部阴暗处，傍晚再爬到上部枝叶上取食。老熟幼虫成群到附近土缝中、落叶或表土下结茧化蛹。入土化蛹的，其深度一般为 1.5 ～ 6.0cm，茧常几个或几十个聚集在一起。

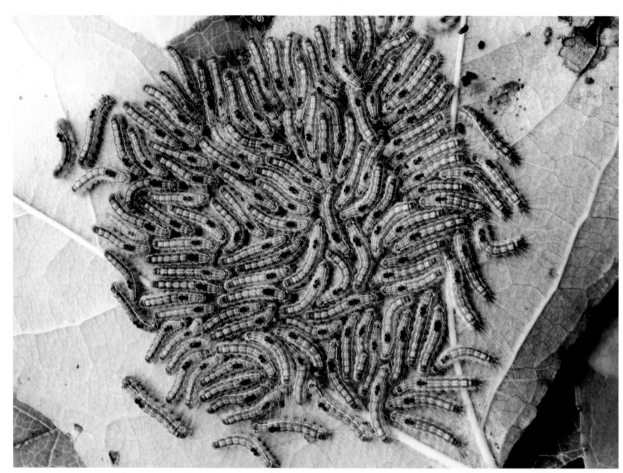

低龄幼虫 - 枫香 -20151021- 福州国家森林公园

中龄幼虫 - 枇杷 -20160419- 福建闽清县雄江镇

中龄幼虫 - 乌桕 -20160809- 福州国家森林公园

高龄幼虫 - 油茶 -
20151214- 福州国家森林公园

高龄幼虫 - 枫香 -
20160507- 福建闽县清雄江镇

蛹背面与茧 - 枇杷 -
20160507- 福建闽清县雄江镇

半带黄毒蛾 *Artaxa digramma* (Boisduval)

分类地位：鳞翅目 Lepidoptera 裳蛾科 Erebidae

国内分布：福建（闽清雄江镇、永泰盖洋乡，福建新记录）、江西、广东、广西、四川。

寄主植物：橄榄、玉兰、天竺桂、梨、火炭母。

危害特点：幼虫取食叶片。

形态特征

成虫　翅展 24 ～ 27mm，体长 16 ～ 20mm。头、胸橙黄色；腹部橙黄色微带暗棕色。前翅橙黄色，内线与外线黄白色，肘脉弯曲，两线间后半部散布浅黑色鳞片形成达翅后缘的短带；近翅顶有 2 个黑色亚缘圆斑（有的个体翅顶只有 1 个亚缘圆斑）。后翅浅黄色。

幼虫　老熟幼虫体长 29 ～ 34mm，宽 3 ～ 4mm。体黑色，毛瘤暗红色。前胸两侧毛瘤粗大，上生黑色长毛，毛瘤之间以及侧面有月白色条状纹；后胸背面生 4 个小毛瘤，有 2 个月白色条状斑和 1 个小圆斑；第 1 ～ 4 腹节背面毛瘤较大，其中第 2、3 腹节毛瘤密被短褐色绒毛，第 3、4 腹节毛瘤上生白色长毛，第 6 腹节前缘两侧具月白色条状斑，第 6、7 腹节背面各有 1 个翻缩腺，第 9 腹节有月白色条状斑。腹部气门下的毛瘤生白色长毛。

茧　黄褐色，不致密，其中的蛹隐约可见。

蛹　梭形，长约 10mm，宽约 4mm。棕褐色至棕黑色。腹节颜色较浅，生稀疏黄褐色刚毛。

生物学特性：2016 年 4 月 19 日闽清雄江天竺桂上采集的幼虫，5 月 9 日在叶间结茧；在橄榄上 4 月 19 日采集的幼虫，5 月 16 日老熟幼虫在叶片之间结茧化蛹，预蛹期 2 天，31 日羽化为成虫。

成虫 - 橄榄 -20160531- 福建闽清县雄江镇

幼虫 - 橄榄 -
20160419- 福建闽清县雄江镇

幼虫 - 天竺桂 -
20160419- 福建闽清县雄江镇

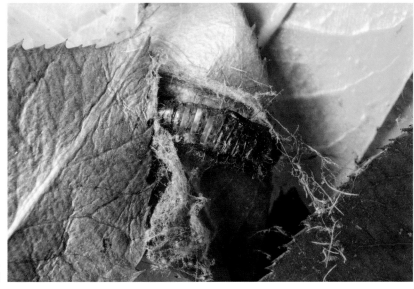

蛹背面 - 天竺桂 -
20160510- 福建闽清县雄江镇

线丽毒蛾 *Calliteara grotei* (Moore)

异名：*Dasychira grotei* (Moore)

中文别名：线茸毒蛾

分类地位：鳞翅目 Lepidoptera 裳蛾科 Erebidae

国内分布：福建、山东、江苏、浙江、安徽、江西、河南、湖北、湖南、广东、广西、重庆、四川、云南、陕西、甘肃、台湾。

寄主植物：枫香、樟、泡桐、悬铃木、重阳木、柳树、黑荆、榆、榉、朴、樱花、刺槐、荔枝、枇杷、柑橘、杧果、月桃、月季、桂花、棉花、红芋、黄豆等多种农林植物。

危害特点：幼虫取食叶片。其幼虫常吐丝随风飘荡，行人触及幼虫毒毛后，皮肤过敏、瘙痒。

形态特征

成虫　雌蛾体长 26 ～ 28mm，翅展 66 ～ 68mm；雄蛾体长 18 ～ 22mm，翅展 42 ～ 49mm。触角干白色，栉齿棕色。前翅棕白色，散布黑褐色鳞片；亚基线黑褐色，锯齿形；内线双线，黑褐色，内一线呈 "S" 形弯曲，外一线不规则波状；横脉纹新月形，浅棕色，边黑褐色；外线黑褐色，波浪形；亚端线白色，波浪形，与外线平行，两线间黑褐色；端线为 1 条黑褐色细线。后翅浅棕黄色，横脉纹和外缘灰棕褐色。

卵　扁圆形，立卵，卵径 1.1 ～ 1.2mm，高平均 0.95mm，灰白色。卵顶灰黄色，微凹。近孵化时颜色变深，呈灰黑色。

幼虫　初孵幼虫体长约 3.5mm。幼虫体色变化较大，有黄色、灰黄色或黄褐色型；体各节有黑色瘤突，每个瘤突上有数根黑色长毛和白色短毛。老熟幼虫体长 40mm 左右，头宽 4mm 左右，头部暗黄色，体淡黄色，体各节均有毛瘤，上生有鹅黄色长毛。第 1 ～ 2 腹节背面的中央节间黑色，第 1 ～ 4 腹节背面有刷状毛束，第 8 腹节背面有一斜向后伸的长毛束，各毛束均为黄色长毛。

雄成虫 - 浙江楠 -20190805- 福建南平市建阳区将口镇

雌成虫 - 榕树 -20210319- 福建省林科院

卵 - 榕树 -20160215- 福建省林科院

幼虫 - 浙江楠 -20190607- 福建南平市建阳区将口镇

茧　黄白色，用丝和幼虫体毛混合织成疏松薄茧。

蛹　淡黄色，腹背面密生黄白色斑毛，触角不及翅长一半，雄蛹长 17 ～ 22mm，雌蛹长 28 ～ 32mm。

生物学特性：在福州 1 年 4 代，以蛹在丝茧内越冬。成虫羽化盛期分别在 3 月上旬、6 月上旬、8 月中旬和 9 月下旬。10 月下旬起老熟幼虫在向阳背风的树杈、树下灌丛、石缝等处结丝茧化蛹越冬。

成虫多在夜间羽化，有较强的趋光性，寿命3 ～ 7天。卵产于叶背、树干上，卵块呈片状，每块卵从几粒至数百粒不等，卵表面无覆盖物，每雌蛾产卵量 177 ～ 434 粒。卵经 7 天左右孵化，初孵幼虫有取食卵壳的习性，幼龄幼虫群集于叶背取食叶肉，3 龄后开始分散取食全叶。幼虫吐丝下垂，随风迁移，

黄色幼虫 - 枫香 -20161026- 福建顺昌洋口国有林场

黄褐色幼虫 - 梅花 -20160831- 福州国家森林公园

一般 6 ～ 7 个龄期，历时 38 ～ 59 天。幼虫行动敏捷，一遇惊扰，虫体头尾相靠，紧缩成团显示出腹部第 1、2 节交界之大黑斑，以示警戒，不久后迅速迁移他处。幼虫老熟时，寻找化蛹场所，先吐少量丝固定，继而以丝把两叶缀合在一起，或把叶子扭弯后，吐丝结一个较松散的黄白或褐色的薄茧，茧留有明显的羽化孔，茧有时也附在枝干交叉处。经 2 ～ 3 天预蛹期后化蛹。越冬代蛹期为 103 ～ 120 天，其他各代均为 7 ～ 10 天。

雌蛹 - 聚果榕 -20151228- 福建省林科院

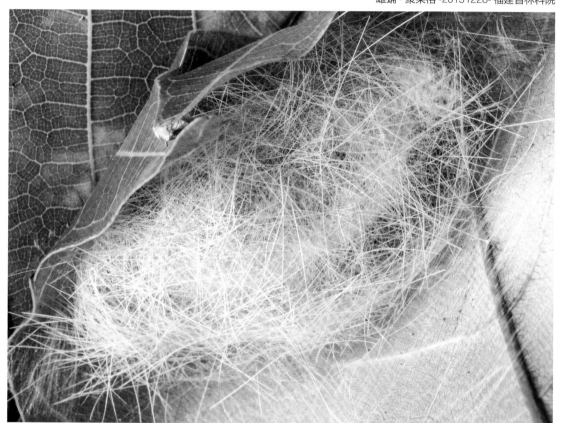

茧 - 聚果榕 -20151124- 福建省林科院

被白僵菌感染的幼虫僵虫 - 木荷 -20161102- 福建顺昌洋口国有林场

预蛹中的寄生蝇茧 - 枫香 -20150802- 福建省林科院

黑衣黄毒蛾 *Euproctis kurosawai* Inoue

异名：*Porthesia kurosawai* Inoue

中文别名：戟盗毒蛾

分类地位：鳞翅目 Lepidoptera 裳蛾科 Erebidae

国内分布：福建（晋安、闽清、永泰、沙县、武夷山、邵武、建阳、建宁、永春、上杭、连城）、辽宁、河北、陕西、河南、江苏、安徽、湖北、浙江、台湾、广西、四川。

寄主植物：枫香、梅花、油茶、黄檀、羊蹄甲、李、梨、桃、柑橘、刺槐、茶、苹果等。

危害特点：幼虫取食叶片。

形态特征

成虫　雌蛾 30～33mm，雄蛾翅展 20～22mm。体橙黄色至灰棕色。前翅赤褐色布黑色鳞片，前缘和外缘黄色，黄褐色部分布满黑褐色鳞片，外缘部分鳞片带有银色白斑，并在端部和中部向外凸出，或达外缘；近翅顶有 1 个棕色小点；内线黄色，不清晰。后翅基半部棕色，其余黄色。

幼虫　老熟幼虫体长 17～25mm。头部棕褐色，有光泽；体黑褐色；胸背面棕褐色，前胸背面具 3 条浅黄色线，中胸背面中部橙黄色，后胸背面中央橙红色。背线橙红色，亚背线较宽，橙黄色，背线和亚背线在第 1、2、8 腹节中断。前胸背面两侧各有 1 个向前突出的红色瘤，瘤上生黑褐色长毛和黄白色短毛；其余各节背瘤黑色，上有 1 至数个小白斑，生黑褐色稀疏短毛或长毛。黑衣黄毒蛾幼虫体上斑纹、毛瘤等与棕衣黄毒蛾十分相似，区别在于：黑衣黄毒蛾腹部第 1、2 节背面黑色大瘤上刚毛均为黑褐色，气门线下各节瘤橙黄色，第 3～7 腹节气门下线与近基部斑纹连成 1 个弯月形的橙黄色斑纹；棕衣黄毒蛾第 1、2 腹节背面黑色大瘤上生黑褐色长毛和棕黄短毛，气门下各节瘤橙红色，无弯月形斑纹。

蛹　长圆筒形，黄褐色。

成虫 - 紫薇 -20151026- 福建永泰县同安镇

初孵幼虫 - 紫薇 -20151010- 福建永泰县同安镇

幼虫 - 桃树 -20160727- 福州国家森林公园

幼虫 - 榕树 -20160621- 福建闽清县塔庄镇

幼虫 - 羊蹄甲 -20160809- 福州国家森林公园

幼虫 - 柑橘 -20160801- 福建闽清县梅溪镇

　　茧　椭圆形，淡褐色至灰黑色，茧外附少量黑色长毛。

生物学特性： 该虫多食性，生活史不明。福州地区6～8月在枫香、梅花、柑橘、羊蹄甲、李树、桃树等多种寄主植物均较容易采集到幼虫，老熟幼虫在叶间作茧化蛹，预蛹期1～2天，蛹期8～11天；成虫成堆产卵于叶片，卵块上覆盖浅黄色绒毛。

茧与蛹 - 梅花 -20160629- 福建闽清县塔庄镇

为害状 - 紫薇 -20151010- 福建永泰县同安镇

环秩毒蛾 *Olene dudgeoni* (Swinhoe)

异名： *Dasychira dudgeoni* Swinhoe

中文别名： 环茸毒蛾、褐斑毒蛾

分类地位： 鳞翅目 Lepidoptera 裳蛾科 Erebidae

国内分布： 江苏、浙江、福建、湖北、湖南、广东、广西、海南、云南、台湾。

寄主植物： 枫香、紫薇、闽楠、竹柏、榕树、杨梅、油茶、杉木、茶等。

危害特点： 幼虫取食叶片，影响生长和产量。

形态特征

成虫　第 1 ～ 2 代雌、雄体全为棕黑色，越冬代雌、雄体呈季节性异色。第 1 代成虫体长 9 ～ 15mm，翅展 34 ～ 39mm，雄蛾体略小；前翅浅棕黑色，基部带红灰色，内线灰白色呈弧形弯曲，径脉和中脉间有 1 个不规则形棕色斑，中室末端有 1 个浅黑棕色横脉纹；后翅浅棕灰色。越冬代雄蛾同第 1 代；雌蛾体粗壮，灰白色，体长 10 ～ 16mm，翅展 38 ～ 43mm；前翅灰白色，在基部有 1 个不规则三角形斑，中线和内线区、中脉和径脉间有较长的椭圆形浅棕黑色斑，端线为波状浅棕黑色，中线到亚端线间有大片不规则棕黑色斑或纹；后翅灰白色。

卵　灰白色，半球形，凸面粘于寄主上，平截面具浅褐色环纹，中央稍凹陷。

幼虫　幼虫随着龄期的增加，体色逐渐变淡，体上刚毛出现很大差异。初孵幼虫体黑色，长约 2mm。老熟幼虫体长 35 ～ 49mm，体毛白色至灰白色；第 1 ～ 4 腹节背面有出现较长的刷状毛束，依次渐短；第 8 腹节背面有 1 束竖起向上略后斜的棕褐色毛束。

雄蛾 - 浙江楠 -20190528- 福建南平市建阳区将口镇

棕褐色型雌蛾 - 油茶 -20150522- 福建南平市延平区来舟镇

灰白色型雌蛾产卵 - 油茶 -20121128- 福建省林科院

卵 - 闽楠 -20160805- 福州国家森林公园

卵块与初孵幼虫 - 油茶 -20130204- 福建省林科院

3 龄幼虫 - 紫薇 -20160622- 福建闽清县三溪乡

4 龄幼虫 - 枫香 -20161026- 福建顺昌洋口国有林场

　　茧　白色，椭圆形，长 25 ～ 34mm，宽 5 ～ 7mm。茧有 2 层，为丝和毒毛的混合物，外层大而蓬松，一端留有羽化孔，内层致密。

　　蛹　雄蛹体长 20 ～ 25mm，雌蛹体长 23 ～ 31mm，初始淡绿色，后为橙黄色。体被黄白色短毛，以腹部为多，腹部 1 ～ 2 节背面各有 1 毛瘤，臀棘上有多枚钩刺。

生物学特性：在福建、浙江 1 年大多发生 2 代，多以卵越冬。在福建，越冬卵 2 月上旬开始孵化，4 月下旬幼虫开始老熟化蛹，5 月下旬至 6 月上旬成虫羽化产卵。第 1 代卵 6 月上旬孵化，至 8 月下旬成虫产卵。第 2 代（越冬代）幼虫在 11 月中下旬化蛹，12 月中下旬成虫羽化，产卵进入越冬。

　　雌蛾羽化后爬到茧上，等待雄蛾飞来交尾。雌蛾交尾后次日将部分卵产在茧上，再飞到其他寄主叶片背面继续产卵，每雌蛾产卵可达 400 多粒。卵经 7 ～ 15 天孵化，初孵幼虫有取食卵壳习性。1 龄幼虫在叶片上啃食上表皮，3 龄后幼虫可取食全叶。幼虫白天多停息，大龄幼虫停息时第 1 ～ 3 节腹背刚毛合拢，状似 1 束刚毛；晚上活动取食或迁移。幼虫 5 龄。老熟幼虫爬至寄主的中下部叶片下，吐丝连缀 2 ～ 3 片叶结茧化蛹，预蛹期 4 ～ 7 天，蛹期 5 ～ 7 天。

5 龄幼虫 - 竹柏 -20160824-
福建闽清美菰国有林场

5 龄幼虫 - 木荷 -20161026-
福建顺昌洋口国有林场

蛹与茧 - 油茶 -20121206-
福建省林科院

棉古毒蛾 *Orgyia postica* (Walker)

中文别名：小白纹毒蛾、灰带毒蛾

分类地位：鳞翅目 Lepidoptera 裳蛾科 Erebidae

国内分布：福建（晋安、仓山、闽侯、闽清、惠安、南靖、长泰、南平、尤溪、福安）、广东、广西、云南、台湾。

寄主植物：红叶石楠、木麻黄、梅花、油茶、茶、桉树、相思树、乌桕、桑树、黑荆树、柑橘、苹果、桃、梨、橄榄、葡萄、棉花、大豆、花生等数百种植物。

危害特点：幼虫取食叶片、花瓣、果皮。

形态特征

成虫 雌雄异型。雄蛾翅展 22～25mm；触角羽毛状，体和足褐棕色；前翅灰褐色，外线黑色，近前缘端较粗黑，近后缘端较细，中央外突，中室端有 2 条横向的斑纹，内中线区域暗褐色，亚端线为褐色影状纹，中央的突角达端线，端线横向排列。雌蛾体长 13～15mm，头、胸小，翅退化，腹部肥大；腹部背面灰色至黄色，腹面黄绿色，从外面清晰可见卵粒。

卵 黄白色，圆形，直径约 0.7mm，表面光滑。

幼虫 老熟幼虫体长 26～30mm，宽 4mm。体黑褐色，有稀疏棕灰色毛。前胸背面两侧有 1 斜向前伸的黑色羽状长毛束，第 8 腹节背面中央有 1 斜向后伸的棕褐色长毛束，第 1 至 4 腹节背面各有 1 黄色刷状毛束，第 1、2 腹节两侧各有 1 灰白色长毛束。

蛹 长 14～16mm，早期蛹灰绿色，后期棕褐色至黑褐色。

生物学特性：棉古毒蛾在闽北 1 年 6 代，世代重叠，以 3～5 龄幼虫越冬，越冬幼虫在冬季晴暖天气仍可活动取食，翌年 3 月上旬结茧化蛹，3 月下旬始见成虫羽化。各代幼虫为害盛期是：第 1 代 4 月中、下旬，第 2 代 5 月中旬至 6 月上旬，第 3 代 3 月上旬至下旬，第 4 代 8 月中旬至 9 月中旬，第 5 代 10 月上旬至 11 月上旬，第 6 代 2 月下旬至 3 月中旬。

成虫晚上羽化。雄蛾羽化后爬行迅速，1～2 小时后开始飞翔活动，有较强趋光性。雌蛾比雄蛾迟羽化 1～2 天，羽化后爬行缓慢，大多在茧周围

雄蛾 - 木麻黄 -20190624- 福建惠安赤湖国有林场

活动。成虫羽化后当晚即可交尾。雌蛾交尾后第2天开始产卵，卵成堆产于茧外或茧附近枝叶上，产卵量72～576粒，卵表面覆盖绒毛，雌蛾寿命6～8天。幼虫共5龄，少数4龄。4、5龄幼虫食量大。

幼虫老熟后多在小枝权上结茧，有的沿树干爬下，在草丛或地被物中结茧，少数结茧在树干基部的裂缝中，茧层疏松。蛹期6～9天，林间幼虫常感染核型多角体病毒，造成病毒病流行。

雌蛾与茧 - 红叶石楠 -20170714- 福建农林大学

雌蛾充满卵粒的腹部 - 油茶 -20121126- 福建省林科院

卵 - 油茶 -20121130- 福建省林科院

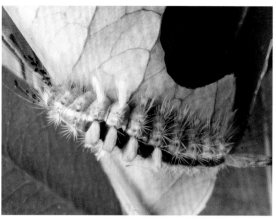

幼虫 - 红叶石楠 -20170709- 福建农林大学

幼虫 - 梅花 -20160901- 福州国家森林公园

幼虫 - 桦树 -20050922- 福建华安县

被白僵菌感染的幼虫 - 油茶 -20130105- 福建闽侯县鸿尾乡

榕透翅毒蛾 *Perina nuda* (Fabricius)

中文别名：透翅榕毒蛾
分类地位：鳞翅目 Lepidoptera 裳蛾科 Erebidae
国内分布：浙江、福建、江西、湖北、湖南、广东、海南、广西、重庆、四川、云南、西藏、香港、台湾等。
寄主植物：榕属植物。
危害特点：幼虫取食叶片。
形态特征

　　成虫　雌蛾体长 9.1 ～ 16.0mm，翅展 30.1 ～ 45.3mm，体淡黄色，腹背密生淡黄色毛，尾部着生 1 圈黄色毛；前、后翅淡黄色，前翅近基部的 1/2 左右密被黑色小点。雄蛾体长 7.8 ～ 15.0mm，翅展 25.0 ～ 38.0mm，头黄棕色，触角羽状，灰黑色，腹部密生灰黑色毛，尾部着生 1 圈明显的黄棕色毛；前翅基部灰黑色，其余部分透明；后翅灰黑色，翅顶角透明。

　　卵　鼓形，直径约 0.87mm，厚约 0.53mm；中部凹陷，凹陷部分直径约 0.43mm，在下陷边缘形成 1 层增厚透明晕圈，初产时为淡红褐色，后转为红褐色。

　　幼虫　老熟幼虫体长 18.0 ～ 30.0mm，灰黑色。前胸有 4 个红色毛瘤环形排列，中、后胸两侧各有 3 个橙色毛瘤，中间灰白色。第 1、2 腹节腹背中央各密生 1 撮棕褐色毛簇，大毛簇两侧各有 1 个褐色小毛瘤，其上着生褐色刚毛；第 3 ～ 8 腹节背面各着生 1 对有褐色短刚毛的红色毛瘤，第 8 腹节背面毛瘤最大。每腹节两侧各有 1 个橙红色毛瘤，毛瘤上有褐色短刚毛和白色长毛；第 4 ～ 7 腹节背线黄色，亚背线由黑色毛斑点组成；第 6 腹节背面翻缩腺锥形，黄色；第 7 腹节翻缩腺小圆柱形，橘红色；臀节有 4 个浅橙黄色毛瘤。

雄成虫与蛹壳 - 黄金榕 -20150825- 福建省林科院

雌成虫与蛹壳 - 黄金榕 -20161021- 福建省林科院

卵 - 黄金榕 -20151030- 福建省林科院

初孵幼虫 - 小叶榕 -20151105- 福建省林科院

2 龄幼虫 - 黄金榕 -20160926- 福建省林科院

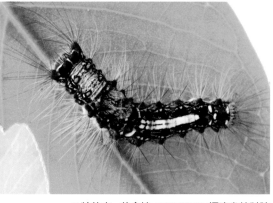

5 龄幼虫 - 黄金榕 -20150818- 福建省林科院

蛹 长11～20mm，纺锤形，背部由棕色、黑色、绿色斑纹组成，腹部白色，两侧黄绿色，第3、4腹节绿色，第4腹节背面有1黑色横带。前胸背板至第1、2腹节背板由黑斑围成1个卵状椭圆形的环状圈，圈内棕色，第5～8腹节背面各有一黑色横条纹隔开的棕色横斑。全身着生黄色毛，胸背2束及各腹节两侧的较长。

生物学特性： 榕透翅毒蛾在福州1年6～7代，世代重叠严重，没有明显越冬现象，12月进入拟越冬状态，但仍有蛹和成虫出现，主要以卵和幼虫越冬；12月底到翌年2月初天气温暖时，室外仍可见幼虫少量取食。越冬幼虫3月下旬食量开始增大，4月上旬开始陆续化蛹，中旬进入化蛹盛期，下旬进入羽化盛期。4月中旬见第1代卵，4月下旬见第1代幼虫，5～11月是发生高峰期。

成虫不具趋光性，雄蛾飞行能力强。雌蛾基本不飞行，主要靠雄蛾飞来交配。雌蛾羽化当天就可以产卵，一次10～50粒不等，整齐平铺在叶面、叶柄或嫩枝上，每头雌蛾产卵32～343粒。卵期5～6天。初孵幼虫取食部分卵壳，然后群集在卵块附近嫩叶背面取食叶肉，留下表皮和叶脉，食量小；3龄后的幼虫爬行或垂丝分散取食，将叶片取食成孔洞或缺刻；4～6龄分散为害，食量大，从叶片边缘向内蚕食，使叶片呈缺刻状，甚至将整个叶片全部食光。老熟幼虫多数在叶面吐少量丝织1个薄网并悬在其中化蛹，不作茧，蛹被细丝固定在叶片上。蛹期在不同季节时间差异较大，在福州气温较高的夏季和秋初3天左右即可羽化，春季和秋末4～6天，冬季则9～12天。

白化型5龄雌幼虫背面 - 黄金榕 -20161012- 福建省林科院

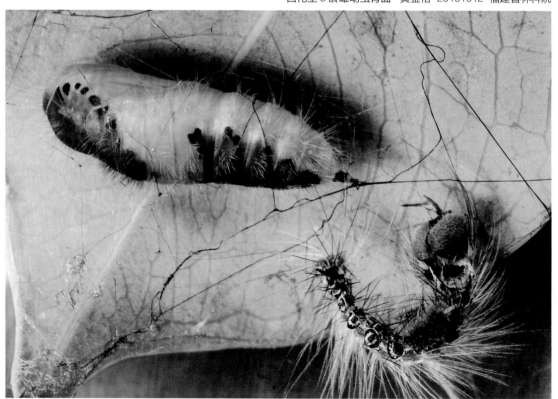

雌蛹 - 黄金榕 -20161017- 福建省林科院

棕衣黄毒蛾 *Somena scintillans* (Walker)

异名： *Porthesia scintillans* (Walker)

中文别名： 缘黄毒蛾

分类地位： 鳞翅目 Lepidoptera 裳蛾科 Erebidae

国内分布： 河北、山东、江苏、浙江、安徽、福建、江西、河南、湖北、湖南、广东、广西、重庆、四川、云南、陕西、台湾。

寄主植物： 枫香、羊蹄甲、荔枝、白兰、黑荆树、山茶、油茶、柑橘、梨、龙眼、黄檀、泡桐、栎、乌桕、桉树等多种植物。

危害特点： 幼虫取食植物叶片，也可取食果皮、花瓣等。

形态特征

成虫　雄蛾翅展 20～26mm，体橙黄色至褐黄色。前翅赤褐色微带浅紫色闪光，近顶角有 2 枚黑褐色斑；内线和外线黄色，有的个体不清晰；前缘、外缘和缘毛柠檬黄色；外缘和缘毛黄色，后翅黄色。雌蛾翅展 26～38mm，前翅外缘部分被赤褐色部分分隔成 3 段，形成 3 枚黄色斑块；其余同雄蛾。

卵　扁圆形，中央凹陷；横径 0.64～0.72mm，高 0.46～0.60mm，表面光滑，有光泽，初产卵黄色，后渐变为红褐色。

幼虫　老熟幼虫体长 13.4～23.5mm。暗棕色有红色侧瘤，第 3 节背线黄色，第 4、5、11 节有棕色短毛刷，第 5～10 节背线黄色，较宽，末节有黄斑。

茧　长椭圆形，淡褐色至灰黑色，茧外附少量黑色长毛。

蛹　长圆筒形，黑褐色至黄褐色，被黄褐色茸毛。臀棘圆锥形，末端着生 26 枚小钩。

生物学特性： 在福建 1 年 7 代，以幼虫越冬，但越冬现象不明显，越冬幼虫 3 月下旬开始结茧化蛹。第 1 代幼虫发生盛期在 5 月上旬，第 2 代在 6 月上旬，第 3 代在 7 月中旬，第 4 代在 8 月中旬，第 5 代在

雌蛾 - 板栗 -20160704- 福建永泰县东洋镇

雄蛾 - 油茶 -20150318- 福建尤溪县新阳镇

雄幼虫 - 油茶 -20141207- 福建尤溪县新阳镇

幼虫 - 油茶 -20121204- 福建清流县嵩口镇立新村

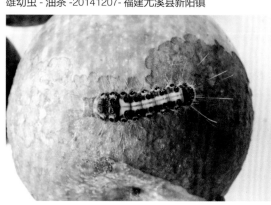

幼虫 - 李果 -20160623- 福建永泰县东洋乡彭洋村

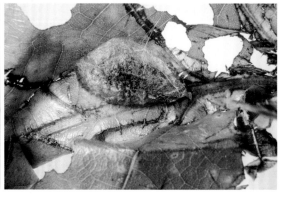

茧 - 板栗 -20160623- 福建永泰县东洋乡东洋村

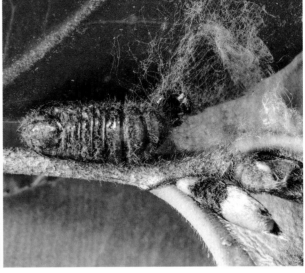

蛹腹面 - 油茶 -20141230- 福建尤溪县新阳镇　　　　　蛹背面 - 油茶 -20141230- 福建尤溪县新阳镇

9月下旬，第6代在11月上旬，越冬代在1月上旬。卵成堆产于小枝或叶片上，覆盖绒毛，3～11天孵化。低龄幼虫有群集性，3龄后开始分散取食。幼虫大多共5龄，老熟幼虫多在树下草丛里、枯枝落叶中结茧化蛹，也可在树上缀结茧化蛹，预蛹期1～4天。成虫羽化后当天即可交配，第2天开始产卵，每雌平均产卵量214粒。成虫寿命3～10天。

裳蛾类的防治方法

1. 林业防治　种植多树种混交林，林冠不宜过于稀疏；垦覆除草，消灭地面虫蛹。

2. 物理防治　人工摘除卵块和茧蛹。将卵块放入尼龙纱网等卵寄生蜂保护器中，以利卵寄生蜂等天敌飞出。将茧蛹放入孔眼比毒蛾小的铁丝笼或尼龙笼内，以利天敌羽化后穿孔飞出，而未被寄生的毒蛾则被囚困而死。低龄幼虫群聚取食叶片呈枯黄半透明状，容易识别，摘除其叶片杀死幼虫。在越冬代幼虫下树结茧时，用稻草等捆绑在被害树干上或树旁堆放草堆诱其结茧，然后集中销毁。在成虫羽化高峰期采用灯光或性诱方法诱杀。性诱方法：在林间每隔40～60m放置1盆加有洗衣粉的水，用适当大小的纱网袋装2只未经交尾的雌蛾，悬挂在离盆内水面约3cm高处；隔1～2天更换1次雌蛾，以确保雌蛾的性诱能力。

3. 生物防治　在3～6月低龄幼虫期，用含孢量1亿孢子/mL的球孢白僵菌孢悬液喷雾，或每亩用含孢量100亿/g的白僵菌粉炮4个（125g/个）进行防治，或用绿僵菌菌剂防治。也可在低龄幼虫期喷洒苏云金杆菌制剂300～500倍液。用感病虫尸捣碎，配成病毒悬液喷雾防治同种幼虫，使其在林间引起病毒病流行，控制该虫大发生。保护利用黑卵蜂、绒茧蜂、寄生蝇、蜘蛛、病毒、鸟类等毒蛾天敌。

4. 药剂防治　如虫口密度大爆发成灾时，可选用90%敌百虫晶体1000～1500倍液、50%辛硫磷乳剂1000倍液、2.5%溴氰菊酯800～1000倍液、20%速灭菊酯4000～5000倍液、25%灭幼脲Ⅲ胶悬剂2500倍液、80%敌敌畏乳油2500倍液等进行防治（药剂种类参考附表）。虫龄越低，防治效果越好。

第十节
鳞翅目
（灰蝶科）

曲纹紫灰蝶 *Chilades pandava* (Horsfield)

中文别名：苏铁小灰蝶、苏铁绮灰蝶、苏铁灰蝶

分类地位：鳞翅目 Lepidoptera 灰蝶科 Lycaenidae

国内分布：1976 年台湾省台东才有此种危害记录，1994 年分布于台湾和香港，随后侵入广东、福建，再随苏铁苗木传入我国大部分地区。目前分布于北京、上海、浙江、江西、福建、广东、广西、湖南、四川、贵州、云南、陕西、香港、台湾。

寄主植物：苏铁。

危害特点：幼虫只为害当年抽出的新叶，初孵幼虫潜入拳卷羽叶内啮食嫩叶，常见十几头甚至几十头、上百头幼虫群集于新叶上为害，随虫龄增大食叶量急剧增加，以至羽叶刚抽出即被取食，2～3 天内能将新生羽叶咬得残缺不全，甚至全部吃光，剩下破絮状的残渣和干枯叶柄与叶轴。若成虫将卵产于球花上面，幼虫孵化后则钻蛀球花幼嫩组织取食，球花受害后轻则部分花粉受损，球花被蛀食得千疮百孔；重则幼虫钻蛀入底柱、柱心，柱心蛀空，整个球花萎靡干枯倒垂，胚珠、花粉不能成熟，直到死亡。由于其产卵量大，生育周期短，对苏铁属植物造成严重的危害，极大影响苏铁的生长和观赏价值。

形态特征

成虫　体长 9～11mm，翅展 22～29mm，雌蝶略大。翅正面以灰色、褐色、黑色等为主，有金属光泽，且两翅正反面颜色及斑纹截然不同，反面颜色丰富多彩，斑纹变化也很多样。雌蝶翅正面呈灰黑色；前翅外缘黑色，亚外缘有 2 条黑白色的带，

成虫交配中 - 苏铁 -20150724- 福州国家森林公园

嫩叶上产卵的雌蝶 - 苏铁 -20150724- 福州国家森林公园

卵正面 - 苏铁 -20150724- 福州国家森林公园

卵侧面 - 苏铁 -20150724- 福州国家森林公园

后中横斑列具白边，中室端纹棒状；后翅有 2 条内侧具新月纹白边的带，翅基有 3 个围以白圈的黑斑，尾突细长。雄蝶体表黑色；翅正面呈蓝灰色、蓝紫色，外缘灰黑色；翅基有 3 个斑，这些斑点特别明显。

卵　直径 0.5 ～ 0.7mm，扁圆形，精孔区稍凹陷，表面满布多角形雕纹。初产时浅绿色，孵化前 1 天颜色变深。

幼虫　老熟幼虫体长 9 ～ 11mm，宽 3 ～ 5mm。体呈长扁椭圆形，身被短毛，各节分界不明显。体色多变，有青黄、青绿、紫红、浅黄、棕黄等多种颜色，背面色较浓，体背有多条纵纹。第 7 腹节具 1 个能分泌蜜露的背腺。

蛹　短椭圆形，长约 8mm，宽约 3mm，背面呈褐色，被棕黑色短毛，胸腹部分界较明显，腹面淡黄色，翅芽淡绿色。

生物学特性：曲纹紫灰蝶在上海 1 年 4 ～ 6 代，攀枝花市 1 年 5 ～ 6 代，福建同安 1 年 8 代，广州 1 年 8 ～ 10 代，广州室内饲养观察 1 年内可发育完成 11 代以上。福建南部、广东、台湾全年可见各虫态。以蛹在枯枝烂叶、羽状叶的背面或羽叶基部隐蔽处越冬，气候温暖则无明显越冬现象。7～10月世代重叠严重，此期为害最盛。第1代常见于3月下旬。在广州9～10月，卵期平均1～2天，幼虫期5～7天，蛹期4～6天。此虫在气温适宜（25～30℃）和食物充足的条件下，卵期约7天，幼虫期约4天，蛹期约7～9天。

幼虫 - 苏铁 -20150724- 福州国家森林公园

被蚁访的幼虫 - 苏铁 -20150724- 福州国家森林公园

不同龄期幼虫 - 苏铁 -20160822- 福州国家森林公园

幼虫与蛹 - 苏铁 -20150724- 福州国家森林公园

雌蝶大多散产卵于苏铁新抽羽叶或球花上，幼虫主要取食新抽羽叶。因此，成虫产卵和幼虫为害与苏铁羽叶抽出期相吻合。一次产卵量5～100粒不等。幼虫孵化后1小时左右即钻蛀羽叶和球花幼嫩组织取食，并从腹部背腺中分泌出蜜露，引来蚂蚁取食。幼虫共4龄，第1、2龄幼虫啃食新羽叶的叶肉，重者剩下破絮状的羽叶；3龄起蚕食羽叶小叶，重者将小叶全部吃光，仅留叶轴，此时潜入叶轴内蛀食，仅剩干枯的叶轴与叶柄，3龄后期边取食边向树基部爬行，寻找隐蔽处，4龄后基本不取食而化蛹。幼虫食性专一，目前尚未见为害其他植物。

曲纹紫灰蝶的防治方法

1. 加强检疫　引进苏铁种苗时要进行检疫，防止曲纹紫灰蝶的传播和蔓延。

2. 做好预测预报　曲纹紫灰蝶防治的关键是掌握每年苏铁的第1个抽蕊高峰期，采取合理措施，压低曲纹紫灰蝶数量，持续监控发生动态，在第2个发生高峰的卵孵化盛期用药防治。如发现羽叶或球花上有蚂蚁活动，则很可能有此蝶幼虫为害，应立即检查，及时防治。即合理采取措施压基数，综合防治措施控制为害。

3. 栽培措施　早施、施足基肥，促进新抽羽叶及球花早生快发，避过为害盛期。

4. 物理防治　做好冬末春初的清园工作，将植株上下的枯枝烂叶（特别是受害植株）清理干净，以减少越冬虫源；当新羽叶刚露出时即用纱网罩住，以防止雌成虫在上面产卵；成虫高峰期进行人工捕捉。

5. 生物防治　在幼虫期，喷施每毫升含孢子100×10^8以上的青虫菌粉或浓缩液400～600倍液，加0.1%茶饼粉以增加药效；或喷施每毫升含孢子100×10^8以上的Bt乳剂300～400倍液。收集患质型多角体病毒病的虫尸，经捣碎稀释后，进行喷雾，使其感染病毒病。将捕捉到的老熟幼虫和蛹放入孔眼稍大的纱笼内，使寄生蜂羽化后飞出继续繁殖寄生，对害虫起抑制作用。

6. 化学防治　在卵孵化盛期至低龄幼虫期喷1000倍的20%灭幼脲I号胶悬剂。如被害植物面积较大，虫口密度较高时，20%杀灭菊酯乳油2000倍液、20%万灵水剂2000倍液、80%敌敌畏或50%杀螟松或马拉硫磷乳油1000～1500倍液、90%敌百虫晶体800～1000倍液等。

由于曲纹紫灰蝶世代数多、世代重叠、幼虫期短、群集为害，若把握不住防治时期，即会造成损失，影响防治效果。一般当苏铁新叶抽出生长3～5cm时喷第1次药，间隔3～5天再喷1次，连续用药2～3次，至新叶展开稍硬化后停药。施药时重点喷新生的羽叶及球花至完全淋湿，同时也对叶面、叶背、叶柄基部、花盆边、土表等处可隐藏幼虫或蛹的地方喷药，以保证防治效果。注意轮换使用药剂，以延缓抗药性的产生。

第十一节
膜翅目

杜鹃黑毛三节叶蜂 *Arge similis* (Vollenhoven)

中文别名：杜鹃三节叶蜂、光唇黑毛三节叶蜂

分类地位：膜翅目 Hymenoptera 三节叶蜂科 Argidae

国内分布：上海、江苏、浙江、福建、广东、广西、四川、云南、青海、香港。

寄主植物：除杜鹃科植物外，曾有为害金银花、桦树的报道。

危害特点：以幼虫取食叶片，从近叶柄基部叶缘开始，逐渐将叶食尽，仅留主脉及部分叶尖。

形态特征

成虫　雌虫体长 9～10mm，雄虫略短于雌虫，且体型较瘦小。触角黑色 3 节；雌虫触角鞭节扁平，触角长度不超过体长的 1/2；雄虫触角鞭节呈长线状，触角长于体长的 1/2。体色暗蓝色，有金属光泽。翅浅褐色；前翅有短绒毛，各翅脉把前翅分为不同大

雌成虫 - 湖南平江县幕阜山（魏美才供图）

小的 9 ~ 10 个闭室。胸、腹两面具细密的白短毛。

卵 椭圆形，长约 1.9mm，宽约 1.5mm。初产卵呈乳白色，略透明，至孵化时呈黄褐色。

幼虫 初孵幼虫呈乳白色，体长约 3.7mm；5 龄幼虫体长约 20 ~ 22mm。2 ~ 5 龄幼虫头浅黄色，胴部黄色或黄绿色；每个体节背面有 3 列横排的黑色毛瘤，毛瘤上有 3 根较长的黑色刚毛。

茧 浅黄白色。

蛹 长约 12.0mm，椭圆形，呈黄白色。

生物学特性：杜鹃黑毛三节叶蜂在深圳 1 年 7 代，3 ~ 11 月取食为害，11 月下旬以蛹越冬；翌年 2 月下旬越冬蛹陆续开始羽化为成虫，3 月中上旬开始产卵，3 月下旬可见第 1 代幼虫，4 ~ 9 月份有明显的世代重叠，至 11 月下旬，第 7 代幼虫开始化蛹越冬。在香港 1 年 8 代。

雌成虫偏好在植株上层以及枝条的末端产卵，产在嫩叶叶背与叶缘表皮之间，产卵处的叶组织初呈水浸状，随后变为黑褐色。每雌产卵大多在 26 ~ 74 粒。幼虫共 5 龄，具有暴发性、暴食性的特点；1 ~ 2 龄幼虫群集取食，食量较小；3 龄后幼虫开始分散为害，食量大增。老熟幼虫在植株基部周围的土壤中或枯枝落叶层间吐丝结茧化蛹，化蛹深度距地表 2 ~ 5cm。杜鹃黑毛三节叶蜂除正常的两性生殖外，还可进行孤雌生殖。

雄成虫 - 安徽岳西县鹞落坪自然保护区（魏美才供图）

幼虫 - 杜鹃 -20160703- 福州国家森林公园　　蛹 - 杜鹃 -20160718- 福州国家森林公园

为害状 - 杜鹃 -20170709- 福州金山公园

背斑黄腹三节叶蜂 *Arge xanthogaster* (Cameron)

分类地位： 膜翅目 Hymenoptera 三节叶蜂科 Argidae

国内分布： 福建（福州、武夷山）、河南、浙江、江西、湖北、湖南、广东、广西、贵州、云南、香港、台湾等。

寄主植物： 月季、玫瑰。

危害特点： 幼虫取食寄主叶片，常蚕食殆尽，仅残留主脉或叶柄，严重影响植株生长、开花，降低了观赏价值及商品价值。

形态特征

成虫　雌蜂体长 8～10mm；体黑色，头胸部具有较强的蓝黑色光泽，触角无蓝色光泽，腹部黄褐色，第 1、6～8 背板具黑色横斑；翅深烟色，翅痣与翅脉黑色；触角毛明显长于单眼直径。雄蜂体长 6～7mm；体色与构造类似于雌蜂，但腹部背板全部蓝黑色，触角第 3 节均匀侧扁，末端尖出，最宽处略等于第 2 节端部，触角毛明显长于单眼直径。

幼虫　老熟幼虫头部浅黄色至黄褐色，胸、腹部灰绿色至黄绿色，体长 16～19mm，宽 2.3～2.8mm。

体背面各节有漆黑色圆形小斑 3 行，与体成垂直方向排列，每行小斑 6 个。各节气门上有一较大的圆形黑斑。胸足基部和端部黑色。

茧　长椭圆形，初为白色，后变为土黄色，分内外两层，外层网丝质，内层薄丝质。长径 9～12mm，短径 5～7mm。

蛹　裸蛹，浅黄色。预蛹斑纹和蛹类似。复眼、头部、胸部接近羽化时依次变为浅灰色、灰黑色至黑色。

生物学特性： 2019 年 10 月 9 日在福州晋安区宦溪镇采集的幼虫，11～14 日结茧，25～31 日成虫羽化。大龄幼虫分散为小群，昼夜均可取食。不取食时虫体呈螺旋式蜷伏于叶脉、叶表或叶背。老熟幼虫爬至地面，在寄主根际周围选择 1～3cm 的松土内结茧。土壤板结或杂草丛生，即于地表隐蔽处结茧。结茧常数个成堆。

幼虫 - 月季 -20191008- 福建福州市晋安区宦溪镇茶山

为害状 - 月季 -
20191008- 福建福州市晋安区宦溪
镇茶山

茧和预蛹 - 月季 -
20191014- 福建福州市晋安区宦溪
镇茶山

成虫 - 月季 -
20191025- 福建福州市晋安区宦溪
镇茶山

红胸樟叶蜂 *Moricella rufonata* Rohwer

中文别名：樟叶蜂

分类地位：膜翅目 Hymenoptera 叶蜂科 Tenthredinidae

国内分布：浙江、福建、台湾、江西、广东、广西、湖南、四川等。

寄主植物：专食性害虫，仅取食樟树。

危害特点：以苗木和幼树受害较重，严重时吃光叶片。

形态特征

成虫　雌虫体长 7～9mm，翅展 16～18mm；雄虫略小，体长 6～8mm。头部黑褐色，触角丝状。中胸背板发达，有"X"形凹纹。前胸背板、中胸背板中叶和侧叶、小盾片和翅基片，以及中胸侧板均橘黄色。腹部蓝黑色，有光泽。雌虫腹末锯鞘具 15 个锯齿，每齿又有许多小齿。

卵　长约 1mm，宽约 0.3mm，肾形，乳白色。近孵化时为卵圆形，可见黑褐色眼点。

幼虫　共 4 龄。初孵时乳白色，头部浅灰色，稍后变黑，取食后体呈绿色，全身多皱纹。1 龄幼虫体长 2.0～3.5mm，4 龄幼虫体长 8.5～17.5mm，充分成长时为 15～18mm。腹部末端弯曲。3 龄幼虫胸部和第 1、2 腹节背侧面出现许多小黑点；4 龄幼虫黑点大而明显，第 3、4 腹节上亦出现小黑点，黑点排列不规则，数目和显现程度也有变异。

茧　长 8～14mm，长椭圆形，黑褐色，丝质。

蛹　长 6～10mm，淡黄色，近羽化时黑色，复眼黑色。

生物学特性　在福建 1 年 2～4 代，以老熟幼虫在土内结茧越冬。翌年 3 月中下旬第 1 代幼虫发生为害，3 月底老熟入土结茧化蛹；4 月中旬第 2 代幼虫大量出现，4 月底入土；第 3 代幼虫在 5 月中旬出现，6 月上旬前后入土；第 4 代幼虫 6 月下旬开始为害，由于发生期不整齐，幼虫期可延至 7 月底 8 月初，老熟后入土结茧化蛹越冬。在浙江 1 年 1～2 代，

成虫 - 樟树 -20190408- 福建福州市晋安区斗顶公园

4月中、下旬和6月上、中旬为幼虫为害期。广东1年3～4代。

雌虫卵产于枝梢嫩叶上和芽苞上，在已长到定形的叶片上一般不产卵。产卵时，雌虫以产卵器锯破叶片表皮，将卵产入伤痕内。95%的卵产在叶片主脉两侧，产卵处叶面稍向上隆起。每次产入卵1粒，产卵痕棕褐色，每叶可产卵5～16粒。卵经3～5天孵化，幼虫喜食新叶和嫩梢，常几条至10多条聚集在一张叶片上取食。幼虫共4龄，经15～30天老熟幼虫入土结茧。红胸樟叶蜂幼虫在茧内有滞育现象，第1代老熟幼虫入土结茧后，有的滞育到次年再继续发育繁殖；有的则正常化蛹，当年继续繁殖后代。因此，在同一地区，一年内完成的世代数也不相同。雌成虫除两性生殖外，还可进行孤雌生殖。

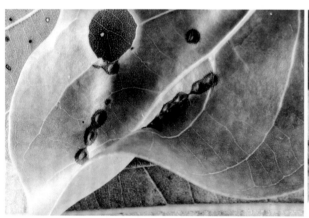

叶正面产卵痕 - 香樟 -20180408- 福建省林科院

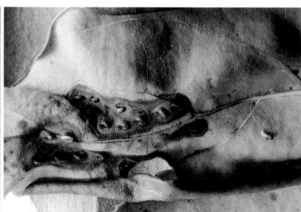

叶背面产卵痕及初孵幼虫 - 樟树 -20180410- 福建省林科院

2~3龄幼虫及为害状 - 樟树 -20160527- 福建永泰县城峰镇

5龄幼虫-樟树-20180808-福建福州市晋安区宦溪镇亥由村

茧-樟树-20160531-福建永泰县城峰镇

预蛹-樟树-20160531-福建永泰县城峰镇

近羽化蛹与新羽化成虫-樟树-20190408-福建福州市晋安斗顶公园

叶蜂类的防治方法

1. 林业防治　营造混交林，注意保持合适的种植密度，不宜过密或过疏，郁闭度大于0.6有利于林间控制樟叶蜂的病毒得以保存。加强苗圃管理，中耕除草及冬季翻耕，清除土中虫茧。如清除月季、杜鹃花、樟树周围杂草，每年春夏间杜鹃谢花后适当修剪，既有利于杜鹃生长和美观，又可除去大部分卵和低龄幼虫。

2. 物理防治　叶蜂一般群集为害，可人工摘除有卵、幼虫的叶片。

3. 生物防治　保护鸟类及蝎蛉等天敌。利用白僵菌、绿僵菌等防治。用0.5亿～1亿芽孢/mL的苏云金杆菌液喷杀。

4. 化学防治　幼虫期可用90%晶体敌百虫或80%敌敌畏乳油1000倍液、50%杀螟松乳油1000倍液、20%杀灭菊酯乳剂2500倍液、2.5%溴氰菊酯乳油3000倍液等防治。低龄期防治效果更好。

第二章

潜叶、蛀梢类害虫

叶潜蛾 *Phyllocnistis* sp.

分类地位:鳞翅目 Lepidoptera 叶潜蛾科 Phyllocnistidae

国内分布: 福建（晋安、永泰、闽清、福清）。

寄主植物: 樟树。

危害特点: 幼虫潜叶取食为害。

形态特征

成虫　体银白色，长约 1.8mm。头、胸和腹部具鹅黄色鳞毛，复眼黑褐色，触角丝状银白色，足银白色。前翅银白色，长约 2.2mm，宽约 0.37mm；缘毛长 0.25mm；披针形，顶角尖端延长突出；从翅基伸出 1 条纵向不明显浅灰色纹达翅中部；前缘中部至翅端有 5 个近圆形或长形的灰黑色不明显斑纹，其中第 3 个长形斜斑最大。后翅灰白色。

幼虫　老熟幼虫体长约 4.3mm，极扁平，无足，略透明，黄绿色。头扁平三角形，口器在前端突出。胸部第 1、2 节膨大，后胸略小。胸、腹部每节两侧中部有 1 小突起，腹部的突起较明显；腹部两侧金黄色，腹末有尾丝。

蛹　梭形，长约 2.4mm，黄褐色。头长三角形，头顶有长约 0.06mm 的 "Y" 形穿茧器，附肢长。蛹背面每节腹部中部两侧有大型弯刺，第 3 ~ 6 腹节近端部有 1 列较粗大刺突。

生物学特性: 据在福州初步观察，叶上潜道中的幼虫在 4 ~ 9 月均可见。2016 年 4 月 29 日在福建省林业科学研究院（福州晋安区）采集的幼虫，5 月 3 日化蛹，5 月 8 日成虫羽化。

幼虫终身潜入叶表皮下取食为害，潜道从叶缘开始，蜿蜒曲折，白色发亮，后期单独潜道宽约 1.5mm。老熟幼虫在叶缘将叶皱缩，于凹陷处做成比潜道稍宽大的蛹室在其中化蛹。成虫晚上羽化，蛹壳一半露在蛹室外。

成虫 - 樟树 -20160513- 福建省林科院

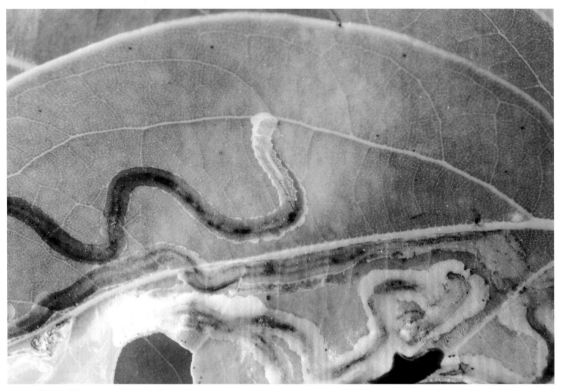

幼虫与潜道 - 樟树 -20160429- 福建省林科院

蛹背面 - 樟树 -20160513- 福建省林科院

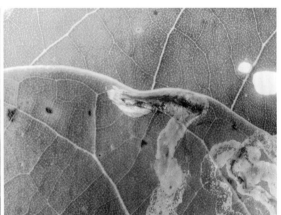

蛹壳与潜道 - 樟树 -20160510- 福建省林科院

潜道 - 樟树 -20160623- 福建永泰县富泉乡

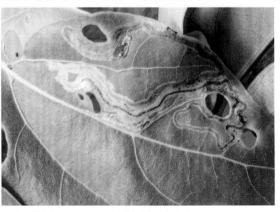

潜道 - 樟树 -20160707- 福建闽清县上莲乡

青黑小卷蛾 *Endothenia hebesana* (Walker)

分类地位：鳞翅目 Lepidoptera 卷蛾科 Tortricidae

国内分布：福建（永泰、福清）。

寄主植物：香樟、漆树科、菊科（一枝黄花）、桦木科、龙胆科、鸢尾科、唇形科、毛茛科、瓶子草科、玄参科、马鞭草科等多种植物。

危害特点：幼虫蛀食嫩梢或卷叶取食嫩叶，以致嫩梢枯萎。

形态特征

成虫　翅展 4.5～8.5mm。新鲜个体前翅具多变的橙棕色鳞片，并具 1 个蓝灰色斑纹。外缘附近有 3 个带黑色边缘的灰色斑。雄性没有前翅褶。

幼虫　老熟幼虫体长 10～13mm。体黑褐色，头红褐色。中胸至第 9 腹节各节具亮黄色的小斑 8 个，其中胸部和第 9 腹节的背斑呈"一"字形排列，第 1～8 腹节背斑呈"八"字形排列。雄性幼虫在第 5 腹节背中线两侧可见 1 对卵形暗红色的精巢器官芽。

蛹　褐色，梭形。长 4～5mm，宽 1.3～1.5mm。腹部各体节有 2 排凸起的点，其中靠近基部的一排较粗钝，端部的一排较尖细。

生物学特性：世代数不详。福建福州 8～9 月可见成虫、幼虫、蛹，幼虫蛀食香樟嫩梢。常与樱花翅小卷蛾（*Lobesia lithogonia* Diakonoff）混合发生。

成虫 - 樟树 -20150910- 福建永泰县白云乡

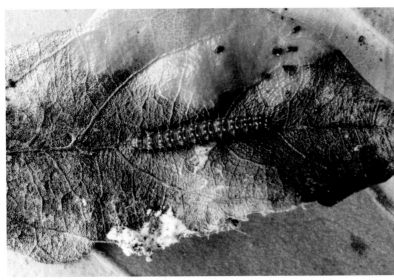

幼虫 - 樟树 -20150909-
福建永泰县白云乡

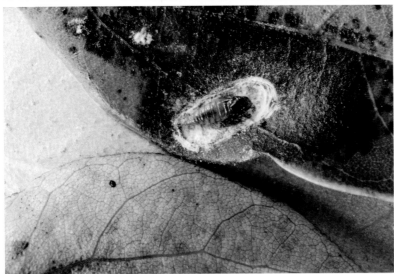

蛹腹面 - 樟树 -20150909-
福建永泰县白云乡

蛹 - 樟树 -20150909-
福建永泰县白云乡

樱花翅小卷蛾 *Lobesia lithogonia* Diakonoff

分类地位：鳞翅目 Lepidoptera 卷蛾科 Tortricidae

国内分布：福建（晋安、永泰、福清）、云南。

寄主植物：樟树、番樱桃。

危害特点：幼虫蛀食嫩梢。

形态特征

　　成虫　翅展 9～12mm。触角淡赭色，具暗褐色环。前翅长亚卵圆形；前缘基部凸出；翅痣延长，加厚；顶角圆而略尖；外缘圆而斜。前翅花纹由白色、灰色、棕色、褐色和黑色组成；前缘有明显钩状纹；基斑褐色为主，界限不清楚；后缘 1/2 处有 1 个三角形灰褐色斑；中带以褐色和黑色为主，由前缘 1/2 斜向臀角；臀角上方有 1 个褐色大圆斑；端纹呈棕色。后翅亚三角形，外缘直。

　　幼虫　老熟幼虫黄褐色，头黑褐色，体长 8～12mm。

生物学特性：世代数不明。福建福州 8～10 月可见幼虫、成虫。幼虫蛀食嫩梢，遇到大侧枝就不再向下蛀食，枯梢长度 20～80mm。2015 年 8 月在福清灵石林场（现福州植物园灵石生态区）苗圃调查，樟梢受害率达 30%～40%。

成虫 - 樟树 -20150922- 福建永泰县白云乡

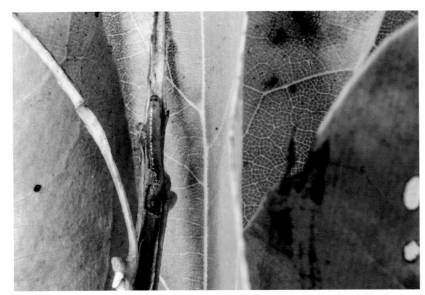

梢中的幼虫 - 樟树 -20150831-
福建永泰县白云乡

被蛀空的嫩梢 - 樟树 -20150831-
福建永泰县白云乡

为害状 - 樟树 -20150828-
福建永泰县白云乡

桃多斑野螟 *Conogethes punctiferalis* (Guenée)

拉丁异名：*Dichocrocis punctiferalis* (Guenée)

中文别名：桃蛀螟

分类地位：鳞翅目 Lepidoptera 螟蛾科 Pyralidae

国内分布：全国广泛分布。

寄主植物：桃、杏、苹果、李、山楂、梅、梨、石榴、松树、龙眼、枇杷、板栗、玉米、向日葵等多种农林植物和果树。

危害特点：幼虫蛀食嫩梢、果实。幼虫为害松树时吐丝把嫩梢的针叶、虫粪、碎屑缀合成虫苞，匿居其中取食，使嫩梢枯萎，甚至整枝枯死。

形态特征

成虫 体长 11～12mm，翅展 22～28mm；体、翅黄色至橙黄色，表面具许多黑斑点似豹纹，其中胸背有 7 个，腹背第 1 节和第 3～6 节各有 3 个横列，第 7 节有时只有 1 个，第 2、8 节无黑斑，前翅 25～28 个，后翅 15～16 个。雄蛾第 9 腹节末端黑色，雌蛾不明显。

卵 椭圆形，长约 0.6mm，宽约 0.4mm，表面粗糙布细微圆点，初乳白渐变橘黄或红褐色。

幼虫 老熟幼虫体长约 22mm，体色多变，有淡褐、浅灰、浅灰蓝、暗红等色，腹面多为淡绿色。头暗褐色，前胸盾片褐色，臀板灰褐色；各体节毛片明显，灰褐至黑褐色，背面的毛片较大，第 1～8 腹节气门以上各具 6 个，成 2 横列，前 4 后 2。气门椭圆形，围气门片黑褐色突起。

茧 长椭圆形，灰白色。

蛹 长约 13mm，初淡黄绿色后变褐色，臀棘 6 根细长。

生物学特性：福建南平、建宁马尾松上 1 年发生 4～5 代，越冬代幼虫 3 月上旬为活动盛期。各代幼虫盛发期：第 1 代 4 月下旬至 5 月上旬；第 2 代 5 月下旬至 6 月上旬；第 3 代 7 月上、下旬；第 4 代 9 月上、

雌蛾 - 马尾松 -20160511- 福建沙县官庄林场

中旬，少数第4龄幼虫进入越冬，其他大部分能化蛹；第5代幼虫始于9月中旬，以4龄幼虫于10月下旬在松梢被害虫苞内越冬。

　　成虫趋光性不强。雌雄虫均有取食花蜜的习性，傍晚取食最盛。雌虫卵散产或3～5粒相连成块产在松梢上。初孵幼虫作短距离爬行后，即潜入松梢内吐丝将针叶缀合，在内取食针叶或幼嫩梢皮，虫粪粘在虫苞上。有时一个松梢内有2～8头幼虫，向上向下取食，虫苞越变越长。越冬后的幼虫化蛹前仍会取食为害。

虫苞中的蛹 - 马尾松 -20160513- 福建沙县官庄林场

潜叶、蛀梢类害虫的防治方法

1. 林业防治　人工剪除被害嫩梢、叶片。有的蛀梢害虫在地表枯叶杂草中化蛹越冬，在秋末至初春清除林下枯枝落叶，铲除杂草，减少虫源。在夏、秋梢抽发时控制水肥，摘除并烧毁过早或过晚抽发的不整齐嫩梢，使夏、秋梢抽发整齐健壮，减少害虫饲料，降低虫口密度。
2. 生物防治　保护寄生蜂、草蛉等天敌。在抽梢早期可用白僵菌、绿僵菌、苏云金杆菌等进行防治。
3. 化学防治　严重发生的地区，在新梢抽出一周内可进行药物防治。施药叶面和嫩梢要喷充分均匀。用药情况参考附表。

碧蛾蜡蝉 *Geisha distinctissima* (Walker)

中文别名：绿蛾蜡蝉、黄翅羽衣、橘白蜡虫、碧蜡蝉

分类地位：半翅目 Hemiptera 蛾蜡蝉科 Flatidae

国内分布：福建、辽宁、吉林、上海、江苏、浙江、江西、山东、湖北、湖南、广东、广西、海南、四川、贵州、云南、台湾。

寄主植物：桂花、樱花、茶花、蔷薇、茶梅、桃、李、杏、梨、苹果、梅、无花果、南天竹、女贞、杜鹃、广玉兰、大叶黄杨、海桐、紫檀、枫香、油茶、银柳等多种园林及农林植物。

危害特点：成虫、若虫常数头在一起排列枝上刺吸植物嫩梢、枝、茎、叶、幼果的汁液，严重时致使树势衰弱。雌虫产卵时刺伤嫩茎皮层，严重时使嫩茎枯死。该虫的分泌物还会诱发煤烟病。

形态特征

成虫　体长 7 ～ 8mm，翅展 18 ～ 21mm。体粉绿色。前胸背板短，前缘中部弧形前突达复眼前沿，后缘弧形凹入，背板上有 2 条褐色纵带；中胸背板长，上有 3 条平行纵脊及 2 条淡褐色纵带。前翅宽阔，外缘平直，翅脉黄色，脉纹密布似网纹，红色细纹绕过顶角经外缘伸至后缘爪片末端。后翅灰白色，翅脉淡黄褐色。静息时，翅常纵叠成屋脊状。

卵　纺锤形，乳白色，长约 1.5mm。

成虫侧面 - 枫香 -20170917- 福建武夷山新丰镇里洋村凹头自然村

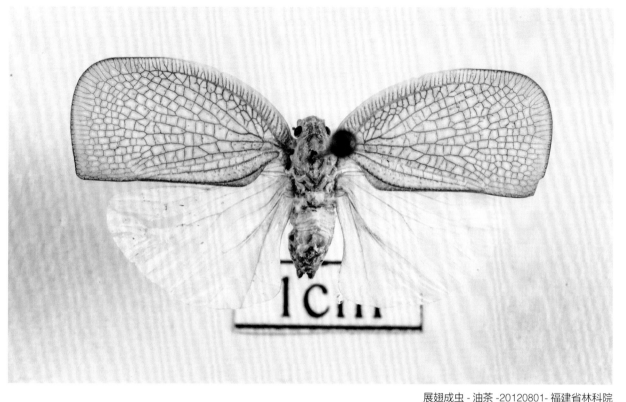

展翅成虫 - 油茶 -20120801- 福建省林科院

若虫 初孵若虫体长约2mm，老熟时体长5～6mm，淡绿色，体长形扁平，腹末截形，全身覆以白色棉絮状蜡粉，腹末具有多条丝状白色蜡质毛束，爬行时尾部毛束向上直立。

生物学特性：大部分地区1年1代，以卵在枯枝中越冬。次年5月上、中旬孵化，7～8月若虫老熟羽化为成虫，至9月雌成虫产卵。在福建1年1代，成虫盛发期为6～8月。广西1年2代，以卵越冬，也有以成虫越冬的；第1代成虫6～7月发生，第2代成虫10月下旬至11月发生。

成虫、若虫都有趋嫩怕光的习性，多在树冠内枝条或叶背面取食。成虫、若虫都善跳，遇惊即逃。成虫羽化后1个月左右开始产卵，7月下旬至8月上中旬为产卵盛期，每头雌成虫产卵20粒左右，卵多单产于新梢皮层内。

若虫 - 油茶 -20110608- 福建闽侯桐口林场

若虫蜕 - 油茶 -20110805- 福建省林科院

蜀凹大叶蝉 *Bothrogonia shuana* Yang & Li

分类地位： 半翅目 Hemiptera 叶蝉科 Cicadellidae

国内分布： 华中、华南、西南。

寄主植物： 羊蹄甲、茶花、卵叶小蜡、含笑、小叶榕、油茶、桉树等植物。

危害特点： 成虫、若虫在嫩枝上刺吸汁液，影响生长。

形态特征

成虫　体连翅长雄虫 12～13mm，雌虫 13～17mm。体橙黄色，多数个体头部和胸部背面淡黄白色，头冠顶端和单眼之间各有一黑色圆斑；颜面唇基间缝上有一黑色小长斑；前胸背板有 3 个黑斑，分布在近前缘中央和后缘两侧，成"品"字形排列；小盾片中央有一黑斑。前翅基部有一黑色小长斑，端部淡烟褐色或黑色，后翅黑褐色。胸部腹面和腹部黑色，近腹板后缘和产卵器大部分或末端淡黄白色。

若虫　老熟若虫体长约11mm，宽4mm，嫩黄色，略透明。

生物学特性： 若虫、成虫在福州 6～8 月可见，吸食寄主嫩枝汁液。若虫在吸食嫩枝时，不断排出透明液体。成虫具跳跃性，飞翔距离不远，受惊扰后常飞到附近植株上停歇。

成虫 - 茶花 -20110805- 福建闽侯桐口林场

若虫 - 茶花 -20110805- 福建省林科院

成虫 - 桉树 --20180629- 福建漳浦县长桥镇东风场

弓形卡小叶蝉 *Coloana arcuata* Dworakowska

分类地位： 半翅目 Hemiptera 叶蝉科 Cicadellidae 小叶蝉亚科 Typhlocybinae

国内分布： 福建（鼓楼、晋安、马尾、永春，福建新记录）、广东、海南、台湾。

寄主植物： 秋枫、重阳木。

危害特点： 以若虫和成虫在叶背吸食汁液，被害叶片失绿呈黄白色斑，暴发成灾时整树叶片变为黄褐色至红褐色，大量虫粪和虫蜕附着在叶背，引起提早落叶，造成树势衰弱。

形态特征

成虫　体连翅长 4.0～4.5mm。一般为黄褐色。

成虫 - 秋枫 -20220216- 福州国家森林公园（齐志浩摄）

成虫 - 秋枫 -20190221- 福州市鼓楼区天泉路

中龄若虫 - 秋枫 -20190221- 福州市鼓楼区天泉路

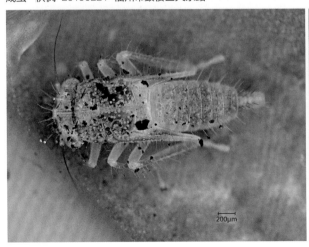

大龄若虫 - 秋枫 -20190221- 福州市鼓楼区天泉路

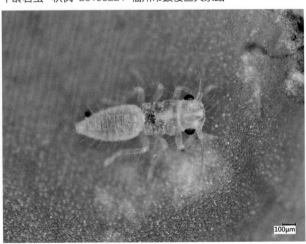

低龄若虫 - 秋枫 -20190221- 福州市鼓楼区天泉路

眼呈黑色。头冠淡黄色，中央黄褐色。前胸背板及小盾片黄褐色。前翅端部圆钝，白色略呈黑褐色，半透明。颜面及胸部腹面淡黄色。腹部黑褐色。前胸背板前缘向前突出，后缘则呈平直。小盾片三角形，横刻近端部。

生物学特性：弓形卡小叶蝉生物学特性不明。福州以成虫在1月进入越冬，但越冬现象不明显，2月中旬成虫开始产卵，世代重叠现象严重。成虫、若虫通常群集在叶背为害，受惊时横行爬动。

为害状 - 秋枫 -20211116- 福州市晋安区（宋海天摄）

叶背为害状 - 秋枫 -20190221- 福州市鼓楼区天泉路

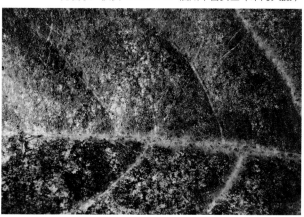

叶面为害状 - 秋枫 -20190221- 福州市鼓楼区天泉路

桃一点叶蝉 *Singapora shinshana* (Matsumura)

中文别名： 桃一斑叶蝉、桃小绿叶蝉、桃一点小叶蝉

分类地位： 半翅目 Hemiptera 叶蝉科 Cicadellidae

国内分布： 福建、北京、山东、江苏、浙江、江西、湖南、台湾、广东、四川、陕西。

寄主植物： 桃、梨、山楂、苹果、木瓜、白杨、茶、红梅、榆树、柳、葡萄、月季、杏、海棠等。

危害特点： 以若虫和成虫在叶背上吸食汁液，被害叶片失绿白斑，爆发时整树叶片变为苍白色，常提早脱落，造成树势极度衰弱，同时影响来年花芽分化和树体生长，易诱发流胶病等病害。所排出的虫粪污染叶片和果实，造成黑褐色粪斑，对产量和品质影响较大。

形态特征

成虫　体长 3.0 ～ 3.3mm，全体绿色。初羽化略具光泽，数日后体外覆 1 层白色蜡质。头冠顶端具一大而圆的显著黑点，围有白色晕圈。前胸背板和小盾片均淡黄绿色，在小盾片前缘近二基角处各有一黑色斑纹，小盾片中央的横刻痕平直。翅绿色半透明。

卵　长椭圆形，一端略尖，长约 0.75 ～ 0.82mm，乳白色，半透明。

若虫　体长 2.4 ～ 2.7mm，全体淡墨绿色，复眼紫黑色，2 翅芽黄绿色。

200µm

成虫 - 福建山樱花 -20180912- 福州金鸡山公园（宋海天拍摄）

生物学特性: 桃一点叶蝉在南京地区1年4代,在福建、江西1年6代。各地均以成虫越冬,福建在荔枝、龙眼和柑橘等常绿树上越冬。福建越冬代成虫2月产卵,第1代成虫4月下旬出现,第2代成虫6月中旬出现,6至10月间约1个月1代,11月以后进入越冬期。在南京,翌年3月上旬,桃树现蕾萌芽时,开始从越冬寄主上向桃花、梅花等花木上迁飞。4月以后大多集中在桃上为害,7~9月虫口密度最高,为害也最重。从第2代起,世代重叠现象严重。

成虫在天气晴朗温度升高时行动活跃,清晨、傍晚及风雨时不活动。早期吸食花萼和花瓣的汁液,形成半透明斑点,花谢后转至叶片吸食为害。秋季干燥时常几十只群集在卷叶内。成虫无趋光性。卵主要产在叶背主脉内,以近基部居多,少数在叶柄内。雌虫一生可产卵46~165粒。若虫喜群集在叶背为害,受惊时很快横行爬动。

注:该种曾被错误鉴定为 *Erythroneura sudra* 等,并被生态学家广泛引用。张雅林从分布、寄主及形态三方面对该种及 *Watara sudra* 进行对比:两种的相似之处为头冠顶端具黑色圆斑,但 *S. shinshana* 广泛分布于国内多个省市,主要为害蔷薇科植物,常大量发生,活体绿色至黄绿色,干标本黄色,具单眼,前翅第4端室长,伸达翅端。*W. sudra* 仅分布于云南省,寄主为杂草,未见大量发生,体黄褐色,无单眼,前翅第4端室短,远不达翅端。

若虫 - 福建山樱花 -20180912- 福州金鸡山公园(宋海天拍摄)

叶正面为害状 - 福建山樱花 -20180912- 福州金鸡山公园

为害状（卷叶）- 桃树 -20191020- 福州金鸡山公园

剑痣木虱 *Macrohomotoma gladiatum* Kuwayama

中文别名: 榕木虱

分类地位: 半翅目 Hemiptera 木虱总科 Psylloidea 榕木虱科 Homotomidae

国内分布: 福建（福州、厦门）、台湾、广东、广西。

寄主植物: 榕树。

危害特点: 若虫在嫩枝叶间为害, 分泌白色蜡絮, 黏缀于枝头犹如小棉花球。在嫩枝梢叶芽背面取食汁液。被害枝明显萎缩, 叶片细小, 新抽枝叶芽干枯死。

形态特征

成虫　成虫体长 4.5 ～ 5.5mm, 体粗壮、光滑, 暗褐色, 具绿色斑纹, 雌色较淡。头部宽（包括复眼）1.19 ～ 1.28mm, 头顶平, 黄褐色, 前后缘具黄边, 后缘呈凹角, 中部具黑边; 单眼黄褐色, 复眼深褐色; 触角黄色, 第 4 ～ 9 节端及第 10 节褐色, 1 对黄褐色端刚毛。胸部暗褐色, 与头约等宽; 前胸背板中央凸而两侧被头盖及, 中胸前盾片两侧及盾片侧角为黄色; 后胸黄褐色, 小盾片的角突钝圆; 前胸后侧片、翅前片、中胸侧板的前部, 与中胸的前盾片的黄色部分构成黄色宽带; 前翅透明或带污黄色, 脉黄色或沿脉具淡黄褐色纹; 翅痣宽大, 外端具黑斑, 内端有时呈粉红色, 臀区具 2 个黑斑点。腹部背板黑色, 各节后缘黄绿色; 腹板绿色, 第 1 节中央及余节两侧黑或黑褐色。

若虫　末龄若虫体长 2.27 ～ 3.25mm, 宽 2.00 ～ 2.17mm, 扁圆形、背面隆起, 体黄绿色, 具褐斑, 体周缘具长短不齐的刚毛。头横宽, 前缘略凸, 疏生小突起, 复眼大, 触角疏生刚毛, 第 9 节端有一感觉突。胸部 3 节分明, 前胸横长与头密接, 中后胸各具褐斑 3 对, 外侧者为线状, 翅芽褐色, 背面疏生短刚毛。腹部背面可见 4 个明显的节, 各具褐色横带, 背面则无明显分节, 整块为深褐色, 密布小刺毛, 近基部有 1 对多孔腺区, 腹面各节上有皱纹, 多孔腺区共 3 对。

生物学特性: 生活史不详。

雄成虫正面 - 榕树 -20180930- 福州晋安区井店湖公园（宋海天拍摄）

雄成虫腹面 - 榕树 -20180930- 福州晋安区井店湖公园（宋海天拍摄）

若虫 - 榕树 -20180913- 福州晋安区斗顶公园

为害状 - 榕树 -20191201- 福州晋安区涧田湖公园

为害状 - 榕树 -20180930- 福州晋安区井店湖公园

杜鹃棒粉虱 *Aleuroclava rhododendri* (Takahashi)

分类地位: 半翅目 Hemiptera 粉虱总科 Aleyrodoidea 粉虱科 Aleyrodidae

国内分布: 福建、浙江、江苏、湖北、台湾、广东、广西、海南、香港。

寄主植物: 杜鹃、常春藤、茄苳、鹅掌柴、一品红、牵牛花、辣椒、红豆、扶桑、大豆、棉花等。

形态特征

成虫 体除复眼红褐色外，其余浅黄色至黄白色，触角、足颜色偏淡。体长 0.77 ~ 0.79mm，胸宽约 0.26mm。翅白色，前翅长 0.82 ~ 0.83mm，宽约 0.25mm。

卵 淡黄褐色，长椭圆形，一端略细；长约 160μm，宽约 67μm。

伪蛹 蛹壳淡黄色，无蜡质分泌物；椭圆形，后胸处最宽；长 0.64 ~ 0.76mm，宽 0.42 ~ 0.51mm。体缘小齿状，齿钝圆，0.1mm 体缘内有 31 个小齿。亚缘区与背盘分离不明显，较窄，有横纹延伸到体缘；有大齿环亚缘区分布，齿长三角形，0.1mm 亚缘区内有 6 ~ 7 个大齿。胸气管褶明显，具有胸气孔裂，开口明显。背盘亚中区有许多瘤突环绕。横蜕裂缝未达体缘，纵蜕裂缝达体缘。胸节明显，腹部分节明显。管状孔较大，近圆形，长约 45.4μm，宽约 46.2μm；盖瓣心形，几乎充塞了整个管状孔区域。舌状突不外露。尾沟明显，长约 58.3μm，具有刻点分布。

生物学特性: 在福建福州，4 月份杜鹃叶片上可见成虫、卵、伪蛹。

成虫 - 杜鹃 -20190408- 福州鼓山风景区（宋海天拍摄）

成虫 - 杜鹃 -20190408-
福州鼓山风景区（宋海天拍摄）

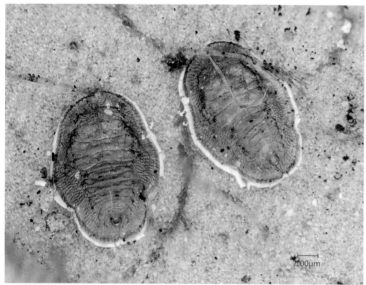

伪蛹 - 杜鹃 -20190408-
福州鼓山风景区（宋海天拍摄）

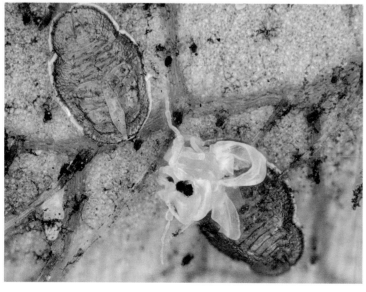

羽化中的成虫 - 杜鹃 -20190408-
福州鼓山风景区（宋海天拍摄）

桃蚜 *Myzus persicae* (Sulzer)

中文别名： 桃赤蚜

分类地位： 半翅目 Hemiptera 蚜科 Aphididae 蚜亚科 Aphidinae

国内分布： 世界性害虫，我国南北各地普遍分布。

寄主植物： 多达 50 科 400 余种，包括桃、李、杏、苹果、西瓜、番茄、萝卜、白菜、芜菁、辣椒、茄、枸杞、芝麻、棉、蚕豆、南瓜、人参、三七等，并能传播 115 种植物病毒病。果树以核果类受害较重，特别是桃树受害最重。

危害特点： 以成虫或若虫群集在寄主叶背、嫩茎及芽上刺吸汁液，被害叶向叶背面作不规则卷缩。大量发生时，密集于嫩梢、叶片上吸食汁液，致使嫩梢叶片全部扭曲成团，梢上冒油，阻碍新梢生长，影响果实产量及花芽形成，大大削弱树势。同时排泄蜜露，常诱致煤污病发生，还可传播病毒。

形态特征

有翅孤雌胎生雌蚜　体长约 2.2mm。头胸部黑色，触角黑色，6 节；腹部体色多变，有绿色、淡绿色、黄绿色、褐色、赤褐色，腹部背片第 3～6 节有 1 个黑色背中大斑；腹节背板第 8 节有 1 对突起。尾片黑色，较腹管短，着生 3 对弯曲的侧毛。

无翅孤雌胎生雌蚜　体长约 2.2mm。近卵圆形，无蜡粉。淡黄绿色、乳白色或赭赤色。额瘤显著，内倾，触角长为体长的 4/5，尾片圆锥形，近端部 2/3 收缩，

桃蚜 - 三角梅 -201612- 福建福州（黄晓磊供图）

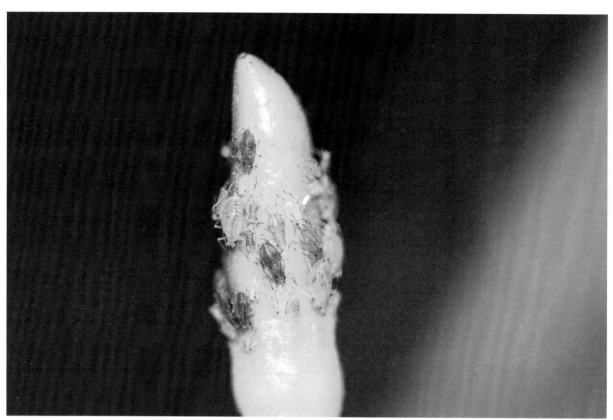

桃蚜 - 辣椒 -20170109- 福建厦门（黄晓磊供图）

桃粉大尾蚜（*Hyalopterus pruni* Geoffroy）- 桃树 -20170501- 福州国家森林公园，在南方的桃、李、梅、杏等植物上主要以该虫发生危害

有毛 6 ～ 7 根。

无翅有性雄蚜　体长 1.5 ～ 2mm。体肉色或橘红色。头部额瘤显著，外倾。触角 6 节，较短。腹管圆筒形，稍弯曲。

有翅雄蚜　体长 1.3 ～ 1.9mm，体深绿、灰黄、暗红或红褐色。头胸部黑色。基本特征同有翅雌蚜，主要区别是腹背黑斑较大，在触角第 3、5 节上的感觉孔数目很多。

卵　椭圆形，长 0.5 ～ 0.7mm，初为橙黄色或淡绿色，后变成漆黑色而有光泽。

若虫　若蚜体与无翅雌蚜相似，体较小，淡绿或淡红色，1 龄无翅蚜体淡黄绿色；2 龄无翅蚜体淡红绿或淡红色；3 龄无翅蚜体淡黄、淡黄绿或淡橘红色；4 龄无翅蚜体淡橘红、红褐、淡黄或淡绿色。复眼暗红至黑色，胸部大于头部，腹部大于胸部。

生物学特性：桃蚜发生的代数各地不同，北方一般 1 年 10 余代，南方 1 年 30 ～ 40 代。生活史复杂。一般春、秋季完成 1 代需 13 ～ 14 天，夏季 7 ～ 10 天。夏季孤雌胎生蚜的发育起点温度 4.3℃，发育最快温度 24℃。在 20℃、相对湿度 80％时，1 个月可增殖 1000 多倍。温度高于 28℃或低于 6℃，相对湿度低于 40％时，桃蚜繁殖不利。夏季高温和大暴雨对蚜虫有抑制作用。有翅蚜对黄色有趋性，绿色次之，对银灰色有负趋性。

桃粉大尾蚜密布桃梢 - 桃树 -20170511- 福州国家森林公园

紫薇长斑蚜 *Sarucallis kahawaluokalani* (Kirkaldy)

中文别名：紫薇棘尾蚜

分类地位：半翅目 Hemiptera 蚜科 Aphididae 角斑蚜亚科 Calaphidinae

国内分布：福建（福州）、北京、河北、山东、江苏、上海、浙江、广东、江西、贵州、海南等地。

寄主植物：紫薇。

危害特点：若虫与成虫群栖在花卉的嫩梢和幼叶刺吸为害，使其叶片卷缩，树势衰弱，乃至不能开花。成若虫除能传播病毒病外，其排泄物易引发煤污病。

形态特征

无翅孤雌蚜　体长约 1.6mm，椭圆形，黄色、黄绿色或黄褐色；头、胸部黑斑较多，腹背部有灰绿和黑色斑；触角 6 节，细长，黄绿色，第 1 ～ 5 节基部黑褐色；头部背中有纵纹 1 条；后足胫节膨大；第 1 腹节、第 3 ～ 8 腹节背板各具中瘤 1 对；腹管短筒形；尾片乳突状。

有翅孤雌蚜　体长约 2.1mm，长卵形，黄或黄绿色，具黑色斑纹，触角 6 节；前足基节膨大；第 1 ～ 8 腹节板各具中瘤 1 对，第 1 ～ 5 节有缘瘤，每瘤着生短刚毛 1 根；翅脉镶黑边；腹管短筒状；尾片乳突状，有长粗毛 2 根和短毛 7 ～ 10 根。

有翅雄性　体较小，色深，尾片瘤状。

若蚜　体小，无翅。

生物学特性：1 年 10 余代，以卵在寄主植物的芽腋或树皮裂缝中越冬。翌年春天当紫薇萌发的新梢抽长时，开始出现无翅胎生蚜，至 6 月以后虫口不断上升，8 月为害最严重。炎热夏季和阴雨连绵时虫口密度下降。初秋产生有翅蚜，陆续迁移至其他植物当年新梢芽腋等处产卵，以卵越冬。

成虫与若虫 - 紫薇 -20181008- 福州晋安鹤林生态公园（宋海天拍摄）

若虫 - 紫薇 -20180709- 福建省林科院

食蚜蝇幼虫（天敌）- 紫薇 -20180705- 福建省林科院

草蛉卵（天敌）- 紫薇 -20180717- 福建省林科院

为害状 - 紫薇 -20180705- 福建省林科院

白兰丽绵蚜 *Formosaphis micheliae* Takahashi

中文别名: 白兰台湾蚜、火力楠丽棉蚜

分类地位: 半翅目 Hemiptera 蚜科 Aphididae 绵蚜亚科 Eriosomatinae

国内分布: 福建、台湾、广东、云南、广西等。

寄主植物: 白玉兰、火力楠、窄叶含笑等木兰科含笑属植物。

危害特点: 以成虫、若虫群集于枝条和树干上吸食汁液，发生量大时，被害木可见树干"全白"，如同涂上一层灰白色的粉状物，这是绵蚜体外被有乳白色棉絮状蜡质分泌物所致，并伴有浓烈的异味。引起树皮龟裂或呈瘤状突起，轻者影响树木生长和观赏价值，重者导致树木枯死。

形态特征

有翅孤雌胎生蚜 体黑色，长 1.9 ～ 2.8mm；触角长约 0.6mm，共 5 节，第 1、2 节最短，第 3 ～ 5 节有不规则形感觉圈，第 5 节末端有刺毛 5 根；前翅中脉不分叉，肘脉与臀脉至亚前缘脉处相交；后翅中脉、径脉与肘脉相交后呈三指状；尾片深灰色，呈钝三角形，有刺毛 3 ～ 4 根；腹管全缺。

无翅孤雌胎生蚜 体长 1.6 ～ 2.0mm，体色随虫龄而异，初生蚜淡黄色，以后逐渐变为淡橘黄、淡青色，常被有白色棉絮状蜡质分泌物；触角深褐色，共 4 节，第 1、2 节各有刺毛 2 根，第 3 节有圆形感觉孔 1 个、刺毛 3 根，第 4 节鞭部短小，末端有刺毛 4 ～ 5 根；尾片褐色，有刺毛 2 根；腹部膨大，背面覆盖有大量白色棉絮蜡质分泌物，腹管退化。

生物学特性: 在广东、广西，白兰丽绵蚜无越冬现象，一年四季均可为害林木。1 年中有 2 个为害高峰期，第 1 个高峰期在 4 月下旬至 6 月下旬，第 2 个高峰期在 8 月下旬至 11 月上旬，即在春秋 2 季为害较严重。1 年中以 4、5 月为害最为严重。每头无翅孤雌胎生蚜可产幼蚜 30 ～ 40 头；幼蚜脱皮 4 次，完成 1 代约需 19 天。有翅孤雌胎生蚜于 11 月初开始出现，次年 1 月上旬为盛期；群集性很强，在 1cm 的样方内可多达近百头，使树干及枝条布满白色棉絮状蜡质分泌物。

多在树皮裂缝或枝丫基部树皮较粗糙部位首先发生，在林内呈核心分布。春、夏季降水量大将抑制该虫的为害。

200μm

有翅孤雌胎生蚜 - 白玉兰 -20191214- 福建泉州仙公山

为害状 - 白玉兰 -20191018- 福建龙岩新罗区（郑宏供图）

澳洲吹绵蚧 *Icerya purchasi* Maskell

分类地位: 半翅目 Hemiptera 蚧总科 Coccoidea 绵蚧科 Monophlebidae

国内分布: 除西北外,各省(区、市)均有发生(长江以北只在温室内),南方各省为害较烈。

寄主植物: 在我国为害 80 余科 250 多种植物,包括芸香科、蔷薇科、豆科、葡萄科、木犀科、天南星科及松杉科等几十种农林及观赏植物等。

危害特点: 以雌成虫或若虫群集在叶芽、嫩芽、新梢及枝干上,吮吸汁液,使叶片发黄,枝条枯萎,引起大量落叶、落果,树势衰弱,甚至枝条或全株枯死。并能排泄大量蜜露,诱发煤污病,使花木降低及丧失观赏价值。

形态特征

成虫 雌成虫体长 4 ~ 7mm,椭圆形,橘红色。腹部扁平,背面隆起。着生黑色短毛,披有白色蜡质分泌物。腹部附白色卵囊,囊上有 14 ~ 16 条隆脊。雄成虫长约 3mm,翅展约 8mm,橘红色;前翅紫黑色,后翅退化为平衡棒;腹部末端有 2 个突起,每突起各有 3 根长毛。

卵 长椭圆形,长约 0.7mm,宽约 0.3mm。初产卵橙黄色,后变为橘红色。群集于卵囊内。

若虫 初孵若虫呈椭圆形,体橙红色或红褐色。触角、足及体上均多毛,腹末有 3 对长毛,体外被淡黄色蜡粉。2 龄起有雌雄区别,雄虫体长而狭,颜色较鲜艳。

蛹 仅雄虫有蛹,橘红色,体长 2.5 ~ 4.2mm,被有白色蜡粉。

茧 白色,长椭圆形,茧质疏松。

生物学特性: 在福建省 1 年 3 代,以成虫、若虫及卵越冬。第 1 代发生在 4 ~ 6 月,第 2 代 7 ~ 9 月,第 3 代 9 ~ 11 月。初孵若虫离开卵囊 1 ~ 2 天内爬行十分活跃,快速分散于叶脉两侧;在初孵若虫离开卵囊 2 ~ 3 天内,大多数会在叶脉,尤其是主脉附近固定为害;若虫离开卵囊 3 ~ 4 天内开始明显分泌蜡质物,1 周就可在虫体表面形成薄层蜡质。2 龄后逐渐移到大枝及树干的遮阴面群集为害。成虫喜集中在主梢的遮阴面、枝杈处、枝条及叶面上固定取食,终生不再移动。雌虫成熟后形成卵囊,产

雌成虫与为害状 - 海桐 -20200520- 福建宁德市蕉城区洪口乡

卵其中，产卵期达 1 个月之久，每雌产卵 200 ～ 679 粒，最多可达 2000 粒左右。雌成虫平均寿命可达 2 个多月。卵和若虫历期因季节而异，春季卵期 14 ～ 26 天，若虫期 48 ～ 54 天；夏季卵期 10 天左右，若虫期 49 ～ 106 天。

主要天敌有澳洲瓢虫、大红瓢虫、小红瓢虫、红缘瓢虫以及草蛉。

若虫与为害状 - 海桐 -20200520- 福建宁德蕉城区洪口乡

雌成虫（卵囊）与若虫 - 木麻黄 -20100728- 福建平潭

木瓜秀粉蚧 *Paracoccus marginatus* Williams & Granara de Willink

中文别名： 木瓜粉蚧

分类地位： 半翅目 Hemiptera 蚧总科 Coccoidea 粉蚧科 Pseudococcidae

国内分布： 最早于 2010 年在台湾的木瓜等 12 种植物上发现，吴福中等 2014 年首次在中国云南勐腊发现该虫为害经济作物木瓜、园林植物鸡蛋花和鸳鸯茉莉，后陆续在广东、广西、海南均有报道；2018 年 10 月，何学友等在福建福州金鸡山公园发现琴叶珊瑚大量死亡，经鉴定为木瓜秀粉蚧为害所致，是福建省首次发现该蚧。

寄主植物： 十分广泛，对已知寄主植物进行整理多达 68 科 264 种。

危害特点： 主要为害植物的茎、叶片和果实，以若虫和雌成虫刺吸寄主植物汁液为害，严重时导致叶片黄化、畸形、落叶，甚至整株死亡；果实畸形和糖分减少等，影响果品外观与价值；同时分泌蜜露引发煤烟病，影响植株的光合作用。

形态特征

成虫　雌成虫黄色，触角 8 节，体长约 2.2mm，宽约 1.4mm，虫体覆盖白色棉絮状蜡质，虫体两侧具 15 ～ 17 对蜡丝，蜡丝长度不到体长的 1/4，背部 1 对蜡丝较长，臀部前的 1 对蜡丝较短，不明显，约为体长的 1/8。雄成虫粉红色，预蛹和蛹期尤为明显；长椭圆形，长约 1.0mm，宽约 0.3mm；触角 10 节，头和胸高度骨化，翅发育良好。该虫与近似种的区分有 2 个重要特征：一是雌成虫体背边缘具有蕈状管腺；二是雄成虫触角上有粗壮的肉质刚毛，而足上没有。虫体放入 70% 乙醇中会变为黑色。

卵　黄绿色，产在由蜡丝形成的卵囊里，卵囊长约是虫体的 3 ～ 4 倍，覆盖白色棉絮状蜡质。

生物学特性： 木瓜秀粉蚧喜温暖、干燥的气候，短距离爬行或借助气流扩散。营两性生殖。雌虫经 3 龄若虫期后变为无翅成虫，雄虫经 4 龄若虫期后变为有翅成虫。在温度为 25℃左右、相对湿度为 65% 的条件下，约 30 天完成 1 代。雌成虫产卵于卵囊中，每卵囊含卵 100 ～ 600 粒。卵期 10 天左右，初孵若虫在寄主取食部位爬行，若虫移动和生长迅速。发育、繁殖最适宜温度为 24 ～ 28℃，春秋季节发生数量最大，在温暖条件下，该虫一年四季均可繁殖。

雌成虫 - 琴叶珊瑚 -20181005- 福州金鸡山公园

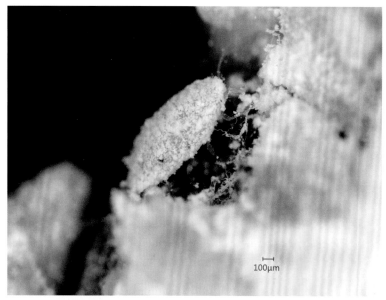

低龄若虫 - 琴叶珊瑚 -20181005-
福州金鸡山公园

卵与若虫 - 琴叶珊瑚 -20181005-
福州金鸡山公园

为害状 - 琴叶珊瑚 -20181005-
福州金鸡山公园

扶桑绵粉蚧 *Phenacoccus solenopsis* Tinsley

分类地位：半翅目 Hemiptera 蚧总科 Coccoidea 粉蚧科 Pseudococcidae

国内分布：河北、江苏、安徽、浙江、江西、福建、广东、广西、海南、重庆、云南、湖南、湖北、新疆、台湾等。

寄主植物：已知超过 300 种寄主植物，其中以锦葵科、茄科、菊科、豆科、葫芦科、旋花科、禾本科、苋科等植物为主，主要园林植物有扶桑、木槿、牵牛、狗牙根、苏铁、太阳花等。

危害特点：以若虫、成虫刺吸植株的叶、嫩茎、花苞等的汁液，致使叶片萎蔫和嫩茎干枯，植株生长矮小。为害部位因粉蚧排泄的蜜露，容易滋生煤污病，影响光合作用，生长受抑制。

形态特征

成虫 雌成虫卵圆形，长约 2.8mm，宽约 1.3mm；生殖期体长可达 4.0～5.0mm，体宽 2.0～3.0mm。胸、腹背面的黑色条斑在蜡粉覆盖下呈成对斑点状，其中胸部可见 0～2 对，腹部可见 3 对。体缘蜡突明显，其中腹部末端 2～3 对较长。雄成虫黑褐色，长约 1.2mm，宽约 0.3mm。触角丝状，10 节，每节上均有数根短毛。具 1 对发达透明前翅，其上附着 1 层薄薄的白色蜡粉；后翅退化为平衡棒。腹末端具有 2 对白色长蜡丝，交配器突出呈锥状。

卵 产在白色棉絮状的卵囊里。刚产下的卵橘色，随着时间延长，颜色逐渐变深，呈浅棕色或棕绿色。

若虫 淡黄色至橘黄色。1 龄若虫体长 0.7～0.8mm，宽 0.3～0.4mm；2 龄若虫长 0.7～1.1mm，宽 0.3～0.7mm；3 龄 若 虫 长 1.0～1.7mm， 宽 0.8～1.0mm。2～3 龄若虫在其体背亦可见成对的黑斑。

蛹 浅棕褐色，长 1.4～1.5mm，腹部前端宽 0.4～0.5mm。

生物学特性：雌虫生活史包括卵、1 龄若虫、2 龄若虫、3 龄若虫和成虫，雄虫包括卵、1 龄若虫、2 龄若虫、预蛹、蛹和雄成虫。在 27℃的实验条件下，

枝条上的若虫与雌成虫 - 扶桑 -20190819- 福州市晋安区新店镇象峰村

1年10～15代，世代重叠，各虫态并存。单头雌性成虫产卵量200～862粒，以低龄若虫或卵在土中、作物根、茎秆、树皮缝隙中、杂草上等越冬。高温低湿有利于扶桑绵粉蚧的迅速繁殖，增加为害程度。

粉蚧易转移扩散，通过风、水、床土、昆虫、家畜、野生动物以及人类活动进行短距离扩散，被寄生材料的调运等远距离传播，使其迅速扩散到新地区。

枝条上被蚂蚁守护的若虫与雌成虫 - 扶桑 -20190819- 福州市晋安区新店镇象峰村（蔡守平拍摄）

藤壶蜡蚧 *Ceroplastes cirripediformis* Comstock

分类地位：半翅目 Hemiptera 蚧总科 Coccoidea 蚧科 Coccidae

国内分布：该虫为近年 1 种新入侵我国的蚧虫，分布于福建（福州、厦门、沙县、永安）、广东、广西、江西、浙江、贵州、云南、四川。

寄主植物：在国外寄主报道很多，计 62 科 121 属。在国内，寄主植物主要为假连翘，其次为秋枫（大戟科），还在长隔木（茜草科）、雪松（松科）、白酒草（菊科）和梨树（蔷薇科）上发现。

危害特点：若虫、成虫以直接吸食汁液及排泄蜜露诱发煤污病两种方式为害寄主植物。该蚧可在栽植绿篱的金叶假连翘枝条上密集分布，造成枝枯、叶落，甚至成片死亡。

形态特征

雌成虫 雌成虫蜡壳污白至灰白色，周缘蜡层较厚。背面观大多为圆形或椭圆形，有时为不规则图形，背面常隆起很高。蜡壳长 3.5 ～ 6.0mm，宽 2.5 ～ 5.0mm，高 2.5 ～ 5.5mm。蜡壳常分为 7 个小板块，背顶部 1 块，其中央有一暗褐色小凹，1、2 龄干蜡帽位于凹内，周缘蜡板 6 块，每侧 2 块，前后各有 1 块，近方形。初期，小蜡块中央仍可以辨别出 1、2 龄的干蜡芒，形成蜡眼，内含白蜡堆积物，每小块蜡壳之间有明显的凹痕为界限。体两侧气门处各有 1 个白色气门蜡带。后期蜡壳呈淡褐色，背面明显凸起。虫体黄色至淡褐色，椭圆形，长 1.5 ～ 3.0mm，宽 1.4 ～ 2.5mm。触角 7 节。触角间具 1 对长毛和 1 对短毛。足 3 对。

若虫 1、2 龄蜡壳长椭圆形，白色，背中有 1 长椭圆形蜡帽，盖住体背大部分，帽顶有 1 横沟，体缘有放射状排列的干蜡芒。

生物学特性：藤壶蜡蚧的雌虫有 3 个若虫期，蜕皮后变为雌成虫；雄虫有 2 个若虫期，然后经预蛹和蛹期，蜕皮后变为雄成虫。在美国佛罗里达 1 年 1 代，以雌成虫越冬。1 龄和 2 龄若虫通常沿叶片正面主脉寄生，3 龄后返回枝条。在埃及 1 年 2 代。

该蚧近距离传播依靠 1 龄若虫在植株上爬行，或凭借风力、鸟类、人和昆虫的携带扩散；远距离传播则随有虫苗木的调运传播。

雌成虫蜡壳 - 假连翘（黄金叶）-20160415- 福州马尾区

佛州龟蜡蚧 *Ceroplastes floridensis* Comstock

中文别名： 白蜡介壳虫

分类地位： 半翅目 Hemiptera 蚧总科 Coccoidea 蚧科 Coccidae

国内分布： 福建（宁德、罗源、莆田、惠安、泉州、南安、漳州、龙岩）、河北、山东、江苏、安徽、浙江、江西、湖南、台湾、广东、广西、四川、云南。

寄主植物： 多食性，寄主范围广，如榕、天竺桂、茶树、樱桃、夹竹桃、杜英、冬青、月桂、梨、桃、金合欢、无花果、棕榈科植物、波罗蜜、柑橘、枇杷、栀子、杜果、楠、木荷、厚皮香等。

危害特点： 若虫和雌成虫刺吸枝、叶汁液，排泄蜜露，常诱致煤污病严重发生，削弱树势，重者枝条枯死。

形态特征

成虫 雌成虫体长 2～3mm，椭圆形，紫红色，背覆白色蜡质介壳，表面有龟背纹状凹纹，触角鞭状，头胸腹不明显，腹面末端有产卵孔。雄成虫体长约 1.3mm，体棕褐色，头及前胸背板色深，触角鞭状，翅白色透明，具 2 条白色明显脉纹。

卵 椭圆形，初产时为浅橙黄色，后渐变深，近孵化时为紫红色。

若虫 初孵化若虫体扁平，椭圆形，触角丝状，复眼黑色。雌虫体背部隆起，周边有 7 个圆突，状似龟甲；雄虫蜡壳为长椭圆形，似星芒状。

蛹 梭形，棕褐色。

生物学特性： 福州 1 年 2 代，以雌成虫及少数 3 龄若虫越冬；若虫共 3 龄，无雄性个体，营孤雌生殖；第 1 代发生于 3～7 月，第 2 代发生于 7 月至翌年 3 月。各代盛卵期分别是 4 月和 8 月上中旬，若虫孵化期为 5 月中旬和 8 月下旬至 9 月上旬；每头雌成虫平均产卵约 500 粒。

蜡壳与煤污病 - 天竺桂 -20161108- 福建永泰县城关镇

蜡壳与煤污病 - 杜英 -20160730- 福建松溪县城关大街

考氏白盾蚧 *Pseudaulacaspis cockerelli* (Cooley)

中文别名： 白桑盾蚧、贝形白盾蚧、考氏齐盾蚧、椰子拟轮蚧

分类地位： 半翅目 Hemiptera 蚧总科 Coccoidea 盾蚧科 Diaspididae

国内分布： 除山西、陕西、青海、宁夏、西藏等省（自治区）外，广泛分布于我国各地。

寄主植物： 为害林木、果树、花卉以及红树林等百余种植物。

危害特点： 是多种植物上发生普遍且严重的害虫。本种有 2 个型，即食干型、食叶型。以若虫、雌成虫固定在叶片、小枝及树干上，刺吸汁液，受害叶片出现褪绿的斑点，轻者影响植株生长，严重时叶片布满白色介壳，并诱发煤污病，导致提前落叶、落花与落果，甚至死亡。

形态特征

成虫 雌介壳长 2～4mm，宽 2～3mm，梨形或卵圆形，表面光滑，雪白色，微隆；2 个壳点突出于头端，黄褐色。雄介壳长约 1.2～1.5mm，宽 0.6～0.8mm；表面粗糙，背面具一浅中脊，白色，只有 1 个黄褐色壳点。雌成虫体长 1.1～1.4mm，纺锤形，橄榄黄色或橙黄色，前胸及中胸常膨大；触角间距很近，触角瘤状，上生 1 根长毛；中胸至腹部第 8 腹节每节各有 1 腺刺，前气门腺 10～16 个；臀叶 2 对发达，中臀叶大，中部陷入或半突出。雄成虫体长 0.8～1.1mm，翅展 1.5～1.6mm；腹末具长的交配器。

卵 长 0.2～0.3mm，长椭圆形，初产时淡黄色后变橘黄色。

若虫 初孵淡黄色，扁椭圆形，长 0.2～0.4mm，眼、触角、足均存在，分泌蜡丝覆盖身体，腹末有

雌成虫与卵 - 茶花 -20110419- 福建闽侯桐口林场

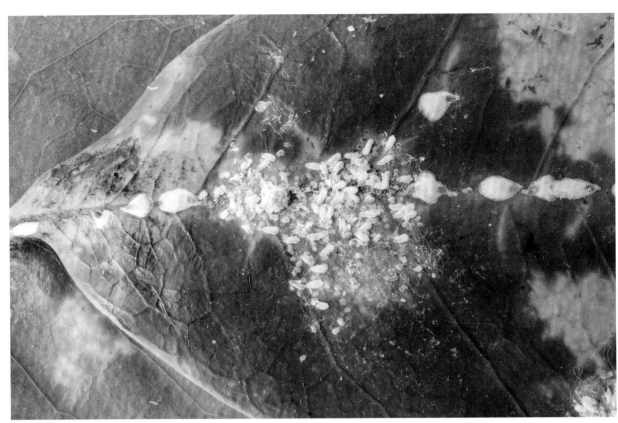

雌成虫与初孵若虫 - 含笑 -20171023- 福建尤溪县洋中镇

雌成虫与 2 龄雄若虫 - 含笑 -20171019- 福建尤溪县洋中镇

2根长尾毛。2龄长0.5～0.8mm，椭圆形，眼、触角、足及尾毛均退化，橙黄色。

蛹 长椭圆形，橙黄色。

生物学特性： 1年发生世代数因各地的气候与寄主不同而有差异，一般3～6代。在福建福州1年6代，冬季无越冬现象，雌成虫全年可见。3月中旬、5月下旬、7月中旬和9月下旬为雌成虫产卵高峰。3月下旬1龄若虫种群数量开始上升，5月中旬和6月下旬虫口数量各有1次高峰，7月以后数量减少，11月上旬虫口数量又稍有回升。

雌成虫寿命长达一个半月左右，多固定叶片正面，沿叶脉分布为害，叶背面较少，偶尔也见绿色茎上有分布，木质化枝条不被害。雌虫春季产卵量高，夏季高温产卵量少。雌成虫产卵于介壳末端的空位中，同一介壳内的卵孵化先后不一，留下白色不透明的卵壳；产卵量42～130粒。雄成虫口器退化，不为害，寿命短，交配后不久即死亡。初孵若虫很活泼。1龄若虫雌雄形态完全一致，但它们固定取食的部位以及分泌的蜡丝不同，可将它们区别开来。雌若虫多分散固定叶片正面，沿主脉和侧脉分布，固定取食后，并分泌极细柔软丝覆盖于虫体背面形成一薄层。雄若虫多爬至叶片背面，十几至几十只群集一处，分泌白色棉絮状蜡丝，弯曲盘绕于群集的虫体背上。2龄雌若虫固定于1龄蜕皮壳下，继续分泌蜡质于体背；2龄雄若虫分泌白色蜡质丝形成松软的长形介壳，预蛹和蛹均在介壳内度过。

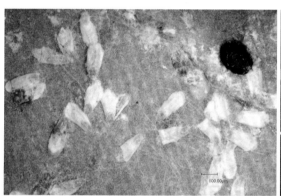

雄蛹壳 - 茶花 -20110419- 福建闽侯桐口林场

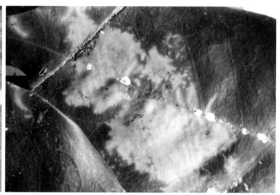

叶正面被害状 - 含笑 -20171019- 福建尤溪县洋中镇

叶背面被害状 - 含笑 -20171019- 福建尤溪县洋中镇

苏铁白轮盾蚧 *Aulacaspis yasumatsui* Takagi

分类地位： 半翅目 Hemiptera 蚧总科 Coccoidea 盾蚧科 Diaspididae

国内分布： 福建、广东、四川、贵州、香港、台湾等。

寄主植物： 主要为害苏铁科、泽米铁科与蕨苏铁科的多种植物，其中以苏铁属受害最为严重。

危害特点： 可寄生苏铁全株（根、茎干、羽叶、鳞叶、大小孢子叶、种子等各部位）。大多分布于羽叶背面，少数分布于羽叶正面；受害严重时，整个植株覆盖厚厚的介壳（含死亡的蚧虫），极为醒目，叶片黄化，如果大部分羽叶都受害，可导致植株枯死。

形态特征

　　成虫　雌虫介壳白色，介壳因个体拥挤或叶脉限制其形状多变，一般为梨形、椭圆形或不规则形，长 1.5 ～ 2.2mm，宽 1.2 ～ 2.0mm，壳点 2 个，突出于介壳前端，第 1 壳点通常浅黄褐色，第 2 壳点黄褐色或浅黄褐色；雌成虫体橘黄色，长梨形，长 0.9 ～ 1.0mm，宽 0.5 ～ 0.6mm，臀板凹较明显，近产卵的雌成虫为橙色。雄虫介壳白色，长条形，具 3 条纵脊，长约 0.9mm，宽约 0.4mm，前端具 1 个浅黄褐色的壳点；雄成虫橙红色至褐色，似小蚊，口器退化，足及触角发达，具 1 对白色半透明的翅，腹末有 1 条细长的针状交尾器。

　　卵　橙黄色至橙红色，长椭圆形，长约 0.2mm，近孵化的卵可见 2 个黑色眼点。

　　若虫　初孵若虫长椭圆形，体扁平，颜色和卵相近，有 1 对复眼，3 对足，尾部有 2 根很细的尾毛；1 龄若虫固定取食后体形开始增大，体色变为浅黄色，体形由原来的长椭圆形变为卵圆形，由扁平变为背部隆起，1 龄老熟若虫体色为黄色；2 龄若虫触角和足都已退化，在头部还能见到 1 对眼点。2 龄雌蚧体浅黄色，形态上和雌成虫相似。

生物学特性： 苏铁白轮盾蚧在福建厦门大致 1 年 7 代，在深圳 1 年 7 ～ 8 代，世代重叠现象明显。该虫在深圳没有明显越冬现象，卵、若虫和成虫全年可见。

羽叶正面受害状 - 苏铁 -20150625- 福州国家森林公园

羽叶叶柄基部受害状 - 苏铁 -20150625- 福州国家森林公园　　雌球花受害状 - 苏铁 -20200529- 福州晋安区福新中路

在气温较高的夏季，1 个月就能完成 1 个世代。

雌虫产卵量 32 ～ 134 粒。卵产在介壳下，产卵期通常 1 个月左右。卵期 7 ～ 10 天。若虫孵化后在介壳内停留数小时后才从介壳边缘缝隙爬出，有的若虫不爬出介壳，而在介壳下固定生长，以致介壳重叠。1 龄若虫自然死亡率较高。雌性 2 龄若虫蜕皮后变为雌成虫，即将产卵的雌成虫体为橙色，并停止泌蜡。雄虫的发育是渐变态发育，2 龄雄蚧蜕皮后进入预蛹和蛹期，再蜕皮羽化后成为有翅雄成虫。雄蚧羽化后，即可进行交配，一般在羽化后 2 天内死亡。

在羽叶上，通常叶柄和叶轴上的虫口密度比叶片上的大，下层的羽叶（老叶）通常比上层（新叶）的受害严重。相同生境下，丛生苏铁以及密不透风的苏铁上盾蚧分布多、为害重。

受害严重的苏铁 -20200529- 福州晋安区福新中路

梨冠网蝽 *Stephanitis nashi* Esaki & Takeya

中文别名：梨花网蝽、梨网蝽、梨军配虫

分类地位：半翅目 Hemiptera 网蝽科 Tingidae

国内分布：北京、天津、河北、山东、河南、浙江、湖北、江西、湖南、福建、广东、海南、四川、台湾。

寄主植物：梨、桃、苹果、樱桃、海棠、李、杏、枣等。

危害特点：以成虫、若虫群集叶片背面刺吸汁液，轻者受害叶片密布失绿小斑点，有深褐色排泄物；重者受害叶片变褐色，引起早期落叶，严重影响树体发育和花芽形成，造成当年秋季开二次花，直接影响生长、观花。

形态特征

成虫　体长 2.8 ～ 3.0mm，宽 1.6 ～ 1.8mm。头部红褐色，头上 5 根刺突黄白色；触角 4 节，第 2 节最短，第 3 节极长，第 4 节末端稍膨大呈棒状。前胸背板黄褐色，具深而粗的刻点，两侧向外突出呈翼片状。前翅半透明且宽大，翅面褐色斑较明显；最宽处具有 4 小室。前胸背部及前翅均布有网状花纹，以两前翅中间接合处的 "X" 形纹最明显；后翅膜质、白色透明。雌虫腹末锥形，雄虫腹末平截状。

卵　香蕉形，顶端有 1 个圆形的褐色卵盖。初

成虫 - 碧桃 -20180912 - 福州金鸡山公园

产时为淡绿色，半透明，后变为淡黄色。

若虫 初孵若虫体长约 0.6mm，白色透明；2 龄若虫腹板黑色；3 龄出现翅芽，在前胸、中胸和腹部第 3 ~ 8 节的两侧有明显的锥状刺突；5 龄体长约 1.8mm，浅黄色透明，宽阔扁平；触角淡黄褐色，被细毛；头部具 5 枚刺突，3 枚位于头前端，呈三角形排列，2 枚在头后方，呈"一"字形排列；前胸背板刺突 4 枚，中胸背板刺突 2 枚；翅芽伸达第 4 腹节，两侧各具 1 枚刺突；腹部背面刺突 4 枚，两侧刺突共 12 枚。腹部背面有 1 个大黑斑。

生物学特性：在福建（南平）1 年 5 代，11 月上旬以后成虫寻找适当场所，在枯枝落叶、枝干翘皮裂缝、杂草及土、石缝中越冬。

成虫 4 月上、中旬开始活动，群集于叶背取食和产卵。5 月中旬以后各虫态同时出现，以 7 ~ 9 月为害最重。雌虫产卵于叶背叶肉内，一生可产卵 17 ~ 200 粒，越冬代雌虫产卵可达 400 粒。若虫共 5 龄，初孵若虫不甚活动，有群集性，2 龄后逐渐扩大活动范围。成、若虫喜群集于叶背主脉附近，叶面受害处呈现黄白色斑点，叶背和下边叶面上常落有黑褐色带黏性的分泌物和粪便。

3 龄若虫 - 碧桃 -20180912- 福州金鸡山公园（宋海天拍摄）

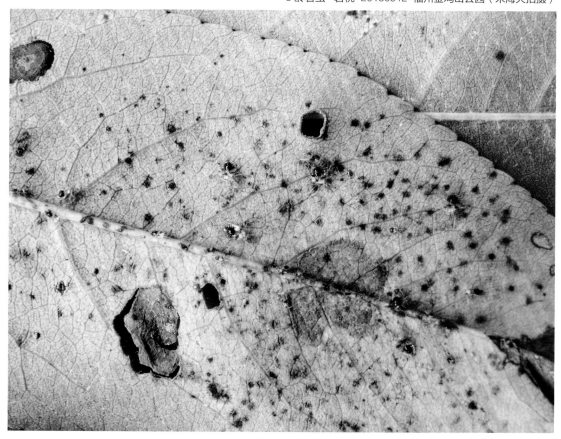

为害状（叶背）- 碧桃 -20180912- 福州金鸡山公园

杜鹃冠网蝽 *Stephanitis pyrioides* (Scott)

中文别名：杜鹃网蝽、杜鹃军配虫

分类地位：半翅目 Hemiptera 网蝽科 Tingidae

国内分布：辽宁、江苏、安徽、浙江、江西、福建、广东、广西、湖南、四川、台湾等。

寄主植物：杜鹃属、马醉木属等。

危害特点：以若虫和成虫刺吸为害叶片，叶正面出现白色小斑点，严重时斑点连成一片，甚至全叶失绿苍白；所排泄的黑色小颗粒状粪便，使叶背呈现锈黄色污斑，严重时导致提早落叶和不能开花。

形态特征

成虫　体长 3.0 ~ 3.5mm，宽 1.8 ~ 2.0mm。体黑褐色。头部褐色，头刺 5 枚灰黄色。触角 4 节，第 3 节色浅而细长，第 4 节略向内弯并被半直立毛。前胸背板黄褐色，密布刻点。前翅较宽大而长，翅面密布网状纹，翅脉暗褐色；翅前缘自基部至中部呈圆弧状弯曲，端部略向外分歧，"X"形褐斑较明显。雌成虫腹圆，呈纺锤形；雄成虫腹部细小，呈长卵形。

卵　香蕉形，末端稍弯，长约 0.5mm，宽约 0.2mm。

若虫　体黑褐色，扁平；前胸发达，翅芽明显；复眼发达，红色；头顶具 3 根等腰三角形排列的笋状物；腹背第 2、4、5、7 节背面各有 1 根明显的刺状物，体侧有 1 对刺状物，随虫体增大而明显。

生物学特性：杜鹃冠网蝽在福州 1 年 5 代，6 ~ 7 月虫口数量最多，为害最重；浙江绍兴 1 年 5 ~ 6 代。以成虫、若虫在落叶下、杂草、植株翘皮内、土隙中越冬。翌年 4 月成虫产卵，5 月第 1 代若虫孵化，经 20 天左右变为成虫；卵经 5 ~ 7 天孵化为若虫，为害至秋冬。若虫共 5 龄，完成 1 个世代需 30 天左右。

成虫刚羽化时为粉白色，不善飞翔，常静伏叶背吸取汁液。卵多产于寄主叶背、主脉两侧的组织中，少数产于边缘及主脉上，外面覆盖有褐色胶状物。刚孵化和蜕皮的若虫全身雪白色，随着虫体增长，体色逐渐加深。若虫群集性强，不大活动，若虫、成虫常群集于叶背主侧脉附近吸汁为害。高温干燥有利于大量繁殖为害。

成虫 - 杜鹃 -20120420- 福州（江凡供图）

若虫 - 杜鹃 -20100928-福州

健康叶与受害叶正面 - 杜鹃 -20190321-福建省林科院

健康叶与受害叶背面 - 杜鹃 -20190321-福建省林科院

麻皮蝽 *Erthesina fullo* (Thunberg)

中文别名：麻椿象、黄斑蝽、麻纹蝽

分类地位：半翅目 Hemiptera 蝽科 Pentatomidae

国内分布：北起黑龙江，南到海南均有分布。

寄主植物：多食性，已发现可取食上百种不同科的林木、果树及花卉植物。

危害特点：成虫及若虫吸食嫩梢、果实汁液，造成寄主植物枯叶及落叶，影响生长；果实品质下降，影响产量。

形态特征

成虫　雌虫体长 19～23mm，雄虫体长 18～21mm；体黑褐色，密布黑色刻点和细碎不规则黄斑。触角黑色，第 1 节短而粗大，第 5 节基部 1/3 为浅黄白色或黄色。头部前端至小质片基部有 1 条明显的黄色细中纵线。前胸背板前缘和前侧缘具黄色窄边。各腿节基部 2/3 浅黄色，两侧及端部黑褐色；胫节黑色，中段具淡绿白色环斑。

卵　馒头形或杯形，直径约 0.9mm，高约 1mm。初产时乳白色，渐变淡黄或橙黄色，顶端有 1 圈锯齿状刺。聚生排列成卵块，每块多为 12 粒。

若虫　初孵若虫体椭圆形，胸腹部有许多红、黄、黑 3 色相间的横纹。体长 1.0～1.2mm，宽 0.8～0.9mm。2 龄时体灰黑色，腹部背面具红黄色斑 6 个。老龄若虫体似成虫，密布黄褐色斑点。

生物学特性：在福建全年均可见成虫。在河南果树上 1 年 1 代，在云南蒙自石榴上 1 年 3 代，均以成虫越冬。3～4 月越冬成虫开始出蛰活动，卵块产于叶背，初孵若虫围绕卵块不食不动，3～5 天后蜕皮变成 2 龄，开始分散取食。低龄若虫喜群集为害，大龄若虫和成虫多分散为害。以 20～30℃活动最盛，5～9 月是若虫、成虫为害盛期，10 月开始成虫陆续在树洞、土缝、草丛、屋角、檐下、墙缝、枯枝落叶及草堆等处越冬。

成虫 - 樟树 -20180715- 福建省林科院

成虫 - 桃树 -20170418- 福州国家森林公园

雌虫产卵中 - 樟树 -20190813- 福建霞浦县牙城镇

初产卵 - 羊蹄甲 -20150813- 福州国家森林公园

近孵化卵 - 紫薇 -20180822 - 福州国家森林公园

初孵若虫 - 紫薇 -20180823 - 福州国家森林公园

初孵若虫 - 羊蹄甲 -20150816 - 福州国家森林公园

初孵若虫 - 苎麻 -20150818- 福建省林科院

若虫 - 樟树 -20190928- 福建泉州丰泽区

食虫虻捕食成虫 - 紫薇 -20180625- 福建省林科院

半翅目害虫的防治方法

一、蝉、木虱、粉虱的防治方法

1. 加强监测　做好虫情预测预报，及时发现，及早防治。

2. 林业防治　清除寄主植物下枯枝落叶、杂草，集中烧毁或深埋；开春刮除老翘皮，亦可消灭部分越冬虫源。

3. 化学防治　可用2.5%高效氯氰菊酯乳油1000倍液、48%毒死蜱乳油1000倍液、10%吡虫啉乳油1000倍液以及氟虫腈悬浮剂、高效氯氰菊酯乳油等喷雾防治。根据叶蝉成虫能迁飞、活动范围广、同类寄主植物种类多的特性，发生严重的年份要进行联合防治，同一地界连片防治要做到统一时间，园间杂草及旁边的同类寄主植物种都要喷药到位，不留死角，严重的寄主每隔7日1次，持续防治2次。桃一点叶蝉应重点抓住3月越冬成虫迁飞期和第1代卵孵化盛期及成、若虫大发生期进行防治。

二、蚜虫的防治方法

　　根据不同的治蚜要求，采取不同的防治措施和策略。应重点防除无翅胎生雌蚜，要求控制在点片发生阶段。要将蚜虫控制在虫源植物上，消灭在迁飞前，即在产生有翅蚜之前防治。

1. 林业防治　结合园林抚育、花圃管理，清除病虫枝、瘦弱枝以及过密枝，改善树体光照条件。在冬季或早春刮除老树皮、剪除受害严重枝条、铲除杂草、清除枯枝落叶等集中烧毁，减少虫源。

2. 物理防治　发生高峰期，在寄主植物附近悬挂铝箔条或覆盖塑料薄膜，利用铝箔或银色反光塑料薄膜拒（避）蚜；也可用黄皿或黄色薄型塑料板诱杀有翅蚜，达到降低虫口密度，减少传播蔓延的效果。冬季用石灰水涂白树干。

3. 生物防治 蚜虫天敌种类较多，如异色瓢虫、七星瓢虫、黑缘红瓢虫、二星瓢虫、四斑月瓢虫、草蛉、食蚜蝇、烟蚜茧蜂、日本蚜茧蜂、菜少脉蚜茧蜂等，极北柳莺取食丽绵蚜。对天敌多加保护利用。

4. 药剂防治 桃蚜为害期可选用40%乐果乳油每毫升兑水1000mL，或50%氰戊·马拉松每毫升兑水800mL，或2.5%溴氰菊酯乳油每毫升兑水2000mL，或20%氰戊菊酯乳油每毫升兑水3000mL，或50%抗蚜威可湿性粉剂每克兑水2000mL，或10%吡虫啉可湿性粉剂每克兑水3000mL喷雾。紫薇长斑蚜要早防早治，在天敌尚未大量出现前喷药，5月下旬至6月上旬是较好的防治时期，以后再防治2～3次对杀死无翅蚜效果良好，还可兼治其他害虫。尽量使用无毒或毒性很低的生物药剂，如1%印楝素水剂5000倍液、1.2%苦参碱烟碱乳油1000倍液、10%吡虫啉可湿性粉剂2000～3000倍液等。丽绵蚜先用高压清水或中性洗衣粉200倍液冲洗寄主树干、枝叶，喷淋掉害虫身上白色棉絮状蜡状物，待树体干燥后，再喷洒10%吡虫啉1000倍液，或40%乐果乳油1000倍，或2.5%溴氰菊酯乳油1500倍液，10天左右喷施1次，连续2～3次；或用40%乐果乳油直接涂抹树干；有条件的地方可配制松脂柴油乳剂进行防治。

三、蚧虫的防治方法

1. 林业防治 加强养护，合理密植，合理疏枝，剪除虫害严重的枝叶，保持通风透光的良好条件。环境污染会显著提高蚧虫的种群数量，减少环境污染是佛州龟蜡蚧综合防治的主要措施之一。

2. 生物防治 保护和利用天敌，如蚧小蜂、跳小蜂、姬小蜂、草蛉和瓢虫等。蚧多腔菌（Myriangium duriaei）对考氏白盾蚧也有很高的寄生率。

3. 药剂防治 要科学施药，应掌握低龄若虫高峰期用药。初孵若虫体上的保护物少，而且其活动范围较大，最易着药。扶桑绵粉蚧1～2代1龄历期长，白色蜡状分泌物少，且虫态相对整齐，尚未形成世代重叠，是防治的最佳时期。因此，初孵若虫盛期的5月中旬和6月下旬为一年中防治的重要时期。可选喷10%吡虫啉可湿性粉剂1000～2000倍液、25%高效氯氰菊酯乳油1000～1500倍液、80%敌敌畏乳油1000倍液、50%稻丰散乳油1000～1500倍液、50%马拉硫磷乳油1000倍液、50%灭蚜松乳油1000～1500倍液、2.5%溴氰菊酯乳油1000～1500倍液等。喷药时做到均匀，整株喷药，叶片正反面都要喷到药液，同时对田间、沟边、路边的其他寄主植物也要同时喷药防治。

四、蝽象的防治方法

1. 林业防治 秋冬季清除林间枯枝落叶、杂草等集中烧毁或深埋，消灭越冬若虫。改善林内通风透光条件。

2. 物理防治 人工采集卵块或捕捉群集的若虫。利用成虫假死性进行摇落扑杀。刮除粗皮、翘皮消灭部分越冬虫源。利用麻皮蝽等越冬成虫入蛰和出蛰初期喜在墙壁上爬行的习性，进行人工捕杀。利用蝽象成虫早晚不善飞行的特点，早晚震落捕杀。9月中下旬，可在寄主林分附近的树上、墙上等处挂瓦楞纸箱、编织袋等折叠物，诱集成虫在其内越冬，然后集中灭杀。

3. 生物防治 释放寄生蜂。5月下旬是多种蝽的产卵高峰期，也是寄生蜂的盛发期，此时可收集寄生蜂卵块放在容器中（上盖纱布），待寄生蜂羽化后，将蜂放回林间，以提高自然寄生率。保护蜘蛛、螳螂等天敌。也可喷施白僵菌、绿僵菌防治若虫、成虫。

4. 药剂防治 利用蝽象喜食甜液的特性，配制毒饵诱杀，采用20份蜂蜜、19份水、加入1份2.5%溴氰菊酯乳油混合成毒饵，涂抹在2～3年生枝条上。发生量大时，可用化学农药防治，但要注意掌握在成虫产卵前和若虫孵化盛期进行。药剂可参考蝉、蚧等的防治。

蛛形纲 绒螨目

叶螨 Spider mite

我国南方园林植物发生较为广泛的螨类多为叶螨，俗称"红蜘蛛"。主要种类有叶螨科（Tetranychidae）的柑橘全爪螨 *Panonychus citri*（McGregor）、神泽叶螨 *Tetranychus kanzawai* Kishida、截形叶螨 *T. truncatus* Ehara、柏小爪螨 *Oligonychus perditus* Pritchard & Baker、石榴小爪螨 *O. punicae*（Hirst）以及细须螨科（Tenuipalpidae）的卵形短须螨 *Brevipalpus obovatus* Donnadieu 等。

分类地位： 蜱螨亚纲 Acari 绒螨目 Trombidiformes 前气门亚目 Prostigmata 叶螨总科 Tetranychoidea

国内分布： 广泛分布我国南方。

寄主植物： 女贞、石楠、枫香、茶花、银杏、樱花、刺槐、鸡蛋花、桂花、蔷薇、扶桑、海棠、杨柳、龙柏、橡皮树、棕榈、樟树、榕树、泡桐、竹类等不同种类园林植物。

危害特点： 以若螨和成螨在植物叶片上用口针刺吸汁液，导致叶片产生褐色失绿斑点，有些种类在叶上吐丝结网，影响植物的生长发育，造成树势衰弱。危害严重时引起黄叶、落叶等，可使寄主成为光杆，进而死亡。

形态特征

体型微小，体长一般为 0.2 ～ 0.6mm，少数种类可达 1mm。多为椭圆形或圆形，有红、橙、褐、黄、

柑橘全爪螨 - 樟树 -20191014- 福建省林科院

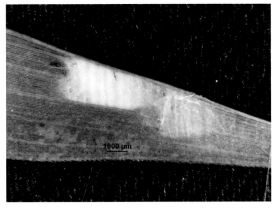

叶螨为害状（丝网）- 竹子 -201907- 福州鼓岭（徐云摄）

上，多的可达 20 多代，世代重叠。主要以卵和成螨在芽鳞、潜叶蛾危害的僵叶、卷蛾危害的虫苞内及叶背等处越冬，部分在枝条裂缝内越冬，南方温暖地区没有明显的越冬现象。15 ～ 30℃为发育和繁殖的适宜温度。降雨尤其是暴雨是降低种群密度的重要因素，高温干旱则有利于种群迅速增长。

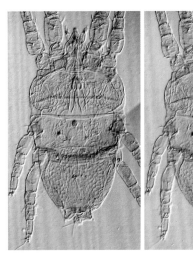

卵形短须螨雄螨背面观　　　　卵形短须螨雄螨腹面观
（徐云摄）　　　　　　　　　　（徐云摄）

绿等色，体侧常具黑色斑点。体壁柔软，表皮具线状、网状、颗粒状纹或褶皱。背毛 12 ～ 16 对，呈刚毛状、叶状或棒状。螯肢针状，位于可伸缩的针鞘内。须肢 5 节，胫节具尖爪。各足跗节爪具粘毛，爪间突常生有刺毛簇但无粘毛。足 I、II 跗节通常具有 1 根感觉毛和 1 根触觉毛相伴而生，称为双毛结构。雌螨生殖区具褶皱，生殖孔横裂。雄螨的阳茎高度骨化，形状各异，对种类鉴定具有十分重要的意义。
生物学特性： 叶螨生活史周期短，一般一年 10 代以

叶螨的防治方法

由于螨类个体小、繁殖快、世代短、暴发性、对药剂易产生抗性，给防治带来一定的困难，因此应根据预测预报，在防治上必须采取治早、治少的早期控制策略。全年防治工作应抓住秋冬、早春的防治，以及发生盛期前的防治。

1. 林业防治　冬季园林植物抚育管理时，剪除发生严重的枝梢，清理填埋枝叶，降低越冬虫口基数。部分叶螨的繁殖受到叶片中高含量氨基酸的抑制，可以通过增施氮肥提高抗性。

2. 生物防治　天敌对控制叶螨危害具有十分重要的作用，保护好瓢虫、草蛉、捕食螨、小花蝽等天敌。人工释放捕食螨，每亩5万～7万头。

3. 化学防治　防治时应做好螨情调查，当出现"发虫中心"，叶片每平方厘米3～4头时可进行喷药防治。一是抓住峰前防治，挑治中心株或重点防治，可选用的药剂有：矿物油99%绿颖乳油100倍液、0.36%苦参碱乳油300倍液、15%哒螨灵乳油3000～4000倍液、73%克螨特乳油2000倍液、5%噻螨酮乳油3000倍液、20%双甲脒乳油1000～2000倍液等。一般一个高峰期仅喷药1次即可。二是秋后再进行一次越冬前防治或早春防治，对减少来年越冬螨口有重要意义。冬防可用45%石硫合剂晶体150～200倍液等，或80%代森锌可湿性粉剂800～1000倍液加0.2%洗衣粉。

第四章

虫瘿类

鸭脚树星室木虱 *Pseudophacopteron alstonium* Yang & Li

分类地位： 半翅目 Hemiptera 小头木虱科 Paurocephalidae

国内分布： 福建（福州）、广东、广西、云南等地。

寄主植物： 盆架树（又名糖胶树）。

危害特点： 主要为害叶片，症状为在叶片表面形成大小不等乳突状虫瘿，虫瘿贯穿叶片，致使叶片卷曲、变黄，每片叶片上虫瘿数量少者数个，多者可达 100 个以上。虫瘿数量较多时，造成叶片短小、皱缩、畸形、扭曲，甚至脱落。

形态特征

　　成虫　成虫体黑褐色，头部横宽，额的中央有一锥状突；复眼突出，黑色；触角 10 节，淡黄色，端部 2 节黑色、变粗，顶生 1 对近等长的长刚毛；翅透明，翅脉黄褐色；胸足 3 对，前足、中足较细弱，后足粗壮，胫节外侧具刺 2 列。

　　卵　呈白色至淡黄色，长茄形或长椭圆形，一端钝圆，一端渐细，较细一端有丝状细柄。在卵发育的后期可看到周围伴有多根细丝，且卵的颜色加深。

　　若虫　若虫共 5 龄，虫体扁平，呈长椭圆形，周缘有细丝，虫体淡黄色，随着龄期增加，体色逐渐加深。末龄若虫体长 1.5 ～ 1.8mm，宽约 0.96mm，体黄色，背面具红褐色斑。头部褐色，中央由黄色粗纵带分割为 2 块。复眼大而圆凸，红紫色。触角长 0.43 ～ 0.49mm，基部 2 节粗大，鞭节则渐细，密布不规则小环。中、后胸背板大部分为褐色，且疏生刚毛，中央由黄色纵带隔开。前、后翅芽均宽大，褐色，外缘具长短不一的刚毛。前翅芽的背面亦疏生刚毛。腹部圆形，周缘及背面具刚毛，1 ～ 6 节背面具褐色横带，端部的节全为褐色。

生物学特性： 该虫的生活史周期短，在适宜的环境条件下，完成 1 个世代大约 25 ～ 30 天，1 年多个世代，

受害严重的盆架树 -20170709- 福州南江滨公园

世代重叠严重。若虫在虫瘿内取食、生长、发育，若虫将要羽化时，在虫瘿的凹陷处出现 1 条裂缝；若虫从裂缝处爬出虫瘿外，完成最后 1 次蜕皮，羽化为成虫，羽化孔多集中在叶背面。成虫多产卵在嫩叶的正面边缘，叶背的主脉、侧脉和叶肉上也有分布，偶尔也在嫩茎和嫩果荚上产卵。每叶有卵几十粒至上百粒。卵散产，裸露。多呈线状排列整齐，似叶缘上的细锯齿。叶片的产卵区域早期会向后反卷。成虫有趋光性，喜在新梢、嫩叶、叶芽上活动，善跳跃，有一定的趋黄性。

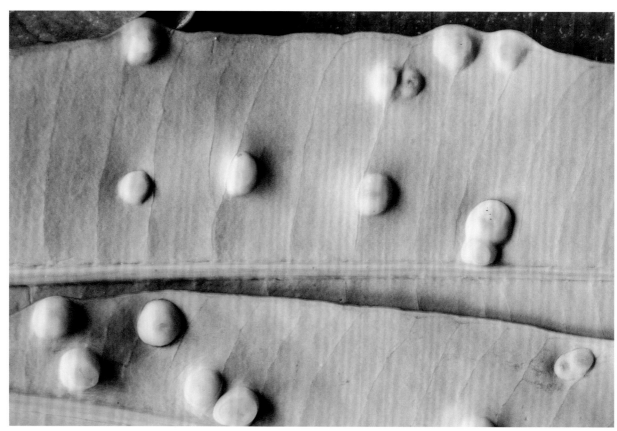

叶背面的虫瘿 - 盆架树 -20180912- 福州金鸡山公园

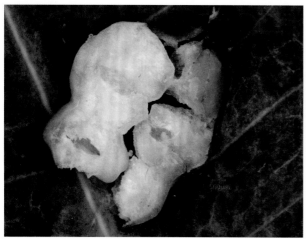

虫瘿剖面 - 盆架树 -20180912- 福州金鸡山公园（曾丽琼拍摄）

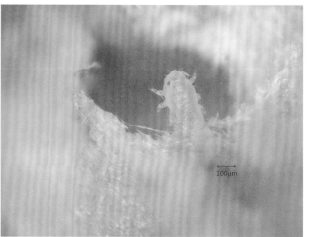

若虫 - 盆架树 -20180912- 福州金鸡山公园（曾丽琼拍摄）

樟叶个木虱 *Trioza camphorae* Sasaki

中文别名：樟个木虱、樟木虱

分类地位：半翅目 Hemiptera 木虱科 Psyllidae

国内分布：福建（福州、厦门、宁德、福安、霞浦、漳州、南平、三明、永安、沙县、尤溪）、江苏、上海、安徽、江西、河南、湖南、台湾等。

寄主植物：香樟等樟科植物。

危害特点：10 年生以下幼树更易受害，导致叶片扭曲变形、脱落，影响生长。

形态特征

　　成虫　雌虫体长 1.6～1.9mm，翅展 4.2～5.0mm；雄虫体长 1.3～1.4mm，翅展 3.5～4.0mm；体淡黄色。触角丝状，10 节，基部 2 节粗短，第 3 节最细长；基部 7 节黄色，端部 3 节黑色，第 9～10 节逐渐膨大，呈球杆状，末端有 2 根刚毛。前胸背板黄色，后胸背板具隐约可见黄色斑 4 小块，腹部背面有 7 条黄褐色横带，雄虫不明显。前翅革质透明，翅脉黄色，近顶角处有 1 黑色小翅痣。雌性腹末生殖板呈鸟啄状，内存产卵器；雄性腹末呈圆锥状，伸出棍状阳具和镰刀状抱器。

　　卵　长 0.18～0.22mm，宽 0.04～0.06mm，香蕉形，一端尖，另一端较钝，钝端有 1 短柄，以短柄附着于嫩叶上。卵初产时乳白色，3～5 天转淡

虫瘿正面 - 樟树 -20150623- 福州国家森林公园　　　　虫瘿背面 - 樟树 -20150623- 福州国家森林公园

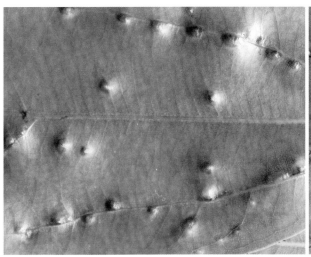

虫瘿正面 - 天竺桂 -20160426- 福州国家森林公园　　　　虫瘿背面 - 天竺桂 -20160426- 福州国家森林公园

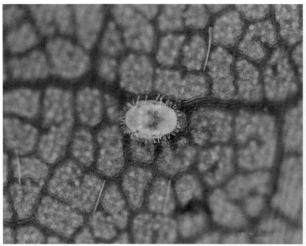

2 龄若虫 - 樟树 -20190308- 福建省林科院（宋海天拍摄）

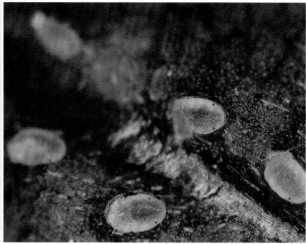

3~4 龄若虫 - 天竺桂 -20160426- 福州国家森林公园

5 龄若虫 - 天竺桂 -20160426- 福州国家森林公园

若虫寄生蜂 - 天竺桂 -20160426- 福州国家森林公园

褐色，孵化前变黑色，具光泽。

　　若虫　共 5 龄。1 ～ 2 龄若虫体长仅 0.2 ～ 0.3mm，扁椭圆形，翅芽不可见，乳白色半透明到淡黄白色。若虫 3 龄起分泌出许多纤细白色蜡丝附于虫体背面。4 龄起可见明显翅芽，5 龄肥大，背面拱起，呈黄褐色。虫体背面附一盾盖，上有梅花状白色腊毛束。

生物学特性：樟叶个木虱在福建 1 年 1 代，少数 2 代，以中老龄若虫在被害叶的虫瘿中越冬。翌年 3 月上旬开始羽化，3 月中旬为羽化高峰期，4 月初羽化结束。卵 3 月下旬开始孵化，4 月上、中旬达到孵化高峰，并以当代若虫越冬。1 年 2 代者，若虫 5 月初羽化，5 月中、下旬第 2 代若虫陆续孵化，并以该代若虫越冬。成虫卵散产或成行产于春梢或夏梢的嫩叶上，尤以叶缘、叶尖为多。卵期 8 ～ 15 天。若虫孵化后，先在嫩梢或叶片上缓慢爬行几小时至 1 天后，在嫩叶叶背以口器刺入叶组织，固定取食，吸取汁液，不再移动。为害初期，叶面出现相当于虫体大小、椭圆形、黄绿色的褪绿斑点，随着虫体长大，斑点不断扩大。若虫 3 龄时，被害处叶背出现凹陷，虫体匿居凹陷中，被害处叶面增生、加厚、颜色加深呈紫红色，形成虫瘿。4 龄后，虫瘿更加膨大，颜色转为紫黑色。成虫亦在嫩芽、嫩叶吸汁，被害处出现褐色小斑点。

榕管蓟马 *Gynaikothrips uzeli* (Zimmerman)

中文别名： 榕母管蓟马

分类地位： 缨翅目 Thysanoptera
管蓟马科 Phlaeothripidae

国内分布： 福建、浙江、台湾、广东、海南、广西、贵州、四川、重庆、云南、江西、上海以及北方的温室内。

寄主植物： 榕树、金叶榕、小叶榕、橡胶榕、垂叶榕、无花果、气达榕、杜鹃、龙船花、人面子、灰莉、杧果、鹅掌柴等。

危害特点： 成虫和若虫锉吸榕树等植物的嫩芽、嫩叶，致使形成大小不一的紫红褐色斑点，后沿中脉向叶面折叠，形成饺子状的假叶瘿，数十头至上百头成虫、若虫在虫瘿内吸食为害。危害严重时造成树叶布满红褐色斑点，叶卷曲、畸形、变色、脱落。受害榕树生长发育受抑，降低其观赏价值。

形态特征

　　成虫　雌虫体长 2.6mm 左右，体黑色。触角 8 节，第 1、2 节棕黑色，第 3 ～ 5 节及 6 节基半部黄色。翅无色。前翅很宽，边缘直，不在中部收缩；间插缨 13 ～ 15 条，翅基部具并行的鬃 3 根，后缘端部生间插缨 18 ～ 20 根。前足股节不增大，跗节内侧具小齿。管长是头长的 1.2 倍。雄虫腹部第 9 节侧鬃及管状体均短于雌虫。

　　卵　椭圆形或肾形，长约 0.38 ～ 0.51mm，初时为乳白色后期变为淡黄色，发育到胚后期时，可看到 1 对红色眼点。

　　若虫　共 5 龄。1 龄若虫体长约 0.5mm，体小透明，没有明显的分节；2 龄若虫体长约 1.5mm，开始出现明显的分节，胸部向后腹部变细呈长锥形，后期尾管变尖并发黑；3 龄若虫体长约 1.9mm，翅芽尚未生成；4 龄若虫体长约 2.2mm，开始出现翅芽；5 龄若虫体长约 2.2 ～ 2.5mm，触角往后折于头部背面，第 1 节略粗于其他节，分节清晰，鞘状翅芽伸达腹部 3/5 处，3 个红色单眼明显。

成虫 - 榕树 -20151016- 福建省林科院

若虫 - 榕树 -20151016- 福建省林科院

生物学特性： 在福州，榕管蓟马 1 年 13 ～ 15 代，几乎全年可见，世代重叠严重，常年可见到成虫、若虫和卵。成虫羽化后 5 ～ 7 天开始产卵，每头雌成虫一生可产 25 ～ 80 粒卵。卵多产于成虫形成的饺子状虫瘿内。有的成虫出虫瘿将卵产于树皮裂缝内。卵期因环境等因素的影响时间跨度较大，一般 2 ～ 20 天。福州每年 5 ～ 6 月和 9 ～ 10 月为害严重。每代所需时间依季节而异，冬季无明显的越冬现象，发育缓慢，虫口数减少，世代历期需 50 天左右；以后随温度升高发育加快，世代历期 20 天左右；7 ～ 8 月温度太高时，发育有所减慢，世代历期 30 天左右。环境温度、湿度是影响榕管蓟马发生为害的主要因子，一般干旱季节为害猖獗，高温、低温和多雨等均不利其发生，尤其是持续降雨或暴雨，可导致虫瘿内积水使榕管蓟马死亡。

该蓟马常与大腿榕管蓟马混合发生为害。榕管蓟马成虫有向上翘动腹部的习性，善用 1 对后足交替梳理缨翅，喜爬行，受惊易飞行。

假叶瘿 - 垂叶榕 -20181202- 福州鼓楼区天嘉小区

为害状 - 垂叶榕 -20181202- 福州鼓楼区天嘉小区

杧果壮铗普瘿蚊 *Procontarinia robusta* Li, Bu & Zhang

分类地位： 双翅目 Diptera 瘿蚊科 Cecidomyiidae

国内分布： 该虫是外来入侵生物，2000 年在厦门岛内首次发现，目前在福建普遍发生。

寄主植物： 杧果。

危害特点： 幼虫为害叶片，形成大量虫瘿。

形态特征

成虫 雌雄成虫翅展 1.4 ～ 1.9mm。雄虫淡黄色，腹部有 3 条平行的深棕色盾片。触角鞭节和腹部均覆盖稀疏的刚毛。雄虫触角 12+2 节，鞭节为双节型，近球形，由 1 圈环丝和 1 圈长刚毛组成。雌虫触角鞭节筒状，基部着生 1 圈短粗刚毛，中部由 1 圈波浪状环丝缠绕在各结节。

卵 乳白色，卵圆形，直径 0.14 ～ 0.15mm。上面覆盖 1 层无色透明、表面光滑的卵壳。

幼虫 共 3 龄，淡黄色，1 龄体长 0.15 ～ 0.6mm，2 龄体长 0.6 ～ 1.0mm，3 龄体长 1.0 ～ 2.1mm。无

叶正面虫瘿 - 杧果 -20201105- 福州国家森林公园

头无足型，头部圆锥形缩入体内，胸部3节，2龄幼虫可见第1胸节腹面有一红褐色三叉戟状剑骨片，腹部9节，腹部侧面有明显的刺突形鳞片。

　　蛹　裸蛹，大小与3龄幼虫相当，分为前蛹、初蛹、中蛹和后蛹4个阶段。后蛹：复眼黑色，胸部、翅芽、足及触角的颜色为灰黑色、黑色，腹部变为灰白色，透过蜡白色、半透明的蛹壳，可明显看到腹部表面许多黑色长毛。

生物学特性：在福建厦门地区1年4代，与其他瘿蚊不同之处主要是幼虫和蛹均在虫瘿内越冬。卵期2～5天，幼虫期20～30天，成虫期2～3天。不转叶为害。成虫产卵于叶背面。幼虫孵化后侵入叶肉，随着虫龄增加，逐渐在叶面形成虫瘿并不断增大，虫瘿颜色由乳白色逐渐变成淡黄色、深绿色，最后形成坚硬的黑色虫瘿。幼虫在虫瘿内生长化蛹，生长后期虫瘿顶端形成深褐色圆形盖子，成虫羽化时破壳而出。严重地区受害率可达100%，甚至1片叶可达600个虫瘿。

叶背面虫瘿 - 杧果 -20150810- 福州市鼓楼区天泉路

刺桐姬小蜂 *Quadrastichus erythrinae* Kim

分类地位: 膜翅目 Hymenoptera 姬小蜂科 Eulophidae

国内分布: 福建、广东、海南、台湾。

寄主植物: 刺桐属植物。

危害特点: 造成叶片、叶柄、嫩枝等处出现畸形、肿大、坏死、虫瘿,严重时引起植物大量落叶、植株死亡。

形态特征

成虫　雌成虫体长 1.45 ～ 1.60mm,黑褐色,

雌成虫 - 刺桐 -20051120- 福建厦门市同安区（王竹红摄）　雄成虫 - 刺桐 -20051121- 福建厦门市同安区（王竹红摄）

叶片受害状 - 刺桐 - 福建泉州市鲤城区 -20060910（王竹红摄）

间有黄色斑。红色单眼 3 个，略呈三角形排列。复眼棕红色，近圆形。前胸背板黑褐色，有 3 ～ 5 根短刚毛，中间具一凹形浅黄色横斑。小盾片棕黄色，具 2 对刚毛，少数 3 对，中间有 2 条浅黄色纵线。翅无色透明，翅面纤毛黑褐色，翅脉褐色，后缘脉几乎退化。腹部背面第 1 节浅黄色，第 2 节浅黄色斑从两侧斜向中线，止于第 4 节。前、后足基节黄色，中足基节浅白色，腿节棕色。雄成虫体长 1.0 ～ 1.15mm，头和触角浅黄白色，头部具 3 个红色单眼，略呈三角形排列；复眼棕红色，近圆形；前胸背板中部有浅黄白色斑；小盾片浅黄色，中间有 2 条浅黄白色纵线；腹部上半部浅黄色，背面第 1、2 节浅黄白色；足黄白色。

卵 乳白色。长卵圆形，长 × 宽为 81.7 ～ 89.9μm × 40.9 ～ 43.3μm。卵柄略呈弓形弯曲，长 × 宽为 226.3 ～ 254.9μm × 16.3 ～ 18.8μm。

幼虫 蛆型，乳白色，略透明。5 龄长 × 宽为 895 ～ 1052μm × 385 ～ 432μm。

蛹 离蛹，刚化蛹时乳白色，之后颜色逐渐加深。雌体长 × 体宽为 1328 ～ 1605μm × 336 ～ 363μm，雄体长 × 体宽为 986 ～ 1207μm × 298 ～ 326μm。

生物学特性： 刺桐姬小蜂 1 个世代历期 1 个月左右，世代重叠严重。成虫有趋光性，飞行能力弱，羽化不久即能交配，第 2 天开始产卵，雌虫产卵前寻找合适产卵部位，用产卵器刺破寄主表皮，将卵产于新叶、叶柄、嫩枝、幼芽或花蕾等表皮组织内，幼虫孵出后取食叶肉组织，叶片上大多数虫瘿内只有 1 头幼虫，少数有 2 头幼虫；茎、叶柄和新枝组织内幼虫数量可达 5 头以上。幼虫在虫瘿内完成发育并在其内化蛹，成虫从羽化孔内爬出。

受害状 - 刺桐 -20051119- 福建南安市（钟景辉摄）

拟女贞瘤瘿螨 *Aceria pseudoligustri* Kadono

分类地位: 瘿螨总科 Eriophyoidea 瘿螨科 Eriophyidae

国内分布: 福建（建宁、柘荣）、贵州、台湾。

寄主植物: 女贞。

危害特点: 用口针刺吸营养和水分，多在叶背为害，造成瘤状组织（瘿瘤），受害严重的叶片，1片叶上瘿瘤可多达上百个，叶片发生扭曲，过早脱落。

形态特征

雌螨 体白色、淡红色或橙红色蠕虫形。体长160～201μm，宽47～51μm。背板表面光滑，背瘤明显生于胸板后缘，具背毛2根，指向后方。足羽状爪4支。背环54～64个，腹环56～62个，背环和腹环均具长椭圆形微瘤，排列整齐。生殖盖位于第5腹环上，表面光滑。

若螨 亮白色，背环数明显多于腹环，微瘤少，排列不整齐，且两瘤之间相距较宽，无生殖盖，有2根生殖毛。

卵 亮白色，圆形，长50～60μm，宽40～45μm。

生物学特性: 拟女贞瘤瘿螨发生的世代数不明，世代重叠现象明显。以多种虫态越冬，但以红色较老的雌性成螨为主，其次为白色的成螨和若螨，偶尔有卵；越冬现象不明显，10℃左右时，能明显观察到该螨的活动。5月上旬为产卵始期，5月中旬为产卵盛期；5月下旬为第1代卵盛孵期，6月中旬进入成螨期，此时越冬的红色雌螨大部分死亡；7月、8月为螨量增长高峰期，在这个阶段螨瘿内能找到大量的卵和若螨，部分成螨颜色也逐渐变为红色；到9月单个虫瘿内的螨量多的可达百头以上；9月后螨瘿内大部分为红色雌螨，若螨和卵明显减少，数量开始逐步稳定。

该螨具趋嫩性，仅在春天为害刚萌发的嫩叶和嫩芽，一旦形成虫瘿，就在虫瘿内固定、繁殖，不再侵害后萌发的嫩叶和嫩芽。最初，受害部位的细胞增生，边缘形成1圈黄绿色凸起，这些黄绿色凸

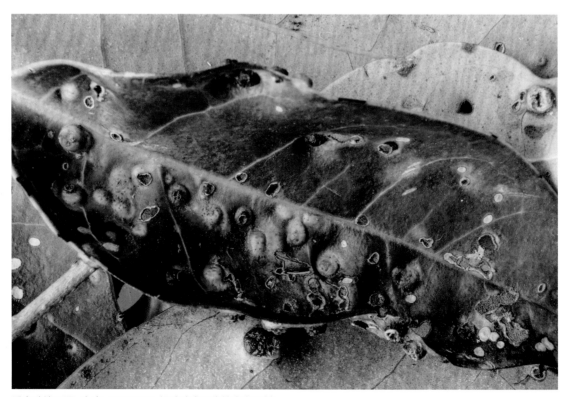

受害叶片正面 - 女贞 -20190112- 福建建宁县客坊乡水尾村

受害叶片背面 - 女贞 -20190112- 福建建宁县客坊乡水尾村

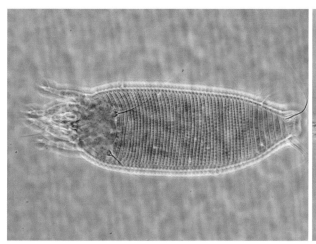

雌螨背面 -20190121- 南京农业大学（薛晓峰供图）

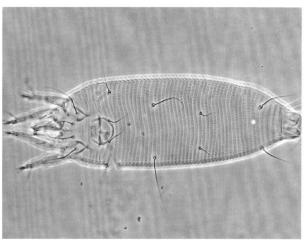

雌螨腹面 -20191218- 南京农业大学（薛晓峰供图）

起逐渐向上伸长，并向中靠拢，形成黄绿色的疱状瘿瘤。瘿瘤中间未完全封闭，而是留有缝隙状进出口，螨就在瘿瘤内寄生。最初瘿瘤为黄绿色，体积很小，瘿瘤内螨量 1～4 头。随着螨不断地繁殖，瘿瘤也不断扩大，颜色也逐渐加深呈棕褐色，最后边缘呈紫黑色。春季红色雌螨转移出老叶为害新梢。为害严重度随树龄增大而加重。瘿螨靠自身爬行传播扩散范围小，昆虫、风、雨等不是主要的传播途径，头年的被害叶片是重要的传染源。

瘿瘤内部 - 女贞 -20190114- 建宁客坊乡水尾村（宋海天拍摄）

为害状 - 女贞 -20190517- 福建柘荣县（李志真供图）

虫瘿类害虫的防治方法

1. 选植品种　种植梢期较一致的品种或化学控梢，减少新梢交替抽生为害虫提供持续的食料。

2. 物理防治　及时进行修剪整形，剪去病虫枝、弱枝、交叉枝和徒长枝，清扫枯枝落叶，铲除杂草，集中烧毁或挖坑深埋。保持树冠通风透光良好，弱化害虫滋生环境，减少虫源，减轻次年受害程度。冬季清园，可以直接消灭躲藏在枯枝落叶及杂草上的越冬害虫。松土破坏其化蛹场所，降低初侵染源基数。

3. 化学防治　发生严重的地方可喷洒化学农药防治，尤其是对嫩梢重点喷药保护。如木虱、瘿蚊可用40%乐果乳油1000～1500倍液、5%吡虫啉乳油2000倍液、50%啶虫脒水分散剂25000倍液等喷雾。螨类可用克螨特、哒螨灵等进行防治。3月底至4月下旬是女贞春梢萌发的时间，也是瘿螨进行转移和侵染的时间。这段时间虫瘿还没形成或未封顶，螨体裸露在外，喷洒药剂可直接接触螨体，是化学防治的最佳时期。

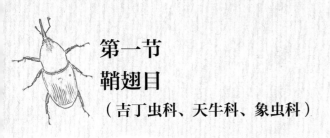

第一节
鞘翅目
（吉丁虫科、天牛科、象虫科）

日本松吉丁 *Chalcophora japonica* (Gory)

中文别名： 日本脊吉丁，日本松脊吉丁
分类地位： 鞘翅目 Coleoptera 吉丁虫科 Buprestidae
国内分布： 黑龙江、山东、河南、江苏、安徽、浙江、湖北、江西、湖南、福建、台湾、广东、海南、香港、广西、四川、云南。

寄主植物： 松属多种植物。

危害特点： 成虫取食松属植物叶片，幼虫钻蛀为害松属植物主干。

形态特征

　　成虫　体长 26 ～ 38mm，身体大而粗壮，底色黑色。前胸背板近梯形，两侧缘轻微弧形过渡，前后缘双弧状；正面具 5 条明显的黑色纵隆线，其余部位多具金铜色刻点和刻纹。小盾片缺失或甚不明显。鞘翅每边各具 6 条隆起的纵脊，第 1、2 两条后方接合于鞘翅前 1/5 处，第 3、4 两条后方接合于鞘翅近翅端 1/5 处，第 4、5 两条后方接合或不接合，第 5、6 两条接合于前方；第 4 条纵脊有 2 处隆起较浅；纵脊间密布金铜色刻点和刻纹；鞘翅后 2/5 具外缘齿。雄性腹板第 5 节向内凹陷呈倒"V"状，雌性无凹陷。腹面褐色发金铜色光泽，正中具较稀疏的灰

成虫 - 马尾松 -20180731- 福建沙县水南林场

幼虫与蛹 - 马尾松 -20140809- 福建安溪县龙门镇金狮村

色绒毛。

卵　2mm 左右，卵圆形乳白色。

幼虫　体白色，长形，胸部明显膨阔，前胸最宽，中部具一倒"Y"状凹槽，周围表面硬化带粗刻点；腹部可见 10 节。各节具稀疏而短的褐色刚毛。腿部

退化消失。

生物学特性：一般多年发生 1 代。3 ～ 10 月野外均可见成虫活动。成虫取食松属植物叶片。雌性偏好在新伐的松木堆上产卵，同一截断木常有多头幼虫。

吉丁虫的防治方法

1. 林业防治　及时清理松木伐木堆和断木枯枝，减少最适产卵条件。营造混交林，合理施肥，增强树势。

2. 物理防治　于 6 ～ 7 月高发期的清晨、傍晚或阴雨天人工捕捉成虫，此时成虫较不活跃，易于捕捉。

3. 生物防治　保护和利用天敌。多种肿腿蜂对该种幼虫有较好的防控效果，如松脊吉丁肿腿蜂等。利用鸟类等天敌控制虫口密度。用白僵菌、绿僵菌等防治。

4. 化学防治　采用内吸性杀虫剂防治幼虫，成虫期在树冠定期喷洒高效低毒杀虫剂，具有较好的效果。

星天牛 *Anoplophora chinensis* (Forster)

中文别名：银星天牛、柑橘星天牛、华星天牛、白天牛等

分类地位：鞘翅目 Coleoptera 天牛科 Cerambycidae

国内分布：北起吉林、辽宁，西到甘肃、陕西，东达福建、台湾，南迄海南。

寄主植物：达 26 科 40 属超过 100 种的植物。主要包括木麻黄、红叶石楠、苦楝、枫树、合欢、枇杷、榕树、金橘、白蜡、柑橘、月季、柳、槐树、荔枝、紫薇、无瓣海桑等。

危害特点：幼虫钻蛀枝干为害，被害严重的树易风折枯死，影响材质及观赏价值。

形态特征

　　成虫　雌虫体长 36 ～ 41mm，宽 11 ～ 13mm；雄虫体长 27 ～ 36mm，宽 8 ～ 12mm。黑色，具金属光泽。头部和身体腹面具有银白色和部分蓝灰色细毛，但不形成斑纹。触角第 1、2 节黑色，其他各节基部 1/3 有淡蓝色毛环，其余部分黑色；雌虫触角超出身体 1、2 节，雄虫触角超出身体 4、5 节。前胸背板中瘤明显，两侧具尖锐粗大侧刺突。鞘翅基部密布黑色小颗粒，每翅具大小不等白斑 15 ～ 20 个，斑点变异较大。

　　卵　长椭圆形，长 5 ～ 6mm，宽 2.2 ～ 2.4mm。初产时白色，渐变为浅黄白色。

　　幼虫　老熟幼虫体长 38 ～ 60mm，乳白色至淡黄色。头部褐色，长方形，中部前方较宽，后方缢入。前胸略扁，背板骨化区呈"凸"字形，凸字纹上方

成虫侧面 - 木麻黄 -20100623- 福建惠安赤湖林场

交配中的成虫 - 木麻黄 -20100623- 福建惠安赤湖林场

初产卵 - 木麻黄 -20150608- 福建省林科院　　　　低龄幼虫的虫粪 - 木麻黄 -20100804- 福建惠安赤湖林场

中龄幼虫 - 苦楝树 -20100824- 福建省林科院

有 2 个飞鸟形纹。主腹片两侧各有 1 块密布微刺突的卵圆形区。

　　蛹　纺锤形，长 30 ～ 38mm，初化蛹时淡黄色，羽化前逐渐变为黄褐色至黑色。翅芽超过腹部前 3 节后缘。

生物学特性：在南方 1 年发生 1 代，北方 2 年 1 代，以老熟幼虫在被害寄主木质部蛀道内越冬。翌年 3 月越冬幼虫继续蛀食为害，多数幼虫凿成长 35 ～ 40mm，宽 18 ～ 23mm 的蛹室和直通表皮的圆形羽化孔。福建 4 月上旬气温稳定到 15℃以上时开始化蛹，5 月下旬化蛹基本结束；成虫始见于 5 月上旬，5 月下旬至 6 月中旬为成虫发生盛期；成虫啃食寄主幼嫩枝梢补充营养，雌成虫在树干下部或主侧枝下部咬刻槽产卵，以树干基部向上 50cm 以内为多，一般每一刻槽产 1 粒，产卵后分泌胶状物质封口；7 月上旬为产卵高峰。成虫寿命一般 40 ～ 50 天。

　　卵经 10 天左右孵化，幼虫孵出后，即从产卵处

大龄幼虫背面 - 红叶石楠 -20200320- 福建松溪高速　　大龄幼虫侧面 - 红叶石楠 -20200320- 福建松溪高速

蛹背面 - 红叶石楠 -20200414- 福建武夷山高速　　树干基部中的蛹 - 红叶石楠 -20200414- 福建武夷山高速

正在咬羽化孔的成虫 - 木麻黄 -20110511- 福建惠安赤湖林场

蛀入，在表皮和木质部之间形成不规则的扁平虫道，虫道中充满虫粪。20～30天后开始向木质部蛀食，蛀至木质部2～3cm深度就转向上蛀，蛀道加宽，并开有通气孔，从中排出粪便；9月下旬后，绝大部分幼虫转头向下，顺着原虫道向下移动，至蛀入孔处开辟新虫道向下蛀食，并在其中越冬；幼虫11月后活动减少，逐渐以老熟幼虫开始越冬。如越冬幼虫小，翌年春天继续在蛀道内为害。

感染白僵菌的成虫 - 木麻黄 -20130521- 福建省林科院

红叶石楠受害状（大量死亡）-20200319- 福建松溪高速

桑天牛 *Apriona germari* Hope

中文别名：桑刺肩天牛、刺肩天牛、桑褐天牛、粒肩天牛

分类地位：鞘翅目 Coleoptera 天牛科 Cerambycidae

国内分布：在我国分布北界为鞍山以南的辽南地区，从河北秦皇岛到承德、张家口，沿太行山向南到山西的临汾、陕西关中地区及甘肃的天水市，西南至四川的康定、西昌，云南的沧源，在此线以南的广大区域皆为桑天牛分布区。

寄主植物：桑、无花果、苹果、海棠、紫薇、毛白杨、柳、刺槐、榆、构、梨、枇杷、樱桃、柑橘等多种林木、果树。

危害特点：幼虫蛀食寄主的主干、枝条，造成生长不良树势早衰，枝梢枯萎，严重时整株枯死，由排粪孔流出褐色液体，对观赏效果影响极大。成虫取食嫩枝皮和叶。

形态特征

　　成虫　体长 32 ～ 48mm，宽 10 ～ 15mm，体黑色，密被黄褐色或青棕色绒毛。触角 11 节，第 1、2 节黑色，其余各节基半部黑褐色，端半部灰白色。前胸背板前后横沟间具不规则的横脊线，侧刺突粗壮。鞘翅基部密布黑色光亮的瘤状颗粒，约占全翅长的 1/4 ～ 1/3，翅端内、外角均呈刺状突出。

　　卵　长 6 ～ 7mm，宽约 3mm，长椭圆形，一端稍小，初产乳白色，后变淡黄色，近孵化时淡褐色。

　　幼虫　老熟幼虫体长 60 ～ 75mm，圆筒形，乳白色。前胸背板上密生黄褐色刚毛，后半部密生赤褐色颗粒状突起，向前伸展成 3 对尖叶状纹。

　　蛹　长约 50mm，纺锤形，初淡黄色，后变黄褐色，第 1 ～ 6 节背面有 1 对刚毛区。尾端尖削。

生物学特性：桑天牛在福建、广东、台湾 1 年 1 代，江西、浙江、江苏、湖南、湖北、河南、陕西 2 年 1 代，辽宁、河北 2 ～ 3 年 1 代。成虫发生期在海南一般为 3 月下旬至 11 月下旬，广东广州为 4 月下旬至 10 月上旬，江西南昌为 6 月初至 8 月下旬，河北中部为 6 月下旬至 8 月中旬，辽宁南部则为 7 月上旬至 8 月中旬。

成虫与羽化孔 - 樱花 -20190611- 福建省林科院

成虫 - 紫薇 -20180612- 福建永安市曹远镇樟林村

幼虫 - 紫薇 -20170626- 福建永安市曹远镇樟林村

成虫喜啃食嫩梢皮，形成不规则条状伤疤；有假死性。雌虫补充营养 10～15 天后交尾产卵，产卵前先在树干上咬出"U"形刻槽，每一刻槽产卵 1 粒，产卵后用黏液封口。1 头雌虫可产卵 100 余粒，卵多产于径粗 5～35mm 的树干（枝）上。产卵刻槽高度大多距地面 1～6m。初孵幼虫先向上蛀食 10mm 左右，即调头沿枝干木质部往下蛀食，逐渐深入心材。如果植株较矮小，可蛀达根际。幼虫在蛀道内，每隔一定距离向外咬 1 圆形排粪孔。幼虫在取食期间，多在下部排粪孔处；在越冬期间，幼虫向上移 3 个排粪孔；幼虫老熟后再向上方转移 1～3 个排粪孔并横向向外侧咬出 1 羽化孔的雏形，到达近皮层处，外皮层肿起或断裂，常有汁液溢出。蛹室距羽化孔 70～100mm，羽化孔圆形。

幼虫侧面 - 紫薇 -20170904- 福建永安市曹远镇樟林村

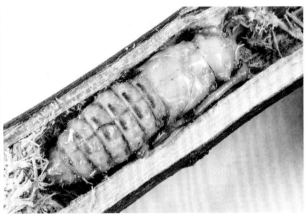

蛹背面 - 樱花 -20190626- 福建省林科院

为害状 - 紫薇 -20170626- 福建永安市曹远镇樟林村

桃红颈天牛 *Aromia bungii* (Faldermann)

中文别名：红颈天牛

分类地位：鞘翅目 Coleoptera 天牛科 Cerambycidae

国内分布：除黑龙江、吉林、新疆、宁夏、云南、贵州及西藏地区尚未有记录外，其余各省（市、区）均有发生。

寄主植物：桃、李、杏、梅、樱桃、苹果、梨、核桃、杨、栎、柳等多种果树及林木。

危害特点：幼虫为害枝干，喜于韧皮部与木质部间蛀食，形成不规则隧道。轻者树势衰弱，重者树干全部蛀空而死。

形态特征

成虫　有两种色型：①体黑色光亮、前胸棕红色的红颈型。②全体黑色光亮的黑颈型。长江以北地区，只有"红颈"个体。体长 28 ～ 37mm，宽 8 ～ 10mm。额前缘有 1 条横凹，头具细刻点，头顶后方刻点粗。触角 11 节，基部两侧各有 1 个叶状突起。雄虫触角远长于体长，雌虫触角与体长约相等。前胸前、后缘亮黑蓝色，两侧有 1 个大而尖的刺突，背面有 4 个光滑瘤状突起。鞘翅基部宽于胸部，表面光滑。

卵　长椭圆形，长 1.6 ～ 1.8mm，宽约 0.7mm，一端较尖细。初产时淡绿色，后变淡黄色。

幼虫　老熟时体长 38 ～ 55mm，乳白色，前胸较宽，体前半部各节呈扁长方形，后半部稍呈圆筒形，体两侧密生黄棕色细毛；前胸背板前半部横列 4 个黄褐色斑块，背面的 2 个呈横长方形，两侧的黄褐色斑块略呈三角形；腹部各节的背面及腹面都稍微隆起，并具横皱纹。

蛹　长 25 ～ 36mm，黄褐色。前胸两侧和前缘中央各有 1 个突起，前胸背面有 2 排刺毛。

生物学特性：一般 2 ～ 3 年 1 代，以低龄幼虫第 1 年和老熟幼虫第 2 年在树干蛀道内越冬。成虫于 5 ～ 8 月出现；各地成虫出现期自南至北依次推迟。福建和南方各省于 5 月下旬为成虫盛期，湖北于 6 月上中旬成虫出现最多，河北于 7 月上中旬盛见成虫，山东于 7 月上旬至 8 月中旬出现成虫。

成虫羽化后在蛀道中停留 3 ～ 5 天后外出活动，2 ～ 3 天后开始交配产卵。卵产在枝干树皮缝隙中，一般单产，个别 2 ～ 5 粒产在一起，近地面 35cm 以内树干产卵最多。卵期 7 ～ 8 天，幼虫孵出后向下

交配中的红颈型成虫 - 桃树 -20150603- 福州国家森林公园

交配中的黑颈型成虫 - 桃树 -20150603- 福州国家森林公园

交配中的红与黑颈型成虫 - 桃树 -20150603- 福州国家森林公园

蛀食韧皮部,当年就在此皮层中越冬。翌年春天幼虫恢复活动,继续向下由皮层逐渐蛀食至木质部表层,形成短浅的椭圆形蛀道;至夏天由蛀道中部蛀入木质部深处,幼虫即在此蛀道中越冬。第3年春继续蛀害,4～6月幼虫老熟时用分泌物黏结木屑在蛀道内作室化蛹,蛹室在蛀道的末端。幼虫由上而下蛀食,蛀道可达主干地面下60cm。在树干的蛀孔外及地面上,常堆积有排出的大量红褐色粪屑。

卵 - 桃树 -20150608- 福州国家森林公园

不同龄期的幼虫 - 桃树 -20150914- 福州国家森林公园

大龄幼虫 - 桃树 -20150917- 福州国家森林公园

蛹侧背面 - 桃树 -20160408- 福州国家森林公园

被白僵菌感染的成虫 - 桃树 -20150612- 福州国家森林公园

树干交叉处的虫粪 - 桃树 -20150615- 福州国家森林公园

树干基部的虫粪 - 碧桃 -20180912- 福州金鸡山公园

榕八星天牛 *Batocera rubus* (L.)

分类地位： 鞘翅目 Coleoptera 天牛科 Cerambycidae

国内分布： 福建、广东、广西、江西、四川、贵州、云南、海南、台湾、香港。

寄主植物： 榕属植物，木波罗、杧果、木棉、刺桐、鸡骨常山、重阳木等。

危害特点： 幼虫蛀食树干，影响植株生长，严重为害时可致整株死亡。

形态特征

成虫　雌虫体长 30 ~ 46mm，宽 10 ~ 16mm。体红褐色或绛色。全体被绒毛，灰色或棕灰色，有时略带金黄色。两侧各有 1 条较宽的白色纵纹。前胸背板有 1 对橘红色弧形白斑，小盾片密生白毛；每 1 鞘翅上各有 4 个白色圆斑，近鞘翅末端的较小，近基部 2 个较大，其上方外侧常有 1、2 个小圆斑，有时和它连接或合并。雄成虫触角内缘具细刺，从第 3 节起各节末端略膨大，以第 10 节突出最长；雌虫触角具刺较细而疏，除柄节外各节末端膨大不显著。鞘翅肩部具短刺，基部瘤粒区域肩内约占翅长 1/4，肩下及肩外占 1/3；翅末端平截，外端角略尖，内端角呈刺状。

卵　乳白色，长椭圆形，略扁平，长 6 ~ 8mm，宽 2 ~ 3mm。

幼虫　体圆筒形，黄白色，老熟幼虫体长约 80mm，前胸宽约 16mm，体表密布淡黄白色细毛。头部棕黑色。前胸背板棕色，周缘色淡；背板后方的褶具 5 ~ 6 排钝齿形颗粒，前排的颗粒最大，向后各排渐小；后面的颗粒短圆形，交错排列，往后逐渐细密。

蛹　长 30 ~ 50mm，宽 15 ~ 20mm，初为乳白色，渐变淡黄色，体密生绒毛。

生物学特性： 榕八星天牛在福州 1 年 1 代。成虫 5 月上旬开始出现，5 ~ 6 月是成虫羽化高峰期，至 10 月上旬仍见有少量成虫活动。5 月上旬开始产卵。幼虫 12 月上中旬停止蛀食进入越冬状态。

成虫多在距地面 100cm 以内的树干上咬一扁圆形的刻槽，1 刻槽内常产卵 1 粒，并分泌一些胶状

雌成虫背面 - 榕树 -20190716- 福建省林科院

雌成虫侧面 - 榕树 -20190716- 福建省林科院

卵 - 榕树 -20190711- 福建省林科院

物覆盖。同一株树可产几粒至十几粒。幼虫孵化后先在皮下取食造成弯曲的坑道，一段时间内主要在韧皮部与木质部间取食，虫粪和木屑充塞在树皮下，严重时使树皮鼓胀开裂。幼虫稍大后进入木质部蛀食，蛀入孔圆形稍扁，蛀道不规则。蛀道内充满木屑和虫粪，老熟幼虫在蛀道末端蛀一椭圆形蛹室化蛹，以老熟幼虫越冬。翌年 3 月化蛹，蛹期 30 天左右。成虫羽化后咬出圆形的羽化孔爬出，羽化孔直径 18mm 左右。

幼虫背面 - 榕树 -20171225- 福州市鼓楼区天泉路　　　　幼虫侧面 - 榕树 -20171225- 福州市鼓楼区天泉路

天牛的防治方法

1. 加强检疫　天牛易随寄主植物的运输而远距离带虫传播。凡是从外地调运的苗木、木材及其制品都要进行严格的检疫，发现有活虫体以及产卵槽、侵入孔、虫道、羽化孔等，应及时按有关技术措施处理。

2. 林业防治　因地制宜选择抗虫树种。加强树体管理，增强树势，降低天牛为害；及时清除受害小枝、为害严重且难以恢复的虫源树。桃红颈天牛喜欢产卵于老树树皮裂缝及粗糙部位，可对高龄树干刮除粗糙树皮及翘皮。

3. 物理防治　在成虫的发生期（尤其是晴天中午前后）进行人工捕杀。成虫产卵前，用涂白剂涂刷枝干，阻止天牛产卵；或在主干上绑草绳引诱产卵，引诱天牛产卵后，要将草绳集中灭卵。成虫产卵期或幼虫孵化期，锤击产卵痕或细小的黄褐色虫粪处，砸死卵和初孵幼虫；或刮除树皮下的卵粒和初孵幼虫，并辅助涂以石硫合剂或波尔多液等进行防腐。在老熟幼虫为害阶段，根据虫粪，找出被害部位后，向下刺到虫道端，反复几次可刺死幼虫。星天牛的引诱剂已有相关报道，部分已有成型的商品，可用于林间防治。

4. 生物防治　保护天牛卵啮小蜂、肿腿蜂、花绒寄甲、啄木鸟等天敌。筛选白僵菌、绿僵菌等高致病力菌株，制作成菌膏、菌条或菌液等进行防治。幼虫孵化初期，林间寄主树干基部施放川硬皮肿腿蜂、管氏肿腿蜂或花绒寄甲等寄生性天敌昆虫。嗜菌异小杆线虫（*Heterorhabditis bacteriophora*）、芜菁夜蛾线虫（*Steinernema feltiae*）等线虫制剂对天牛有一定防治效果，可加以利用。

5. 化学防治　成虫发生盛期，用8%绿色威雷300～400倍液、50%辛硫磷乳油1500～2000倍液、2.5%溴氰菊酯乳油2000～3000倍液、噻虫啉微胶囊悬浮剂等喷洒寄主主干，星天牛尤其要重点喷主干1m以下的部位，灭杀成虫或初孵幼虫。在星天牛成虫活动盛期，用80%敌敌畏乳油或40%乐果乳油添加适量水和黄泥，搅成稀糊状，涂刷在树干基部或距地面30～60cm以下的树干上，毒杀在树干上爬行及产卵的成虫和初孵幼虫。幼虫尚未蛀入木质部前，可选用内吸性强的杀虫剂喷洒枝干及产卵部位，毒杀卵及幼虫；在孵化盛期每隔7～10天喷药可提高防治效果。对已蛀入树干的幼虫可以采取药物注射法：①注射堵孔法，用注射器向排粪孔内注入80%敌敌畏乳油、50%辛硫磷乳油、50%杀螟松乳油、40%毒死蜱乳油等30～50倍液5～10mL/孔，并用黏土封闭连续数个排粪孔，注射前尽量将蛀孔中的粪便和木屑去除干净；②树木注干法，注入30～50倍6%吡虫啉可溶性液剂，或5%啶虫脒乳油等内吸性杀虫剂，按树木每胸径1cm注入药量1mL。

锈色棕榈象 *Rhynchophorus ferrugineus* (Oliver)

中文别名：红棕象甲、锈色棕象、椰子隐喙象、椰子甲虫、亚洲棕榈象甲

分类地位：鞘翅目 Coleoptera 象虫科 Curculionidae

分布：锈色棕榈象起源于亚洲南部及西太平洋上美拉尼西亚群岛。其本身迁移能力不强，但是通过人类对棕榈科植物的调运活动向世界各地扩散。目前，该虫分布在 30 多个国家和地区。在我国海南、广东、广西、福建、台湾、云南、西藏、江西、上海、四川、贵州、江苏、浙江等地发生。

寄主植物：棕榈科的椰子、椰枣、海枣等 16 个属的植物。同时，该虫还为害龙舌兰和甘蔗。

危害特点：成虫和幼虫都能为害，但主要以幼虫钻蛀茎干取食为害。幼虫在树干内取食茎干输导组织，致使叶片发黄，树干成空壳，树势逐渐衰弱，易受风折，严重时叶片脱落仅剩树干。

形态特征

成虫 体长 19 ～ 34mm，宽 8 ～ 15mm，喙长 6 ～ 13mm，身体红褐色，光亮或暗。前胸具 2 排黑斑；前排 2 ～ 7 个，中间 1 个较大，两侧的较小；后排 3 个均较大，有极少数虫体没有 2 排黑斑。鞘翅较腹部短，每 1 鞘翅上具有 6 条纵沟，鞘翅边缘（尤其是侧缘和基缘）和接缝黑色，有时鞘翅全部暗黑褐色。雄虫喙的表面较为粗糙，纵脊两侧各有 1 列瘤，喙的背面近端部 1/2 处着生 1 丛短的褐色毛；雌虫喙的表面光滑无毛，且较细并弯曲。

卵 乳白色，具光泽，光滑无刻点；长卵圆形，两端略窄，平均大小 2.4mm×0.9mm。刚产的卵晶莹剔透，孵化前卵前端有一暗红色斑。

雄成虫 - 美丽针葵 -20150522- 福州国家森林公园

交配中的成虫 - 假槟榔 -20150612- 福建省林科院

卵 - 美丽针葵 -20150527- 福州国家森林公园

幼虫 - 华盛顿棕 -20150806- 福州国家森林公园

蛹背面 - 美丽针葵 -20150707- 福州国家森林公园

蛹头部 - 美丽针葵 -20150717- 福州国家森林公园

幼虫　体表柔软，皱褶，无足。头部发达，具刚毛，蜕裂线"Y"形，两边分别具黄色斜纹。腹部末端扁平略凹陷，周缘具刚毛。初龄幼虫体乳白色；老龄幼虫体黄白至黄褐色，略透明，可见体内1条黑色线位于背中线位置；纺锤形，可长达50mm。

蛹　长20～38mm，宽9～16mm，长椭圆形，初为乳白色，后呈褐色。前胸背板中央具1条乳白色纵线，周缘具小刻点，粗糙。触角及复眼突出，小盾片明显。蛹外具寄主植物纤维构成的长椭圆形茧。

生物学特性： 1年2～3代，发育不整齐。成虫在1年中有2个明显出现的时期，即6月和11月。雌虫通常在树冠基部幼嫩组织上用喙蛀洞后产卵，卵散产，1头雌虫一生可产卵162～350粒。卵经3～5天孵化，幼虫孵化后随即钻入树干内取食，剩余的纤维被咬断并遗留在虫道的周围，致使树干成为空壳。该虫为害幼树时，从树干的受伤部位或裂缝侵入，也可从根际处侵入；为害老树时一般从树冠受伤部位侵入；为害生长点时使心叶残缺不全，导致植株死亡。受害部位植物组织通常腐烂发臭。幼虫期1～3个月，老熟幼虫以寄主植物纤维结成长椭圆形茧，在其中化蛹。预蛹期约3～7天，蛹期10～14天。成虫羽化后，在茧里停留4～17天，才破茧而出。雄虫寿命39～72天，雌虫寿命63～109天。

茧 - 美丽针葵 -20150717- 福州国家森林公园　叶柄基部受害状 - 伊拉克蜜枣 -20160418- 福州国家森林公园

干基部受害状 - 华盛顿棕 -20141207- 福建省林科院

树冠受害后枝叶全部掉落 - 伊拉克蜜枣 -20090902- 福州市鼓楼区

受害枝条基部 - 伊拉克蜜枣 -20090902- 福州市鼓楼区　　　受害状 - 美丽针葵 -20150717- 福州国家森林公园

锈色棕榈象的防治方法

1. 植物检疫　严格检疫，加强苗木引进的检疫工作，切断虫源传播，禁止带虫植株远距离迁移；移栽过程中，一经发现，立即就地销毁。新移栽植株修剪后，要用内吸性较强的杀虫剂喷灌预防被害。

2. 林业防治　及时清理棕榈苗圃里的枯枝败叶，减少虫源。受害植株应及时救治，受害后无法救治的或已经死亡的植株，应及时清除、销毁，彻底消灭幼茎组织内各虫期的害虫。针对成虫喜欢在植株上的孔穴或伤口产卵的习性，尽可能减少人为制造的伤口或孔穴，如发现应用沥青涂封或用泥浆涂抹，防止成虫产卵。

3. 物理防治　幼虫生活隐蔽，早期难以发现，后期发现时多数植株损伤较大或已死亡，运用声音探测可帮助我们提早发现受害植株，为保护受害植株争取关键防治时间。诱杀和人工捕捉，采用性激素诱杀、灯光诱杀，降低虫口密度。对于晨间或傍晚出来活动的成虫可利用其假死性，敲击茎干将其振落捕杀。应用聚集信息素诱杀成虫，在发生区每亩悬挂诱捕器1～2个，每个诱捕器内悬挂聚集信息素诱芯1个，同时添加乙酸乙酯10mL作为协同增效剂，引诱效果更好。

4. 生物防治　喷洒、虫孔注入白僵菌、绿僵菌或质型多角体病毒可感染包括成虫在内的各个虫态；应用斯氏线虫（*Steinernema ribrawae*）和异小杆线虫（*Heterorhabditis* sp.）注孔；利用下盾螨（*Hypoaspis* sp.）寄生蛹和成虫。

5. 化学防治　根施或树干注射内吸性杀虫剂，药物防治先用长铁钩将堵在受害植株虫孔的粪便或树屑钩出，再用40%乐果或5%氯氰菊酯500倍液进行整株淋灌，让药液浸透到茎干内杀死害虫（灌药时如有成虫或幼虫从虫孔爬出，立即捕捉集中烧毁），每7天进行1次。然后在其叶鞘和心芽处放置5～8个用乐果200倍液浸泡的海绵药袋，每15天重新浸泡后再放。也可在棕榈科植物的生长点放置内吸性较强的药剂小包，防止害虫从生长点入侵。在4～10月的虫害盛期，定期喷药，杀死虫卵。对于在茎干中为害的成虫，用农药原液从虫孔注入，然后用泥密封。

削尾巨材小蠹 *Cnestus mutilatus* (Blandford)

分类地位： 鞘翅目 Coleoptera 象虫科 Curculionidae 小蠹亚科 Scolytinae

国内分布： 南方广泛分布。

寄主植物： 广泛。

危害特点： 喜欢钻蛀树势变弱的植株和新移栽的树木，钻蛀时会排出大量木屑。

形态特征

　　成虫　雌雄异型。雌虫体深黑色，足及触角棕黄色，前胸背板及鞘翅略具金属光泽；体长 3.9～4.5mm；被淡黄色至金黄色茸毛；头部额面扁平，表面微网状；触角棒节扁平；小盾片基部生有 1 丛细长的茸毛；前胸背板宽大于长，背板前 1/2 为横纹区，后 1/3 为刻点区；足扁宽；背面观鞘翅两侧缘呈直线延伸，平行，在近翅末端 1/2 处开始收缩；侧面观鞘翅前 2/5 水平向后延伸，后 3/5 向下强烈倾斜形成斜面（翅坡），鞘翅斜面粗糙，边缘明显；刻点沟明显凹陷。雄虫体型较雌虫扁小，体长 2.0～2.3mm，复眼小，前胸背板平坦，鞘翅斜面后缘略上翘，无后翅。

　　卵　白色，卵圆形。

　　幼虫　白色，虫向腹部弯曲成 "C" 形。

　　蛹　白色，裸蛹。

生物学特性： 该虫在河北和浙江地区为害板栗，1 年 1～3 代。在福建、广西、香港和上海，为害枫香。成虫钻蛀树干达一定深度后会制造 1 个或多个较大的虫室并将卵堆产于虫室一角，雌成虫产卵量 5～21 粒。卵经 1 周左右孵化，幼虫和成虫均只取食虫道内白色共生真菌，幼虫不形成子坑道。成虫会将虫道和虫室内的木屑和虫粪推出树干外。通常是成虫在虫道内越冬，开春后离开。

（李猷　撰稿）

雌成虫钻蛀孔 - 枫香 -20161026- 香港嘉道理农场（李猷供图）

雌成虫 - 枫香 -20150708- 香港嘉道理农场（李猷供图）

幼虫和虫道中的共生真菌 - 枫香 -20170506- 香港嘉道理农场（李猷供图）

树干受害状 - 枫香 -20170607- 香港嘉道理农场（李猷供图）　虫道内的雌成虫和幼虫 - 枫香 -20170506- 香港嘉道理农场（李猷供图）

雄成虫 - 枫香 -20180423- 香港嘉道理农场（李猷供图）

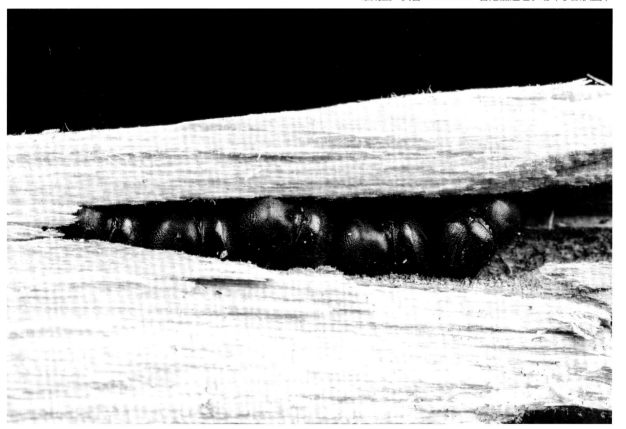

越冬雌成虫 - 枫香 -20180120- 香港嘉道理农场（李猷供图）

暗翅足距小蠹 *Xylosandrus crassiusculus* (Motschulsky)

分类地位： 鞘翅目 Coleoptera 象虫科 Curculionidae 小蠹亚科 Scolytinae

国内分布： 福建、湖南、四川、云南、江西、西藏、台湾。

寄主植物： 广泛。

危害特点： 通常不为害健康植株，喜欢钻蛀树势变弱的植株和新移栽的树木，钻蛀时木屑经过挤压会在树皮表面形成面条状。

形态特征

　　成虫　雌雄异型。雌成虫体长 2.1～3.0mm；红棕色，鞘翅斜面黑色，足及触角棕黄色；被毛淡黄色至金黄色，细长、稀疏；头部额面扁平，表面微网状；触角棒节扁平；前胸背板宽大于长，背面观近倒盾型，背板前 2/3 为横纹区，后 1/3 为刻点区；侧面观背板距前缘 1/2 处凸起为最高点，并向前缘呈弧形下倾，后 1/2 平直略下倾；前胸背板前缘有 1 列瘤突，大小相等；背板后缘中部略有凹陷；小盾片表面光亮；鞘翅背面观两侧缘呈直线延伸，平行，在近翅末端 1/4 处开始收缩；侧面观鞘翅前 1/3 水平向后延伸，后 2/3 向下倾斜形成斜面（翅坡）；斜面侧缘明显，刻点沟明显，刻点沟散乱密布细小瘤突，整个斜面粗糙无光泽，粗糙的斜面与鞘翅前段的光滑区界限明显。雄成虫体色浅，体长通常不到雌虫的 1/2，无翅。

　　卵　白色，卵圆形。

　　幼虫　体白色，虫向腹部弯曲成"C"形。

　　蛹　白色，裸蛹。

生物学特性： 成虫有趋光性，对酒精气味也有一定趋性。成虫钻蛀树干达一定深度后会制造 1 或 2 个扁宽的虫室，并常将卵堆产于虫室一角。幼虫不形成子坑道，幼虫和成虫取食虫室内白色共生真菌。成虫和老熟幼虫通常在虫道内越冬。

（李猷　撰稿）

虫道中的雌成虫 - 枫香 -20161111- 广西十万大山国家森林公园（李猷拍摄）

雌成虫侧面 - 羊蹄甲 -20160602- 福州国家森林公园

雌成虫和白色的共生真菌 - 枫香 -20170510- 广西十万大山国家森林公园（李獭供图）

雄成虫和雌虫钻蛀孔 - 枫香 -20170510-
广西十万大山国家森林公园（李猷供图）

木质部内的蛀孔和变色部分 - 桃树 -
20170418- 福州国家森林公园

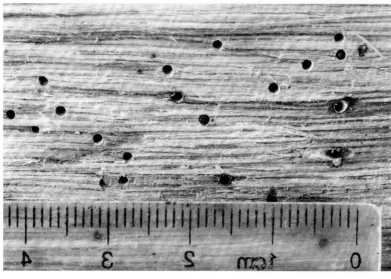

蛀孔 - 羊蹄甲 -20160603-
福州国家森林公园

树干上的细条状虫粪 - 羊蹄甲 -20160603- 福州国家森林公园　　树干上的细条状虫粪 - 桃树 -20170417- 福州国家森林公园

小蠹的防治方法

1. 加强检疫监测　加强调运苗木的检疫工作，一旦发现有小蠹虫为害的植株，应及时按检疫法规进行灭虫处理。使用性激素、饵木等，提前在林分周围设置监测点；一旦发现有危险性的小蠹，记录发生情况并及时采取防治措施。

2. 林业防治　异常气候、不适宜的林分结构、不合理的管理措施（如过度修枝、截顶等）都是造成小蠹发生和为害的主要原因。如土壤湿度过大时会加重食菌小蠹的发生，而在旱季往往树皮小蠹发生严重。因此，小蠹的治理应以林分环境为切入点，坚持预防为主，如控制造林密度，及时伐除虫源木，清理风折木、风倒木，剪除被害枝梢、死梢，适时采伐成熟林、过熟林，保持林分良好的卫生条件；对古树名木可通过挂袋注射营养液等方式及时复壮，以增强树势，提高抗性。

3. 物理防治　设置饵木和聚集信息素诱杀成虫，降低虫口密度。

4. 生物防治　在防治小蠹虫过程中，严禁滥用化学农药，以保护寄生蜂、郭公虫等多种小蠹虫天敌，创造对天敌有利的生态环境。在小蠹为害的初期，在树干绑缚白僵菌、绿僵菌菌条。

5. 化学防治　准确掌握小蠹虫的发生时间，尽量在其蛀入寄主植物木质部前施药防治，否则药效会大打折扣。可用触杀性和胃毒性杀虫剂喷涂植株树干。大树也可用打孔注药的方法，在受害木树干距离地面40～50cm处四周均匀打孔，孔与孔之间的距离为10cm左右，孔向下倾斜45°左右，深度1.0～1.5cm，每孔注射40%乐果乳油1.5mL或其他内吸性强的药剂。打孔注药后用泥堵孔。

多纹豹蠹蛾 *Zeuzera multistrigata* Moore

中文别名: 木麻黄多纹豹蠹蛾、豹纹木蠹蛾、六星黑点蠹蛾、梨豹蠹蛾、多斑豹蠹蛾

分类地位: 鳞翅目 Lepidoptera 豹蠹蛾科 Cossidae

国内分布: 福建、辽宁、上海、浙江、江西、台湾、广东、广西、湖北、湖南、四川、云南、贵州、陕西。

寄主植物: 木麻黄、红叶石楠、李、槭树、黑荆树、南岭黄檀、台湾相思、大叶相思、银桦、丝棉木、玉兰、龙眼、荔枝、余甘、柳杉、梨、栎、檀香、冬青、核桃、刺槐、石榴、枣、山楂。

危害特点: 低龄幼虫蛀食嫩梢小枝，使枝叶枯萎；中、老龄幼虫钻蛀主干、主根，轻者新枝不长，老枝萎缩，树干畸形，重者引起整株枯死或风折。

形态特征:

成虫 雌蛾翅展 40 ～ 70mm，全体灰白色；头部被白色鳞毛，触角丝状；胸部背面被白色鳞毛，上有 3 对蓝黑色近圆形斑点；前翅翅面上散生许多大小不等，比较规则的深蓝色斑点；前缘从肩角至顶角排列着 10 个蓝斑点，中室内斑点较稀疏，有些个体中室基部处有一块较大的由几个斑点组成的不规则黑斑；腹部被灰白色鳞毛，第 1 ～ 7 节各有 8 个蓝黑斑点，第 8 节背面有 3 条纵黑带。雄蛾翅展 30 ～ 45mm，体色与雌蛾相仿；触角基半部（约 1/2）羽毛状，端部丝状；翅面上有许多大小较一致，排列比较规则的浅黑色斑点，前翅前缘也排列着 10

雄蛾与蛹壳 - 红叶石楠 -20210902- 福建武夷山市

个小黑点。

卵 长约 0.8mm，宽约 0.6mm，粉红色，近孵化时呈黑褐色。

幼虫 老熟幼虫体长 30～80mm，头宽 4.5～7.0mm，体浅黄色至红褐色。头部浅褐色，上唇暗褐色。前胸背板发达，后缘有一个盘状黑斑，上面生有 4 列锯齿状小刺和许多小颗粒。幼虫臀板大部分硬化，上有一大黑斑。

蛹 雌蛹长 26～48mm，宽 6～10mm；雄蛹长 17～32mm，宽 4～6.5mm，长筒形；赤褐色，头部和前胸黑褐色。腹部各节有两行横向排列的小刺突；臀部颜色较深，上有许多颗粒状小刺。雄蛹触角基半部明显鼓起，雌蛹触角平滑。

生物学特性：在福建木麻黄上 1 年发生 1 代，以老熟幼虫于 12 月初在树干基部的坑道内越冬，翌年 2 月下旬又重新蛀食危害，在福建平潭幼虫越冬现象不明显。5 月上旬开始化蛹，6 月中、下旬为化蛹盛期。5 月中旬至 7 月下旬为成虫期；幼虫孵化盛期 7 月上、中旬，初孵幼虫在小枝上蛀食，40 天内脱皮 3 次并转到枝干上蛀食。幼虫期 313～321 天。

雌蛾 - 木麻黄 -20120524- 福建惠安赤湖林场

幼虫 - 木麻黄 -20101203- 福建惠安赤湖林场

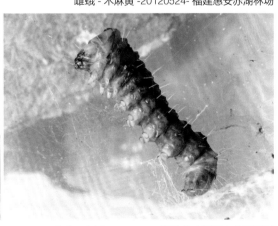

幼虫 - 李树 -20160831- 福建永泰县溪口乡双溪村

幼虫 - 槭树 -20160107- 福建闽清县

幼虫与危害状 - 木麻黄 -20120222- 福建平潭国有林场长江工区

蛹 - 木麻黄 -20110416- 福建省林科院

蛹壳 - 木麻黄 -20110621- 福建惠安赤湖林场

蛹壳 - 红叶石楠 -20210902- 福建武夷山市

蛀道中的虫粪 - 红叶石楠 -20210902- 福建武夷山市

排粪孔 - 木麻黄 -20101203- 福建惠安赤湖林场

羽化孔 - 木麻黄 -20101126- 福建惠安赤湖林场

受害状 - 李树 -20160831- 福建永泰县洑口乡双溪村　　　　受害状 - 槭树 -201601074- 福建闽清县

幼虫蛀道与粪粒 - 木麻黄 -20101028- 福建惠安赤湖林场

豹蠹蛾类的防治方法

1. 营林措施　不种植带虫苗木，多树种混交配置，减少豹蠹蛾的发生。

2. 物理防治　直插法消灭蛹，用铁丝或就地从树上折下一根长约10～15cm粗细适当的小枝，找到羽化孔位置后将小枝直接沿羽化孔向上插，插入深度须超过7cm，可直接插死蛹，即使没有直接被插死，蛹也无法羽化。发生高峰期灯光诱杀成虫。在成虫发生期，将当日羽化未经交配的雌虫置于小纱笼内，笼子挂在林间离地面100cm高的树干上，诱集雄成虫，次日清晨取回处理。

3. 生物防治　已蛀入主干为害的蠹蛾幼虫，从进出孔注入含孢量5亿～10亿/mL的白僵菌或绿僵菌菌液3～5mL；或注入病原斯氏线虫1000～1500条/孔。保护林间蚂蚁、螳螂、蜘蛛、寄生蝇以及鸟类等天敌。

4. 化学防治　在蠹蛾卵和低龄幼虫期，可喷洒药剂防治（药剂种类参考附表）。

第六章

白蚁类

家白蚁 *Coptotermes formosanus* Shiraki

中文别名： 台湾乳白蚁

分类地位： 蜚蠊目 Blattodea 鼻白蚁科 Rhinotermitidae

国内分布： 安徽、江苏、浙江、福建、台湾、广东、海南、广西、湖南、湖北、四川。其北界大致在淮河以南，越向南为害越重。

食物： 食性很广，以植物性纤维及其制品为主食，兼食真菌和木质素，偶尔也食淀粉、糖类和蛋白质等。如活体植物的根、茎，尤其是幼苗、嫩茎和根部，枯死树桩、枯枝落叶和被木材腐朽菌寄生的枯木；各种木质建筑，含纤维素的加工产品，如纸张、布匹等。

危害特点： 我国为害最严重的一种土木两栖白蚁。为害林木时，尤喜在古树名木及行道树内筑巢，使之生长衰弱，甚至枯死。

形态特征

有翅成虫　体长 7.8～8.0mm，翅长 11.0～12.0mm。头背面深黄色。胸腹部背面黄褐色，腹部腹面黄色。翅为淡黄色。复眼近圆形，单眼椭圆形，触角 20 节。前胸背板前宽后狭，前后缘向内凹。前翅鳞大于后翅鳞，翅面密布细小短毛。

卵　长径约 0.6mm，短径约 0.4mm，乳白色，椭圆形。

工蚁　体长 5.0～5.4mm。头淡黄色，胸腹部乳白色或白色。头后部呈圆形，前部呈方形。后唇基短，微隆起。触角 15 节。前胸背板前缘略翘起。腹部长，略宽于头，被疏毛。

兵蚁　体长 5.4～5.8mm。头及触角浅黄色，卵圆形，腹部乳白色。头部椭圆形，上颚镰刀形，前部弯向中线。左上颚基部有一深凹刻，其前方有 4 个小突起。颚面其他部分光滑无齿。上唇近舌形。触角 14～16 节。前胸背板平坦，较头狭窄，前缘及后缘中央有缺刻。兵蚁最大的特点是额腺发达，头部前端有大型的囟，受掠扰时囟流出大量乳白色的酸性浆汁；当其头部受到攻击时，如用手指压住其头部，尾部也会迅速流出大量乳白色浆液。浆汁能穿过石灰泥质，或用来抵御来犯之敌，故有乳白蚁之称。

生物学特性： 分飞是家白蚁扩散的主要形式。分飞一般在 4～6 月的晚上 6：00～8：00，在下雨前后或下雨时进行。分飞前，蚁群先建分飞孔的蚁道和分飞孔。分飞孔的位置多筑在离巢 10m 以内的范围，一般多在蚁巢上方，分飞孔呈断断续续的条状、点状或片状。通常在黄昏时分飞。分飞期一般可分为始期、盛期、末期 3 个时期。分飞在防治白蚁实践中有着重要意义，台湾乳白蚁的分飞是其生活史中大活动、大暴露的一个重要环节，亦是消灭该白蚁的最有利时机。在分群季节，不仅能够消灭大量的有翅成虫，防止新群体的产生，而且可促使整个群体的灭亡。

分飞的有翅成虫，经过一段时间的求偶、配对便爬向墙角、树头等，钻入地下建巢。兵蚁的出现是新群体建立的重要标志，从此群体具备了长时间

家白蚁副巢 - 柳杉 -20200603- 福建永泰县同安镇文漈村（黄太平供图）

家白蚁地下蚁道（底面光滑，色近似于柏油路面）-20200603-福建永泰县同安镇文漈村（黄太平供图）

生存的各项基本功能。在初期发展很慢，随着巢龄的增大，蚁数增加。刚脱翅的雌、雄虫，体型相差不大；随着群体年龄的增大，雌虫腹部慢慢膨胀，节间膜清晰，发育为大腹蚁后，行动缓慢，专营生殖，此时的产卵能力惊人。家白蚁巢群中，由短翅型补充生殖蚁替代原始型生殖蚁进行繁殖和扩大蚁群，当巢中原始蚁王、蚁后发育衰老或自然死亡后，群内就会产生短翅补充生殖蚁接替原始蚁王、蚁后进行繁殖。巢群庞大，个体多时可达上百万头甚至千万头，并有主巢和许多副巢之分；巢体巨大，主巢直径可达 1m 以上；白蚁在生活中必须不断补充水分，所以它的蚁巢一般都在接近水源的地方，在主巢下方都有粗大的吸水线。

许多种白蚁巢内均有真菌、细菌和病毒寄生，其中许多微生物能引起白蚁疾病，最后导致白蚁死亡，直至全巢覆没。

黄翅大白蚁 *Macrotermes barneyi* Light

分类地位： 蜚蠊目 Blattodea 白蚁科 Termitidae

国内分布： 黄翅大白蚁是大白蚁属中的广布种，分布在安徽和安徽以南的各省，在西南、华南、华中、华东的大部分省区为害。

寄主植物： 樟树、枫香、紫薇、女贞、杨梅、垂柳、桉树、油茶、杉木、松树、银杏、水杉等多种林木，还为害甘蔗、高粱、玉米等农作物；亦能在水库堤坝内筑巢为害。

危害特点： 黄翅大白蚁和黑翅土白蚁（*Odontotermes formosanus*）是农林作物上的优势种，它们在数量多、分布广和为害重等方面都是其他白蚁所不能比拟的。取食树皮、韧皮部、边材。多从伤口处为害，蛀口粗糙，带有粒屑，常引起材质降低；为害幼苗严重时可造成死亡。对林木的为害有一定的选择性，一般含纤维质丰富，糖分和淀粉多的植物为害严重，对含脂肪多的植物为害较轻。

形态特征

黄翅大白蚁群体中以原始型蚁王、蚁后产卵繁殖，不产生补充性生殖蚁。兵蚁、工蚁均分两型：大兵蚁、小兵蚁、大工蚁、小工蚁。

有翅成虫 体长 14 ～ 16mm，翅长 24 ～ 26mm。体背面栗褐色，足棕黄色，翅黄色。头宽卵形。触角 19 节。前胸背板中央有 1 个淡色的"十"字形纹，其两侧前方有 1 个圆形淡色斑，后方中央也有 1 个圆形淡色斑。

大兵蚁 体长约 11.0mm，头深黄色，上颚黑色。头及胸背有少数直立的毛，腹部背面毛少，腹部腹面毛较多。头大，上颚粗壮，左上颚中点之后有数个不明的浅缺刻及 1 个较深的缺刻，右上颚无齿。触角 17 节。前胸背板呈倒梯形，四角圆弧形，前后缘中间内凹。中后胸背板呈梯形，中胸背板后侧角成明显的锐角。

小兵蚁 体长 6.8 ～ 7.0mm，体色较淡。头卵形，侧缘较大兵蚁更弯曲，后侧角圆形。上颚与头的比例较大兵蚁的大，并较细长而直。触角 17 节。

大工蚁 体长 6.2 ～ 6.4mm。头棕黄色，胸腹部浅棕黄色。头圆形。触角 17 节，第 2 ～ 4 节大致相等。腹部膨大如橄榄形。

小工蚁 体长 4.2 ～ 4.4mm，体色比大工蚁浅，其余形态基本同大工蚁。

卵 乳白色，长椭圆形。长径 0.60 ～ 0.62mm，一面较平直。短径 0.40 ～ 0.42mm。

生物学特性： 黄翅大白蚁营群体生活，整个群体数量大小随巢龄的大小而不同，一般为 20 万 ～ 40 万头。

白蚁群体内可划分为生殖型和非生殖型两大类，每个类型之下又可分为若干个品级。生殖类型即有翅成虫，在羽化前为有翅芽的若虫，分飞后发展为原始型蚁后和蚁王。非生殖类型主要有工蚁和兵蚁。在工蚁中又有大、小工蚁之分。工蚁在群体中数量最多，担任群体内如筑巢、修路、运卵、培育菌圃、吸水、清洁、喂养蚁后和蚁王以及抚育幼蚁等一切工作。兵蚁的主要职能是警卫和战斗，因此上颚特别发达，但无取食能力，需工蚁喂食；在群体中兵蚁分大、小两种，大兵蚁主要集中在蚁巢附近。

为害症状（树干上的泥被与泥套）-20190903- 福州国家森林公园

主巢 -20190903- 福州国家森林公园北峰生态区

蚁巢 -20190401- 福建福清市龙田镇西焦水库坝右樟树林（黄太平供图）

菌圃 -20190903- 福州市晋安区寿山乡岭头村

王台 -20190903- 福州国家森林公园北峰生态区

黄翅大白蚁分飞的时间因地区和气候条件不同而异。在江西、湖南分飞在5月中旬至6月中旬；广州地区3月初蚁巢内出现有翅繁殖蚁，分飞多在5月份。在一天中，江西分飞多在夜里23：00～2：00，广州地区多在清晨4：00～5：00。分飞前由工蚁在主巢附近的地面营造分飞孔。分飞孔在地面较明显，呈肾形凹入地面，深1～4cm，长1～4cm，孔四周围散布有许多泥粒。

有翅成虫分飞后，雌雄脱翅配对，然后寻找适宜的地方入土营巢。初建群体的入土深度，在头100天内为15～30cm，巢体只有1个平底上拱的小空腔。初建群体发展很慢，从分飞建巢到当年年底，巢内只有几十头工蚁和少数兵蚁。以后随着时间推移和群体的扩大，巢穴逐步迁入深处，深可达0.8～2m，一般到第4～5年才定巢在适宜的环境和深度。在巢内出现有翅繁殖蚁分飞时，此巢即称成年巢。

黄翅大白蚁有"王宫"菌圃的主巢直径可达1m。主巢中有许多泥骨架，骨架上下左右都被菌圃所包围。"王宫"一般都靠近中央部分，主巢旁或附近空腔常贮藏着工蚁采回的树皮和草屑碎片等。"王宫"中一般只有一王一后，偶尔也有一王二后或三后的现象。主巢外有少数卫星菌圃。黄翅大白蚁的巢群上能长出鸡枞菌，一般菌圃离地面距离45～60cm左右。

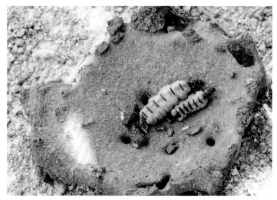

"一台双后"-20190924-福建尤溪县西滨镇

副巢与蚁道-20171020-福州国家森林公园

黑翅土白蚁 *Odontotermes formosanus* (Shiraki)

中文别名：黑翅大白蚁、台湾黑翅螱

分类地位：蜚蠊目 Blattodea 白蚁科 Termitidae

国内分布：西自西藏、云贵川，东至东部沿海、台湾，北自陕西、河南、安徽，南至两广、海南。

寄主植物：林木、水果、花卉等众多植物，亦可为害水库堤坝。

危害特点：黑翅土白蚁是一种土栖性害虫。主要以工蚁为害树皮及浅木质层，以及根部，造成被害树长势衰退，尤其对幼苗，极易造成死亡。采食为害时做泥被和泥线，严重时泥被环绕整个树干周围形成泥套，其特征很明显。同时，在公园的园林景观树种和行道树种，白蚁为害时在树干上形成的大面积泥被和数米高的泥线，有碍观瞻。

形态特征

多型性社会昆虫，分有翅型的雌、雄繁殖蚁（蚁王、蚁后）和无翅型的非生殖蚁（兵蚁、工蚁）等。

有翅繁殖蚁　体长 12～16mm，全体棕褐色；翅展 23～25mm，黑褐色；触角 11 节；前胸背板后缘中央向前凹入，中央有 1 个淡色"十"字形黄色斑，两侧各有 1 个圆形或椭圆形淡色点，其后有 1 个小而带分支的淡色点。

蚁王　由雄性有翅繁殖蚁发育而成，体壁较硬，体略有皱缩。

蚁后　由雌性有翅繁殖蚁发育而成，蚁后的腹部随时间增长而逐渐膨大，最后体长可达 70～80mm，体宽 13～15mm。色较深，体壁较硬，腹部特别大，白色腹部上呈现褐色斑块。

兵蚁　共 5 龄，末龄兵蚁体长 5～6mm；头部深黄色，胸、腹部淡黄色至灰白色，头部发达，背面呈卵形；复眼退化，触角 16～17 节；上颚镰刀形，左上颚内缘有 1 个显著的齿，齿尖向前，右上颚相应亦有 1 齿，但甚微小。前胸背板元宝状，前窄后宽，前部斜翘起。前、后缘中央皆有凹刻。兵蚁有雌雄之别，但无生殖能力。

工蚁　共 5 龄，末龄工蚁体长 4～6mm。头部黄色，近圆形，头顶中央有 1 个圆形下凹囟；后唇

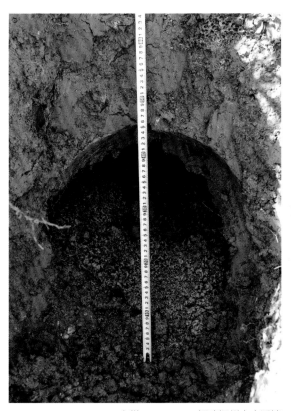

主巢 -20171022- 福建福州市宦溪镇　　　　蚁后与蚁王 -20171020- 福州市晋安区寿山乡岭头村

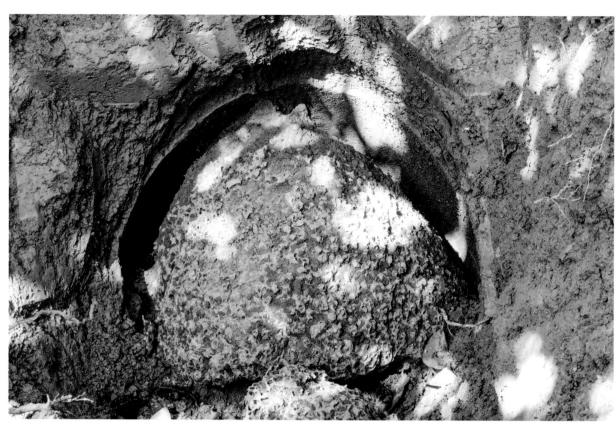

主巢 -20160622- 福建闽侯桐口林场

菌圃 -20190903- 福州市晋安区寿山乡岭头村

王台上的蚁后与副巢 -20171019- 福建尤溪县新阳镇

主巢穴与副巢 -20171019- 福建尤溪县新阳镇

基显著隆起。触角 17 节。胸、腹部灰白色。

卵 长椭圆形，长约 0.65mm。乳白色，一端较为平直。

生物学特性: 黑翅土白蚁有翅成蚁一般叫作繁殖蚁，每年 3 月开始出现在巢内，4～6 月在靠近蚁巢地面出现分群孔，分群孔突圆锥状，数量不等，少的只有几个，多的达上百个。在气温达到 22℃以上，空气相对湿度达 95% 以上的闷热天气或雨前傍晚，出孔成群婚飞，停下后即脱翅求偶，成对钻入地下建筑新巢，成为新的蚁王、蚁后并产卵繁殖后代，育出各种类型白蚁个体。蚁巢位于地下 0.3～2.0m 之处，新巢仅是 1 个小腔，3 个月后出现菌圃 – 草裥菌体组织，状如面包。在新巢的成长过程中，不断发生结构上和位置上的变化，蚁巢腔室由小到大，由少到多。巢群蚁数可达几十万头，甚至上百万头。无翅蚁有避光性，有翅蚁有趋光性。

繁殖蚁从幼蚁初具翅芽至羽化共 7 龄。兵蚁专门保卫蚁巢。工蚁担负筑巢、采食和抚育幼蚁等工作，数量最多；工蚁采食时，在树干上做成泥线、泥被或泥套，隐藏其内进行采食树皮及木纤维；当日平均气温达 12℃时，工蚁开始离巢采食，平均气温 20℃左右，工蚁采食达到高峰，故在整个出土取食期中，4～5 月和 9～10 月为全年 2 次外出采食高峰；11 月底后工蚁停止外出采食，回巢越冬。

白蚁的防治方法

1. **林业防治** 加强管理，使林木长势健壮，增强抵抗力。

2. **诱杀法** ① 挖坑诱杀：在新设圃地、荒山、次生林地造林前清除杂木、荒草，每公顷挖150个左右长宽约60cm、深约40cm的诱集坑，坑内横竖堆置多层劈开的樟树、桉树、松柴、甘蔗渣、芒萁骨等（或树皮），放些鸡鸭毛，淋些淘米水或15%～25%红糖水，诱集坑用草袋、芦席盖紧，上面覆土成堆状，便于沥水，在白蚁活动为害季节，隔10～15天，轻揭坑顶，发现白蚁在活动取食时，轻轻喷施40%氯吡硫磷乳油（毒死蜱）300～500倍液、0.1%氟铃脲（六福隆）等，让较多的白蚁带少量药粉回巢，由于相互舐理和交哺行为，使整巢白蚁死亡，此法可控制圃地和林地白蚁为害。② 林地直接诱杀法：在大面积的人工幼林、油茶、板栗等经济林内，在白蚁活动频繁的春秋季，每公顷林地设置150～300个诱集堆，由枯枝落叶和鲜草皮堆成，堆中放诱饵剂以及绿僵菌、白僵菌，表面用5～10cm表土盖严，堆上适当淋些水，半个月后诱来白蚁取食，白蚁取食枯枝、杂草同时，也将诱饵剂吃下，同时携带绿僵菌、白僵菌回巢，互相传递，使整巢白蚁死亡。

3. **人工挖巢** 根据土栖白蚁蚁巢在地表的外露迹象——蚁路、泥被、树上泥套的分布状况，地表4～6月出现的分群孔，6～8月高温多雨季节出现的发现有草裥菌（鸡枞菌、三踏菌），结合地形起伏，判断蚁巢位置，人工开挖，找出蚁道，用竹篾、枝条插入"引路"，根据枝条上兵蚁多的方向挖出主蚁道，再挖至主巢，获取蚁王、蚁后，捣毁蚁群。

4. **生物防治** 对聚集的白蚁喷撒绿僵菌、白僵菌菌剂进行防治。

5. **烟熏** 如发现白蚁较粗蚁道，人工追挖至主蚁道，用一端封闭一端敞开的自然压烟筒点燃烟剂后，对准主蚁道，由于高温产生高压，将敌敌畏烟雾压入主蚁道、蚁巢，使整巢白蚁中毒死亡。

6. **灯光诱杀** 黑翅土白蚁、黄翅大白蚁（包括家白蚁）的有翅成虫都有较强的趋光性。可在每年4～6月间成虫分飞期，采用灯光诱杀。

7. **药剂防治** 聚集在树干、根部的白蚁群，清除泥被直接对虫体喷药防治。常用的药剂有：40%氯吡硫磷乳油、10%氯菊酯乳油、10%吡虫啉杀白蚁悬浮剂、5%联苯菊酯乳油、2.5%溴氰菊酯乳油、80%敌敌畏乳油、5%氯虫苯甲酰胺悬浮剂等。一般稀释成200～1000倍液的浓度喷洒。

第七章

红火蚁

红火蚁 *Solenopsis invicta* Buren

中文别名：赤外来火蚁、入侵红火蚁

分类地位：膜翅目 Hymenoptera 蚁科 Formicidae

国内分布：福建、江西、广东、海南、湖南、湖北、广西、四川、云南、香港、澳门等。

危害特点：一是攻击、重复蜇刺并释放毒液进入被害的人和动物体内，造成灼痛感，出现水泡和脓包，严重的会引起休克甚至死亡；二是取食多种植物的种子、根、花蕾、果实等，为害幼苗，造成作物产量下降，草地被破坏；三是攻击并捕食小型动物如鸟类等，对生态系统有严重影响；四是会损坏电力及通信设备等。

形态特征

成虫 体长 3 ～ 6mm，红棕色至深棕色，头部的蜕裂线呈倒 "Y" 形，大颚具 4 齿，中胸侧板有刻纹或表面粗糙，头部宽度小于腹部宽度。主要以工蚁成体的形态特征进行种类鉴定。

工蚁 头部近正方形，宽约 0.5mm；体长 2.5 ～ 4.0mm，腹部棕褐色，第 2、3 节腹背中央常有近圆形的淡色斑纹；触角共 10 节，柄节（第 1 节）最长，但不达头顶，鞭节端部两节膨大呈棒状；额下方连接唇基明显，唇基两侧各有齿 1 个，齿基部上方着生 1 根刚毛。

兵蚁 头宽约 1.5mm，体长 6 ～ 7mm，体橘红色，腹部背板呈深褐色。

生殖型有翅蚁 雄蚁体长 7 ～ 8mm，体黑色，着生翅 2 对，头部细小，触角呈丝状，胸部发达，前胸背板显著隆起。雌蚁体长 8 ～ 10mm，头及胸部棕褐色，腹部黑褐色，着生翅 2 对，头部细小，触角呈膝状，胸部发达。

卵 椭圆形，乳白色，长 0.23 ～ 0.30mm，宽 0.16 ～ 0.24mm。

幼虫 共 4 龄，无足型，均为乳白色。身体肥胖，

公园草坪上的红火蚁 -20180913- 福州市晋安区新店镇

路边蚁巢 -20210314- 福州北港公园

防治后的蚁巢（堆土塌陷）-20210314- 福州北港公园

倍率：X100.0

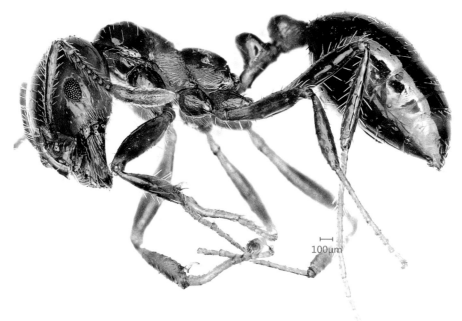

工蚁 -20180913- 福州赤桥公园（宋海天供图）

呈"C"状弯曲。不具有活动能力，表面有黏液。

蛹　裸蛹，工蚁蛹体长 0.7 ～ 0.8mm，有性生殖蚁蛹体长 5 ～ 7mm，触角、足均外露。

生物学特性：该虫为完全地栖型，成熟蚁巢为高 10 ～ 30cm、直径 30 ～ 50cm 的土蚁丘。当蚁巢受到干扰时，工蚁会迅速出巢攻击入侵者。1 个成熟种群由 20 万～ 50 万头各种品级的个体组成。1 年中任何时间都可能发生婚飞，3 ～ 5 月份是婚飞盛期，交配一般发生在 90 ～ 300m 的高空，交配后雌蚁随风飞行扩散可达数千米，再着陆、脱翅、筑新巢繁殖。自然扩散主要是依赖生殖蚁飞行，随洪水流动或搬巢而移动；人为传播主要通过园艺植物、草皮、堆肥、园艺农耕机具设备、空货柜、车辆等运输工具携带等作长距离传播扩散。

红火蚁的防治方法

红火蚁在传入中国大陆后主要是随着苗木、草皮、废旧物品等运输作长距离扩散传播。因此，在红火蚁定殖为害前，最重要的是要做好新引入苗木等的检疫工作，杜绝红火蚁的入侵。在红火蚁已经入侵后，要加强监测，综合治理，及时灭杀，避免其扩散产生更严重的为害。

目前，入侵红火蚁的防治技术主要有化学防治、物理防治及生物防治等方法。

1. 化学防治　包括触杀法、毒饵法以及二阶段处理法，其中二阶段处理法是研究最多、应用最广泛的防治方法，主要是采取大面积撒施与单个蚁巢处理相结合的方法，先在红火蚁觅食区撒布含低毒的饵剂，约 10～14 天再使用触杀性农药直接灌施蚁巢。

2. 物理防治　使用沸水浸湿蚁巢所有区域，连续处理 5～10 天，可以杀死大部分红火蚁。但该方法对植物根系有较大影响。

3. 生物防治　可采用绿僵菌、白僵菌、蚤蝇、微孢子虫等。其中，绿僵菌和白僵菌较为方便有效。

参考文献
REFERENCES

白瑞霞, 王越辉, 马之胜, 等, 2017. 桃红颈天牛研究进展 [J]. 中国森林病虫, 36(2): 5-9.

北京林学院, 1980. 森林昆虫学 [M]. 北京: 中国林业出版社: 302-303.

毕可可, 阮琳, 代色平, 等. 2012. 10 种杀菌剂对树木褐根病菌的室内抑菌试验 [C]. 中国观赏园艺研究进展, 北京: 中国林业出版社: 705-707.

蔡鸿娇, 王宏毅, 傅建炜, 等, 2012. 寄主植物对芒果壮铗普瘿蚊为害的生理效应 [J]. 林业科学, 48(3): 100-104.

蔡鸿娇, 王宏毅, 侯有明, 等, 2012. 厦门市入侵害虫芒果壮铗普瘿蚊 (双翅目 : 瘿蚊科) 为害情况调查 [J]. 生物安全学报, 21(1): 46-51.

曹华国, 1996. 紫薇洛瘤蛾的生物学特性 [J]. 江西农业大学学报, 18(3): 350-354.

曹克成, 李夏鸣, 1995. 桃红颈天牛生物学特性及其防治 [J]. 山西农业科学, 23(1): 62-63.

曹潇, 赵丽群, 蔡道云, 等, 2014. 小蜻蜓尺蛾幼虫和蛹的形态特征研究 [J]. 现代农业 (9): 106-108.

曾彩云, 王兰新, 余东莉, 2006. 乌桕大蚕蛾的人工养殖技术 [J]. 林业调查规划, 31(6): 78-80.

曾玲, 陆永跃, 何晓芳, 张维球, 梁广文, 2005. 入侵中国大陆的红火蚁的鉴定及发生为害调查 [J]. 昆虫知识, 42(2): 144-148, 230-231.

柴正群, 朱建青, 赵维峰, 等, 2011. 小叶榕主要害虫榕管蓟马的研究概况 [J]. 中国园艺文摘 (9): 145-146.

陈碧莲, 孙全兴, 李慧萍, 等, 2006. 上海地区绿尾大蚕蛾生物学特性及其防治 [J]. 上海交通大学学报 (农业科学版), 24(4): 390-393.

陈鏄尧, 周维, 庞正平, 等, 2009. 我国土白蚁发生危害与治理 [J]. 中华卫生杀虫药械, 15(5): 418-421.

陈汉林, 1994. 橄绿瘤丛螟和栗叶瘤丛螟的鉴别 [J]. 浙江林学院学报, 11(2): 218-221.

陈建, 杨进, 陆佩玲, 等, 2008. 棉大卷叶螟的年生活史与种群动态 [J]. 植物保护, 34(3): 119-123.

陈建红, 2016. 糖胶树常见害虫的发生规律及防治 [J]. 现代园艺 (2): 48.

陈君君, 王晖, 2007. 紫薇主要病虫害及其防治 [J]. 现代农业科技 (24): 81.

陈李红, 吴建新, 陈秀龙, 等, 2008. 杜鹃冠网蝽生物学特性及防治研究 [J]. 江苏林业科技, 35(6): 17-19.

陈立杰, 陈通政, 刘颖, 等, 2019. 贵州茶树藻斑病病原形态及 DNA 测序鉴定 [J]. 种子, 38(9): 103-104.

陈连根, 曹宏伟, 胡永红, 等, 2007. 曲纹紫灰蝶生物学特性初步研究 [J]. 江苏农业科学 (2): 75-77.

陈列, 1998. 杜鹃三节叶蜂 (Arge similis Vollenhoven) 的发生和防治 [J]. 广西植保 (3): 20-22.

陈淑佩，翁振宇，吴文哲，2011.台湾新发现的木瓜秀介壳虫 (半翅目 : 粉介壳虫科) 危害初报 [J].
　　台湾农业研究，60 (1): 72 -76.

陈树仁，吴振廷，郑太木，等，1991.山茱萸害虫——绿尾大蚕蛾的初步研究 [J]. 中药材，14(4): 3-7.

陈顺立，戴沿海，1997.福建主要树种害虫及防治 [M].厦门 : 厦门大学出版社 : 110-111.

陈顺立，李友恭，黄昌尧，1989.双线盗毒蛾的初步研究 [J]. 福建林学院学报，9(1): 1-9.

陈顺立，李友恭，林邦超，1990.棉古毒蛾生物学特性与防治的研究 [J]. 福建林学院学报，10(2):
　　130-136.

陈顺立，童文钢，李友恭，1994.钩翅尺蛾生物学特性及防治研究 [J]. 林业科学研究，7(1): 101-105.

陈苏臻，2012.桃一点叶蝉种群消长规律及综合防控技术 [J]. 福建果树 (2): 32-34.

陈小红，2009.盆架子绿翅绢野螟的生物学特性及其综合防治 [J]. 广东农业科学 (8): 124-125, 130.

陈一心，齐石成，江凡，2001.毒蛾科 // 黄邦侃 . 福建昆虫志 (第五卷)[M]. 福州 : 福建科学技术
　　出版社 : 559, 578-579.

陈一心，齐石成，江凡，等，2001.夜蛾科 // 黄邦侃 . 福建昆虫志 (第五卷)[M]. 福州 : 福建科学技
　　术出版社 : 458, 483, 497.

陈玉森，叶乃兴，2012.茉莉的主要病虫害及其防治方法 (三) 茉莉叶螟 [J]. 福建茶叶 (3): 29-30.

陈芝卿，林尤洞，李珍华，1982.棉蝗的初步研究 [J]. 动物学研究，3: 209-218.

谌振，高平，林忠，等，2016.海南鸡蛋花锈病的发生规律及其防治技术[J].安徽农学通报，22 (16):
　　53-54.

程立生，蔡笃程，赵冬香，等，2006.热带作物昆虫学 [M]. 北京 : 中国农业出版社 : 319.

崔会平，2008.竹子煤污病的识别及防治 [J]. 植物医生，21(2): 28-29.

崔林，刘月生，2005.茶园扁刺蛾的发生及防治 [J]. 中国茶叶 (2): 21.

邓先琼，郭立中，1998.樟树溃疡病研究Ⅳ . 病菌侵入途径及药剂防治 [J]. 湖南农业大学学报，
　　24(4): 300-304.

邓艳，张文英，吴耀军，等，2012.无瓣海桑害虫绿黄枯叶蛾的生物学特性 [J]. 安徽农业科学，
　　40(7): 4046-4048.

董邦香，2009.杨梅绿尾大蚕蛾的发生与防治 [J]. 湖南林业 (6): 33.

董祖林，伍有声，1982.榕树斑蛾生活习性的初步观察及防治 [J]. 广东园林 (4): 43-44.

范德友，2012.棉大卷叶螟在黄秋葵上的发生与防治 [J]. 福建农业科技 (5): 42-43.

范国成，李本金，1996.白蚁在福建省的发生与防治 [J]. 福建果树 (4): 26-27.

方承莱，2001.灯蛾科 // 黄邦侃 . 福建昆虫志 (第五卷)[M]. 福州 : 福建科学技术出版社 : 418.

方惠兰，廉月琰，1980.樟蚕生活史及生活习性初步观察 [J]. 浙江林业科技 (2): 37-40.

方育卿，2003.庐山蝶蛾志 [M]. 南昌 : 江西高校出版社 : 509-510.

福建省林业科学研究所，1991.福建森林昆虫 [M]. 北京 : 中国农业科技出版社 .

付浪，2016.杜鹃三节叶蜂生物学、生态学特性研究 [D]. 广州 : 华南农业大学 .

付浪，贾彩娟，温健，等，2015.杜鹃三节叶蜂生物学特性及其发生规律研究 [J]. 环境昆虫学报，
　　37(5): 1043-1048.

傅建炜，庄家祥，邱思鑫，2010.台湾主要果树病虫害防治 [M]. 福州 : 福建科学技术出版社 : 5-6.

顾华，孙兴全，陈斌，2009.茶长卷蛾在樟树上发生规律及防治 [J]. 安徽农学通报，15(20): 98, 134.

顾茂彬，陈佩珍，1986.凤凰木夜蛾的初步研究 [J]. 林业科学，22(1): 101-105.

郭立中 , 邓先琼 , 韦石泉 , 1994. 樟树溃疡病的研究 (一)[J]. 湖南林业科技 , 21(2): 18-20.

郭立中 , 邓先琼 , 韦石泉 , 1995. 樟树的一种新病害——樟树溃疡病病原菌鉴定 [J]. 植物病理学报 ,
  1(25): 28.

郭利民 , 谢守江 , 2011. 河南省桃树流胶病病原测定与药效试验 [J]. 中国园艺文摘 , 279(12): 33-34.

郭瑛 , 胡奇勇 , 2001. 曲纹紫灰蝶形态与习性的初步观查 [J]. 福建果树 (2): 64-65.

国家林业局森林病虫害防治总站 , 2010. 主要林业有害生物防治历 (一)[M]. 北京 : 中国林业出版社 .

国家林业局森林病虫害防治总站 , 2014. 林业有害生物防治技术 [M]. 北京 : 中国林业出版社 .

韩志超 , 2018. 绿僵菌对榕母管蓟马的致病性及其与气味物质的相容性 [D]. 福州 : 福建农林大学 .

韩宙 , 周靖 , 钟锋 , 等 , 2013. 红棕象甲危害及其防治研究进展 [J]. 广东农业科学 , 40(1): 68-71.

何彬 , 彭树光 , 何根跃 , 等 , 1991. 绿尾大蚕蛾生物学特性及其防治 [J]. 昆虫知识 , 28(6): 353-354.

何炳贞 , 何目标 , 2000. 火力楠丽绵蚜的防治 [J]. 广西林业 (1): 32.

何基伍 , 王众 , 李世广 , 等 , 2013. 4 种白蚁防治药剂在土壤中降解试验 [J]. 现代农业科技 (19): 130-
  133+136.

何美仙 , 黄飞来 , 刘忠良 , 2017. 山茶叶部主要病害的发生与防治 [J]. 现代农业科技 , 14: 110-111.

何学友 , 2016. 油茶常见病及昆虫原色生态图鉴 [M]. 北京 : 科学出版社 .

何学友 , 潘爱芳 , 2018. 中国枫香病虫害 [M]. 北京 : 中国林业出版社 .

何学友 , 宋海天 , 蔡守平 , 等 , 2019. 福建省近年林业新害虫 (Ⅱ)——竹节虫 [J]. 福建林业 (6):
  26-29.

何自福 , 佘小漫 , 汤亚飞 , 2012. 入侵我国的木尔坦棉花曲叶病毒及其为害 [J]. 生物安全学报 ,
  21(2): 87-92.

侯陶谦 , 汪家社 , 2001. 带蛾科 // 黄邦侃 . 福建昆虫志 (第五卷)[M]. 福州 : 福建科学技术出版社 :
  607-608.

呼丽萍 , 杨吉祥 , 王小银 , 等 , 2008. 榛子害虫蛴螬和四纹丽金龟防治试验 [J]. 中国果树 (3): 75.

胡德具 , 2018. 乌桕黄毒蛾的生物学特性研究 [J]. 宁波农业科技 (2): 11-13, 19.

黄邦侃 , 1978. 桃红颈天牛形态记述的订正 [J]. 昆虫知识 (4): 27.

黄邦侃 , 1999. 福建昆虫志 (第 2 卷)[M]. 福州 : 福建科学技术出版社 .

黄大庄 , 胡隐月 , 1996. 桑天牛在我国的地理分布区研究 [J]. 河北林果研究 (Z1): 263-269.

黄光斗 , 于旭东 , 谢永灼 , 等 , 2002. 灰白蚕蛾生物学特性及其防治 [J]. 昆虫知识 , 39(2): 123-126.

黄海 , 董昌金 , 2006. 绿僵菌的培养及其防治白蚁的效果 [J]. 湖北农业科学 , 45(1): 62-64.

黄金瑞 , 杨柳林 , 林先明 , 等 , 1995. 木兰巨小卷蛾的研究 [J]. 森林病虫通讯 (1): 4-6.

黄金水 , 陈云鹏 , 1987. 癫皮夜蛾生物学及其防治试验 [J]. 福建林业科技 (1): 37-40.

黄金水 , 何学友 , 2012. 中国木麻黄病虫害 [M]. 北京 : 中国林业出版社 .

黄金义 , 蒙美琼 , 1986. 林木病虫害防治图册 [M]. 南宁 : 广西人民出版社 : 199-200.

黄咏槐 , 钱明惠 , 黄华毅 , 等 , 2018. 星天牛防治技术研究进展 [J]. 林业与环境科学 , 34(4): 162-167.

黄云 , 徐志宏 , 2015. 园艺植物保护学 [M]. 北京 : 中国农业出版社 .

黄志嘉 , 茅裕婷 , 朱映 , 等 , 2018. 朱红毛斑蛾在广东地区的爆发程度调查 [J]. 河北林业科技 (3):
  47-49.

嵇保中 , 刘曙雯 , 居峰 , 等 , 2002. 白蚁防治药剂述评 [J]. 林业科技开发 , 16(4): 3-5, 24.

纪燕玲 , 蔡选光 , 郑道序 , 等 , 2007. 夹竹桃天蛾的生物学特性初步研究 [J]. 粤东林业科技 (2): 1-2.

贾彩娟，林贝满，曾振平，等，2013. 杜鹃三节叶蜂卵空间格局及抽样技术 [J]. 环境昆虫学报，35(6): 744-748.

江叶钦，1994. 福建樟叶个木虱初步研究 [J]. 福建林学院学报，14(4): 375-378.

江叶钦，张亚坤，陈文杰，等，1989. 云南松毛虫的防治研究 [J]. 福建林学院学报，9(1): 22-27.

江正明，马骏飞，徐光余，等，2008. 樟叶蜂的生物学特性及其综合防治 [J]. 河北农业科学，12(8): 43-44.

姜景峰，胡志莲，1990. 龙眼裳卷蛾的生物学研究初报 [J]. 植物保护，36(增刊): 35-36.

康晓霞，陈建，王常春，等，2006. 江淮棉区棉大卷叶螟主要寄生性天敌的寄生作用 [J]. 昆虫知识，43(5): 663-666.

柯云玲，田伟金，庄天勇，等，2008. 国内外林木白蚁研究概述 [J]. 中国森林病虫，27(5): 25-29.

柯云玲，田伟金，庄天勇，等，2011. 林木白蚁的生物防治和生物源农药防治研究进展 [J]. 环境昆虫学报，33(3): 396-404.

雷朝亮，宗良炳，邹齐发，1987. 棉大卷叶螟幼虫龄期的识别 [J]. 植物保护 (6): 29.

雷冬阳，2001. 青球笋纹蛾生物学特性及其防治 [J]. 湖南农业科学 (3): 57-58.

雷冬阳，黄益鸿，2003. 绿尾大蚕蛾生物学特性及其防治 [J]. 湖南农业科技 (2): 52-54.

雷玉兰，林仲桂，2010. 夹竹桃天蛾的生物学特性 [J]. 昆虫知识，47(5): 918-922.

黎健春，2006. 灰白蚕蛾的特性与防治对策 [J]. 西南园艺，34(6): 64-65.

黎彦，2006. 果树病虫害防治 [M]. 北京 : 中央广播电视大学出版社 .

李代永，郭栋，张述英，等，1986. 银花叶蜂的生物学及防治 [J]. 昆虫知识，23(1): 37-38.

李东霞，2008. 木撩尺蠖的生物学特性和综合防治技术 [J]. 科技情报开发与经济，18(15): 156-157.

李葛，王成勃，武三安，2018. 我国新发现一种入侵蚧虫——藤壶蜡蚧 (半翅目 : 蚧次目 : 蚧科)[J]. 应用昆虫学报，55(3): 527-532.

李国强，袁国军，崔淑丹，2012. 香樟黄化病与重金属营养关系的研究 [J]. 河南科技学院学报，41(3): 23-264.

李军，文俊，张清源，2003. 危害芒果叶片的瘿蚊科——中国新纪录和一新种 [J]. 动物分类学报，28(1): 148-151.

李柳，1994. 樟树新害虫——窃达刺蛾 [J]. 福建林学院学报，14(3): 285-286.

李秋生，王相宏，王巧玲，2008. 木撩尺蠖的生物学特性及防治试验 [J]. 林业实用技术 (8): 28.

李晓军，2010. 樱桃病虫害防治技术 [M]. 北京 : 金盾出版社 : 51-52.

李友恭，陈顺立，康文兴，1990. 食物对樟蚕幼虫生长发育的影响 [J]. 福建林学院学报，10(1): 63-66.

李友恭，陈顺立，张潮巨，1995. 中国樟树害虫 [M]. 北京 : 中国林业出版社 .

李友恭，陈顺立，赵芳，1991. 福建樗蚕生物学特性的观察 [J]. 福建林学院学报，11(4): 418-421.

李兆玉，程留根，孟建铭，等，1995. 茶长卷蛾在水杉上发生规律与防治 [J]. 江苏林业科技，22(3): 31-33.

李忠恒，王志斌，罗承燕，等，2006. 绿翅绢野螟生物学特性初步研究 [J]. 中国植保导刊，26(1): 29-30.

李忠恒，王志斌，罗承燕，等，2012. 鸭脚木星室木虱发生危害及防治技术 [J]. 云南农业科技 (4): 49-51.

连巧霞，1992. 白兰丽棉蚜的防治 [J]. 森林病虫通讯 (1): 10.

林平 , 2001. 丽金龟科 // 黄邦侃 . 福建昆虫志 (第六卷)[M]. 福州 : 福建科学技术出版社 : 418.

林奇田 , 蔡添强 , 王耀立 , 等 , 2010. 厦门公路绿化植物害虫种类调查 [J]. 生物安全学报 , 19(4): 280-285.

林少和 , 雷冠文 , 1996. 茶园害虫——油桐尺蠖的发生与防治 [J]. 福建农业 (8): 26.

林石明 , 廖富荣 , 陈红运 , 等 , 2012. 台湾褐根病发生情况及研究进展 [J]. 植物检疫 , 26(6): 54-60.

林伟 , 徐浪 , 郭强 , 等 , 2017. 一种罗汉松害虫——橙带蓝尺蛾 [J]. 植物检疫 , 31(4): 67-69.

林秀香 , 罗金水 , 郑宴义 , 等 , 2009. 福建省棕榈科植物病害调查研究 [J]. 中国农学通报 , 25(1): 180-184.

林志鹏 , 余能健 , 吴志远 , 等 , 1995. 福建明溪桃蛀螟的防治 [J]. 福建林学院学报 , 15(1): 67-71.

林仲桂 , 雷玉兰 , 郭立中 , 2005. 小叶女贞新害虫黄环绢须野螟生物学特性 [J]. 昆虫知识 , 42(1): 74-77.

凌金锋 , 彭埃天 , 殷瑜 , 等 , 2017. 广东 '鹰嘴蜜桃' 上流胶病病原鉴定 [J]. 植物保护 , 43(6): 85-90.

刘东明 , 高泽正 , 邢福武 , 2003. 榕八星天牛生物学特性及其防治 [J]. 中国森林病虫 , 22(6): 10-12.

刘东明 , 伍有声 , 高泽正 , 等 , 2004. 曲纹紫灰蝶生物学特性及其防治 [J]. 林业科技 , 29(2): 24-26.

刘光华 , 陆永跃 , 甘咏红 , 等 , 2003. 曲纹紫灰蝶的生物学特性和发生动态研究 [J]. 昆虫知识 , 40(5): 426-428.

刘会梅 , 孙绪艮 , 王向军 , 2002. 桑天牛研究进展 [J]. 中国森林病虫 , 21(5): 30-33.

刘剑 , 舒金平 , 华正媛 , 等 , 2012. 环茸毒蛾生物学特性初报 [J]. 林业科学研究 , 25(4): 535-539.

刘俊延 , 何秋隆 , 魏航 , 等 , 2015. 朱红毛斑蛾生物学特性研究 [J]. 植物保护 , 41(3): 188-192.

刘俊延 , 马仲辉 , 吴塞逸 , 等 , 2016. 朱红毛斑蛾嗜食性的研究 [J]. 环境昆虫学报 , 38(5): 924-930.

刘奎 , 彭正强 , 符悦冠 , 2002. 红棕象甲研究进展 [J]. 热带农业科学 , 22(2): 70-77.

刘丽 , 万婕 , 阎伟 , 等 , 2014. 红棕象甲生物防治研究进展 [J]. 广东农业科学 , 41(2): 95-98.

刘曼 , 杨茂发 , 任春光 , 等 , 2009. 竹织叶野螟的生物学特性及防治 [J]. 贵州农业科学 , 37(7): 78-80.

刘清浪 , 陈瑞屏 , 林思诚 , 等 , 1995. 棉蝗的生物学特性观察及其发生环境因子的调查 [J]. 广东林业科技 (2): 37-41.

刘仁骐 , 1988. 樟蚕生活史的初步观察 [J]. 云南林业科技 (1): 62-63.

刘晓红 , 徐剑 , 周君 , 等 , 2009. 青球箩纹蛾的形态特征及在苏州地区的发生特点 [J]. 常熟理工学院学报 (自然科学), 23(4): 69-70.

刘友樵 , 2001. 卷蛾科 // 黄邦侃 . 福建昆虫志 (第五卷)[M]. 福州 : 福建科学技术出版社 : 42-43.

刘友樵 , 李广武 , 2002. 中国动物志昆虫纲 (第二十七卷) 鳞翅目卷蛾科 [M]. 北京 : 科学出版社 : 271.

刘有莲 , 黄寿昌 , 牙璋 , 等 , 2018. 油桐尺蠖越冬蛹在桉树林空间分布型及其生物学特性研究 [J]. 中国森林病虫 , 37(2): 14-17.

刘元福 , 1979. 海南岛林业害虫记录 (二)——凤凰木夜蛾 [J]. 热带林业 (3): 3-4.

刘志红 , 沈阳 , 高亿波 , 等 , 2015. 外来危险性入侵害虫木瓜秀粉蚧的危害与防控 [J]. 安徽农业科学 , 43(31): 91-93, 223.

柳其文 , 丁珌 , 黄金水 , 等 , 2001. 红树林丽绿刺蛾的生物学特性及其防治 [J]. 林业科技开发 , 2001(专): 61-62.

卢辉 , 卢芙萍 , 梁晓 , 等 , 2016. 木瓜秀粉蚧在海南的适生性及空间分布型研究 [J]. 热带作物学报 , 37(10): 62-68.

陆佩玲，陈建，张小丽，等，2008.棉大卷叶螟主要生物学习性研究 [J].安徽农学通报，14(20): 92-94.

陆自强，1995.观赏植物昆虫 [M].北京：中国农业出版社 : 194-195.

罗基同，吴耀军，奚福生，2012.速生桉林重大病虫害控制技术彩色原生态图鉴 [M].南宁：广西科学技术出版社 .

罗佳，梁进新，1997.灰白蚕蛾生物学特性的研究 [J].华东昆虫学报，6(1): 31-34.

罗佳，王志勇，吴小明，1988.花桃上梨冠网蝽的初步研究 [J].亚热带植物通讯 (2): 44-46.

罗佳，叶丽香，郑月珍，2007.杜鹃花重要害虫——杜鹃网蝽的研究 [J].石河子大学学报，25(5): 549-551.

罗晶，茅裕婷，朱雪娇，等，2014.杜鹃冠网蝽危害与雌雄成虫鉴别 [J].河北林业科技 (3): 12-14.

罗庆怀，谢详林，周莉，等，1998.紫薇长斑蚜发生规律及防治研究 [J].江苏林业科技 (S1): 189-193.

罗松根，徐真旺，赵仁友，等，1998.云南松毛虫的生物学特性及防治 [J].浙江林业科技，18(1): 11-15.

吕宝乾，金启安，温海波，等，2012.入侵害虫椰心叶甲的研究进展 [J].应用昆虫学报，49(6): 1708-1715.

吕俐宾，腾有为，2000.茶长卷叶蛾性信息素的合成 [J].山地农业学报，19(1): 46-49.

马骏，胡学难，刘海军，等，2009.广州扶桑上发现扶桑绵粉蚧 [J].植物检疫，23(2): 35-36.

马英玲，李俊真，韦春义，2008.丽绵蚜 (*Formosaphis micheliae*) 的药剂防治试验 [J].广西科学院学报，24(1): 22-24.

马苗，姜春燕，秦萌，等，2018.全国农业植物检疫性昆虫的分布与扩散 [J].应用昆虫学报，55(1): 1-11.

农业部外来入侵物种管理办公室，农业部外来入侵生物预防与控制研究中心组，2004.中国主要农林入侵种与控制 (第 1 辑)[M].北京：中国农业出版社 .

农业部外来物种管理办公室，2013.国家重点管理外来入侵物种综合防控技术手册 [M].北京：中国农业出版社 .

潘建芝，刘克州，李艺，2010.园林植物蚧壳虫的发生趋势及对策 [J].河北林业科技 (1): 61-62.

潘启城，黄继福，2011.芒果横线尾夜蛾和叶瘿蚊防治技术 [J].中国园艺文摘，27(1): 162-163.

庞正轰，2009.经济林病虫害防治技术 [M].南宁：广西科学技术出版社 : 114-115.

彭成绩，蔡明段，彭埃天，2017.南方果树病虫害原色图鉴 [M].北京：中国农业出版社 .

彭锦云，胡凤英，刘宵，2009.杨树绿尾大蚕蛾生物学特性与防治技术 [J].农业与技术，29(6): 101-103.

彭凌飞，肖元斌，林联云，等，2015.鸭脚树星室木虱卵和若虫的形态特征 [J].福建农林大学学报 (自然科学版)，44(2): 121-125.

彭忠亮，2002.吉丁虫科 // 黄邦侃 .福建昆虫志 (第 6 卷)[M].福州：福建科学技术出版社 : 246-281.

朴美花，郑颖姹，李灿镛，2010.为害竹子叶片的三种野螟幼虫形态记述 (鳞翅目：草螟科：野螟亚科)[J].昆虫分类学报，32(4): 271-276.

齐石成，江帆，梁茂龙，2001.刺蛾科 // 黄邦侃 .福建昆虫志 (第 5 卷)[M].福州：福建科学技术出版社 : 238-249.

祁生寿，2000.桦三节叶蜂的发生规律与综合防治 [J].森林病虫通讯，19(6): 24-25.

钱皆兵，2012.宁波林业害虫原色图谱 [M].北京：中国农业科学技术出版社 .

邱俊英, 2009. 福州市园林害虫调查及三种新害虫的发生与防治 [D]. 福州 : 福建农林大学 .

邱俊英, 柯鼎新, 2000. 福州市园林植物主要病虫害发生和防治现状 [J]. 福州农业科技 (S1): 111-112.

邱雅林, 周青, 郑智龙, 2014. 林业有害生物防控图解 [M]. 北京 : 中国农业科学技术出版社 .

阮琳, 冯爱卿, 杨晓, 等, 2009. 广州地区灰白蚕蛾生物学特性及种群动态 [J]. 广东园林 (6): 64-66.

阮志平, 2005. 苏铁白盾蚧发生规律及综合治理的研究 [J]. 现代农业科技 (12): 38-39.

沙万友, 张富春, 2008. 苏铁盾蚧对攀枝花苏铁危害及防治初探 [J]. 四川林业科技 , 29(3): 49-51.

上遠野富士夫, 1995. 日本における木本寄生性フシダニ類の分類学的研究とナシ寄生性ニセナ
　　シサビダニの生態学の研究 [J]. 千葉農試特報 (30): 11-13.

邵爱娥, 黄国平, 吕远军, 等, 2006. 板栗剪尾材小蠹虫生物学特性观察 [J]. 湖北林业科技 (5): 33-34.

邵天玉, 2011. 中国西南地区瘤蛾族 (鳞翅目 : 夜蛾科 : 瘤蛾亚科) 分类学的研究 [D]. 哈尔滨 : 东北
　　林业大学 .

佘德松, 冯福娟, 2009. 小蜡绢须野螟生物学特性研究 [J]. 中国森林病虫 , 28(1): 10-12, 21.

沈发荣, 周又生, 赵焕萍, 等, 1995. 榕母管蓟马生物学特性研究 [J]. 西北林学院学报 , 10(2): 104-108.

沈光普, 1991. 三种卷蛾的野外识别 [J]. 江西植保 , 14(4): 130-131.

师光绿等, 2013. 果树害虫及综合防治 [M]. 北京 : 中国林业出版社 .

史先慧, 杨森, 张瑜, 等, 2018. 杜鹃三节叶蜂羽化与生殖行为节律观察 [J]. 中国森林病虫 , 37(6):
　　20-23.

司宇, 文忠春, 黄建, 等, 2016. 福州地区佛州龟蜡蚧 *Ceroplastes floridensis* Comstock 寄生蜂的调
　　查与鉴别 [J]. 武夷科学 , 32: 14-26.

宋建英, 吴盛福, 1992. 对危害松树幼林的桃蛀螟观察初报 [J]. 华东昆虫学报 , 1(2): 53-55.

宋士美, 2001. 螟蛾科 // 黄邦侃 . 福建昆虫志 (第五卷)[M]. 福州 : 福建科学技术出版社 : 101-
　　225.

宋新强, 谢杰, 2000. 中国绿刺蛾的无公害防治 [J]. 林业科技 , 25(5): 26-28.

苏星, 1992. 吹绵蚧 // 萧刚柔 . 中国森林昆虫 (第 2 版)[M]. 北京 : 中国林业出版社 : 236-237.

孙巧云, 赵自成, 1990. 线茸毒蛾生活习性观察研究 [J]. 江苏林业科技 (2): 39-40, 48.

孙象钧, 1963. 桃一点叶蝉 *Erythroneura* sp. 在南京的生活习性观察及防治试验 [J]. 昆虫学报 (2):
　　209-219.

覃金萍, 张增强, 杨振德, 等, 2010. 鸭脚树星室木虱的形态特征及其发生为害观察研究 [J]. 中国
　　植保导刊 , 30(9): 27-29.

谭祥国, 2015. 小叶榕灰白蚕蛾的为害及治理对策 [J]. 植物医生 , 28(4): 19-20.

童新旺, 1987. 栗黄枯叶蛾生物学特性及其天敌 [J]. 湖南林业科技 (1): 38-39.

万建伟, 2005. 攸县茉莉花害虫调查及主要害虫生物学特性与综合防治研究 [D]. 长沙 : 湖南农业
　　大学 .

汪广, 章士美, 1953. 扁刺蛾的初步研究 [J]. 昆虫学报 , 3(5): 309-318.

汪淑燕, 刘国坤, 许文耀, 2014. 福建省荔枝白粉病的发生与防治 [J]. 东南园艺 , 6: 122-124.

王穿才, 2008. 黄翅大白蚁生物学习性及防治技术 [J]. 中国森林病虫 , 27(6): 15-17, 26.

王大绍, 2008. 曲纹紫灰蝶在中国大陆的传播、危害和防治 [J]. 攀枝花科技与信息 , 33(3): 17-20.

王恩主, 2015. 杭州园林植物病虫害图鉴 [M]. 杭州 : 浙江科学技术出版社 .

王福超, 杨爱东, 汪俊, 等, 1992. 线茸毒蛾的生物学特性及防治方法的研究 [J]. 安徽林业科技 (4):

14-16.

王缉健, 1989. 极北柳莺是火力楠丽绵蚜的天敌 [J]. 广西林业 (5): 35.

王缉健, 1996. 木菠萝的两种新害虫 [J]. 广西林业 (1): 24.

王缉健, 杨秀好, 梁晨, 等, 2014. 竹柏重要食叶害虫—橙带丹尺蛾 [J]. 广西植保, 27(2): 22-23.

王金明, 2012. 盆栽榕树蓟马的生物学及防治技术研究 [D]. 福州: 福建农林大学.

王林瑶, 2001. 大蚕蛾科 // 黄邦侃. 福建昆虫志 (第五卷)[M]. 福州: 福建科学技术出版社: 291-292, 297-299.

王明生, 吴小芹, 王淼, 等, 2011. 上海市樟树病害种类调查及病害特征 [J]. 中国森林病虫, 30(2): 24-28.

王守聪, 钟天润, 2006. 全国植物检疫性有害生物手册 [M]. 北京: 中国农业出版社.

王伟新, 王宏毅, 2005. 芒果壮铗普瘿蚊生物学特性初报 [J]. 福建农业学报, 20(2): 74-76.

王亚茹, 梁晓, 伍春玲, 等, 2018. 木瓜秀粉蚧取食不同木薯品种后体内保护酶活性差异分析 [J]. 生物技术通报, 34(6): 115-119.

王源岷, 徐筠, 1987. 木橑尺蠖幼虫形态学及其前胸盾上未命名毛的讨论 [J]. 昆虫学报, 30(3): 323-326.

王志龙, 林立, 王国良, 等, 2014. 红枝鸡爪槭枝枯病病原鉴定及防治 [J]. 林业科学, 50(6): 125-130.

韦维, 吴耀军, 杨忠武, 等, 2014. 广西林业重要有害生物防治技术图鉴 [M]. 南宁: 广西科学技术出版社.

韦仲烈, 2012. 白兰花火力楠丽绵蚜的发生与防治 [J]. 广东农业科学 (11): 96-97, 100.

魏建荣, 赵文霞, 张永安, 2011. 星天牛研究进展 [J]. 植物检疫, 25(5): 81-85.

魏开炬, 2011. 天竺桂佛州龟蜡蚧生物学特性观察 [J]. 中国森林病虫, 30(5): 17-20.

魏美才, 聂海燕, 2003. 三节叶蜂科 // 黄邦侃. 福建昆虫志 (第7卷)[M]. 福州: 福建科学技术出版社: 165-183.

魏书军, 许发良, 滑福林, 等, 2008. 香樟害虫——橄绿瘤丛螟的生物学特性 [J]. 昆虫知识, 45(4): 562-565.

问亚军, 王永潮, 郑文娟, 等, 2006. 桃一点叶蝉发生规律与综合防治 [J]. 西北园艺 (果树)(6): 23-24.

吴红娟, 牟灿, 李文娟, 等, 2018. 毛叶丁香上两种食叶害虫的区别与防控 [J]. 南方农业, 12(22): 12-15.

吴建辉, 2006. 棉大卷叶螟的生物学特性及其防治 [D]. 广州: 华南农业大学.

吴建辉, 黄振, 任顺祥, 等, 2007. 寄主植物对棉大卷叶螟生物学特性的影响 [J]. 植物保护学报, 34(6): 659-660.

吴建辉, 黄振, 任顺祥, 等, 2008. 温度对棉大卷叶螟生长发育和繁殖的影响 [J]. 应用生态学报, 19(6): 1325-1330.

吴建勤, 2011. 永安市佛州龟蜡蚧的发生与危害 [J]. 中国森林病虫, 30(6): 28-30.

吴维民, 王静, 盛辉, 等, 2019. 吹绵蚧卵孵化期的生物学观察研究 [J]. 安徽林业科技, 45(3): 3-5.

吴跃开, 李晓虹, 罗在柒, 2008. 贵州苏铁白盾蚧的发生与防治 [J]. 植物医生, 21(2): 27-28.

吴志远, 1990. 线茸毒蛾的生物学和防治 [J]. 昆虫知识, 27(2): 107-110.

吴志远, 2001. 舟蛾科 // 黄邦侃. 福建昆虫志 (第五卷)[M]. 福州: 福建科学技术出版社: 370.

吴志远，黄跃坚，林继兴，1987. 樟蚕核多角体病毒的生物测定及林间小区试验 [J]. 林业科学，23(2): 232-235.

伍建芬，黄增和，温瑞贞，1982. 樟叶蜂的生物学和防治 [J]. 昆虫学报，24(1): 42-48.

武春生，方承莱，2010. 河南昆虫志（鳞翅目）[M]. 北京：科学出版社：38, 49-51, 70.

武三安，王子清，孙丽华，1999. 蚧总科 // 黄邦侃. 福建昆虫志（第 2 卷）[M]. 福州：福建科学技术出版社：705-731.

武三安，张润志，2009. 威胁棉花生产的外来入侵新害虫——扶桑绵粉蚧 [J]. 昆虫知识，46(1): 159-162.

习宜元，周威君，葛春华，等，1989. 梨冠网蝽生物学特性及防治的研究 [J]. 南京农业大学学报，12(2): 125-127.

夏声广，2012. 图说桃树病虫害防治关键技术 [M]. 北京：中国农业出版社.

萧刚柔，1992. 中国森林昆虫（第二版）[M]. 北京：中国林业出版社.

萧刚柔，2003. 叶蜂科 // 黄邦侃. 福建昆虫志（第七卷）[M]. 福州：福建科学技术出版社：424-425.

谢联辉，2013. 普通植物病理学（第二版）[M]. 北京：科学出版社.

徐川峰，石昊妮，殷立新，等，2018. 樟叶蜂两性生殖与孤雌生殖方式下雌虫生殖适合度及子代生活史特征的比较 [J]. 昆虫学报，61(12): 1421-1429.

徐公天，2003. 园林植物病虫害防治原色图谱 [M]. 福州：中国农业出版社：181-182.

徐家雄，1987. 白兰台湾蚜的生物学特性及其防治 [J]. 广东林业科技 (1): 22-23.

徐天森，1978. 竹织叶野螟生物学特性与防治方法 [J]. 中国林业科学 (1): 49-55.

徐卫，付海滨，龙琼华，等，2009. 海南省发现有害生物——扶桑绵粉蚧 [J]. 植物检疫，23(5): 33

徐志德，李德运，周贵清，等，2007. 黑翅土白蚁的生物学特性及综合防治技术 [J]. 昆虫知识，44(5): 763-768.

薛大勇，2001. 尺蛾科 // 黄邦侃. 福建昆虫志（第五卷）[M]. 福州：福建科学技术出版社：354.

薛国杰，杜金友，1993. 中国绿刺蛾生物学特性观察和防治试验 [J]. 河北农业技术师范学院学报，7(4): 73-77.

闫凤鸣，白润娥，2017. 中国粉虱志 [M]. 郑州：河南科学技术出版社：54.

严衡元，1992. 扁刺蛾 // 萧刚柔主编. 中国森林昆虫（第 2 版）[M]. 北京：中国林业出版社：793-794.

杨集昆，李法圣，1983. 我国星室木虱属初记（同翅目：木虱科）[J]. 武夷科学 (3): 120-128.

杨集昆，李法圣，1984. 卵痣木虱属的研究及中国六新种（同翅目：木虱科）[J]. 北京农业大学学报，10(4): 369-380.

杨民胜，1992. 窃达刺蛾 // 萧刚柔主编. 中国森林昆虫（第 2 版）[M]. 北京：中国林业出版社：778-795.

杨民胜，王晓通，1986. 灰白蚕蛾生活习性的初步研究 [J]. 林业科技通讯 (4): 16-17.

杨伟贤，吴伟东，焦根林，等，2009. 苏铁白盾蚧生物学及防治试验 [J]. 福建林业科技，36(4): 127-129.

杨希，连巧霞，张晓萍，等，1994. 福建省榕树蓟马的生物学特性及防治试验 [J]. 福建林业科技，21(2): 50-55.

杨亚蓉，2018. 朱红毛斑蛾生物学和防治措施初探 [J]. 青海农林科技 (2): 87-90.

杨仲衔，2007. 同安曲纹紫灰蝶研究初报 [J]. 现代农业科技 (17): 84.

杨子林，朱素娥，2015. 耿马县城镇街道白兰台湾蚜的识别与防控 [J]. 云南农业科技 (4): 48-50.

杨祖敏，1999. 栗叶瘤丛螟生物学特性与防治 [J]. 福建林学院学报，19(3): 238-241.

姚文辉，2005. 斜纹夜蛾的生物学特性 [J]. 华东昆虫学报，14(2): 122-127.

叶祖祥，周志方，许尧新，1996. 削尾材小蠹的生物学特性及防治 [J]. 应用昆虫学报 (5): 280-281.

尹安亮，钏润芳，许国莲，2002. 云南松毛虫生物学特性初步研究 [J]. 西南林学院学报，22(4): 53-55.

余道坚，徐浪，娄定风，等，2013. 一种园林害虫——鸭脚树星室木虱 [J]. 植物检疫，27(2): 80-82.

余德亿，黄鹏，姚锦爱，等，2012. 盆栽榕树蓟马种类及优势种榕管蓟马对寄主植物的致害性 [J]. 昆虫学报，55(7): 832-840.

余桂萍，高帮年，2005. 桃红颈天牛生物学特性观察 [J]. 中国森林病虫，24(5): 15-16.

余志祥，邓晓燕，杨永琼，等，2017. 四川攀枝花苏铁国家级自然保护区曲纹紫灰蝶的危害及防治研究 [J]. 现代农业科技 (12): 117-118, 121

袁波，莫怡琴，2006. 绿尾大蚕蛾的人工饲养 [J]. 安徽农业科学，34(6): 1092-1093.

袁波，莫怡琴，2007. 绿尾大蚕蛾生物学特性观察及防治技术 [J]. 农技服务，24(7): 56.

袁海滨，刘影，沈迪山，等，2004. 绿尾大蚕蛾形态及生物学观察 [J]. 吉林农业大学学报，26(4): 431-433.

翟立峰，张美鑫，赵行，等，2019. 重庆樟树溃疡病病原菌的鉴定及序列分析 [J]. 林业科学研究，32(3): 18-25.

张宝棣，2002. 果树病虫害原色图谱 (第 1 册)[M]. 广州 : 广东科技出版社 : 122.

张丹丹，李后魂，2005. 中国绢须野螟属研究 (鳞翅目，草螟科，野螟亚科，斑野螟族)[J]. 动物分类学报，30(1): 144-149.

张汉鹄，谭济才，2004. 中国茶树害虫及其无公害治理 [M]. 合肥 : 安徽科学技术出版社 : 189-197, 200.

张江涛，武三安，2015. 中国大陆一新入侵种——木瓜秀粉蚧 [J]. 环境昆虫学报，37(2): 441-446.

张劲蔼，黄华枝，毕可可，等，2016. 褐根病菌分子检测与生物防治研究进展 [J]. 广东园艺，38(6): 74-77.

张丽霞，2007. 夹竹桃白腰天蛾危害催吐萝芙木初报 [J]. 植物保护，33(1): 138.

张丽霞，管志斌，管艳红，等，2004. 榕母管蓟马危害榕树盆景 [J]. 植物保护，30(1): 89-90.

张灵玲，关雄，2004. 茶小卷叶蛾及其生物防治 [J]. 福建茶叶 (3): 8-9.

张灵玲，关雄，2004. 茶长卷叶蛾的生物学特性及其防治 [J]. 中国茶叶 (5): 4-5.

张清源，林振基，王宏毅，等，2003. 一种新的危害芒果树叶的瘿蚊害虫 [J]. 华东昆虫学报，12(2): 107-109.

张若芝，1985. 芒果瘿蚊的生物学观察初报 [J]. 热带农业科学 (1): 39-42.

张翔，2010. 红火蚁入侵扩散及对入侵地蚂蚁多样性影响 [D]. 福州 : 福建农林大学 .

张晓阳，吴松，王美鑫，等，2020. 福建省樟树溃疡病病原菌的分离鉴定 [J]. 森林与环境学报，40(3): 306-312.

张雅林，2017，// 吴鸿，等 . 天目山动物志 (第 4 卷)[M]. 杭州 : 浙江大学出版社 : 210.

张雅林 . 2017，// 杨星科 . 秦岭昆虫志 (3) 半翅目同翅亚目 [M]. 西安 : 世界图书出版西安有限公司 : 184.

张艳峰，谢映平，薛皎亮，2011. 两种吹绵蚧蜡泌物超微结构的研究 [J]. 四川动物，30(5): 751-752.

张燕，2007. 女贞瘤瘿螨在贵阳地区发生与为害研究 [J]. 植物保护，33(4): 86-89.

张燕，孙启飞，何丽，2011. 乐果、克螨特和哒螨灵对女贞瘤瘿螨的室内毒力测定 [J]. 贵州师范大学学报 (自然科学版)，29(4): 4-5, 41.

章松柏，夏宣喜，张洁，等，2013. 福州市发生由木尔坦棉花曲叶病毒引起的朱槿曲叶病 [J]. 植物保护，39(2): 196-200.

赵彩云，李俊生，柳晓燕，2016. 中国主要外来入侵物种风险预警与管理 [M]. 北京：中国环境科学出版社：132-135.

赵桂华，2009. 楼斗大茎点霉菌引起的樟树溃疡病病原菌特性研究 [J]. 西部林业科学，38(2): 1-5.

赵国富，陈伟洋，2008. 榕母管蓟马生物学特性及防治措施 [J]. 广西农业科学，39(4): 493-496.

赵同海，高瑞桐，孙龙强，2005. 吉丁类蛀干害虫的危害现状、发生原因和治理对策 [J]. 东北林业大学学报，33: 102-103.

赵仲苓，2003. 中国动物志 昆虫纲（第三十卷）鳞翅目毒蛾科 [M]. 北京：科学出版社：43, 145, 320-321, 406-407.

浙江农业大学，1987. 农业昆虫学（下）[M]. 上海：上海科学技术出版社：432-433.

郑宏，2002. 竹织叶野螟生物学特性与防治 [J]. 华东昆虫学报，11(1): 73-76.

郑婷，徐建峰，张益，等，2018. 苏铁害虫曲纹紫灰蝶的发生与防治研究进展 [J]. 现代园艺 (7): 148-151.

郑月琼，陈达嵩，2011. 泉州市杜鹃花害虫发生调查与防治 [J]. 福建农业科技 (4): 65-67.

中国科学院植物研究所，系统与进化植物学国家重点实验室. 中国植物图像库 [EB/OL]. [2021-12-31]. http://ppbc.iplant.cn/

中国科学院植物研究所. 在线中国植物志 [EB/OL]. [2021-12-31]. http://www.cn-flora.ac.cn/

中国科学院中国植物志编辑委员会，1988. 中国植物志 第 24 卷 [M]. 北京：科学出版社.

中国林业科学研究院，1983. 中国森林昆虫 [M]. 北京：中国林业出版社：896-897.

中国农业科学院植物保护研究所，2015. 中国农作物病虫害（第三版）(下册)[M]. 北京：中国农业出版社.

周性恒，李兆玉，朱洪兵，1993. 茶长卷蛾的生物学与防治 [J]. 南京林业大学学报，17(3): 48-53.

周祖铭，李菊燕，李子兰，等，1975. 棉大卷叶虫的初步研究 [J]. 昆虫学报，18(4): 404-410.

朱国庆，徐祖进，廖剑秋，等，1999. 枇杷舟蛾年发生代数的研究 [J]. 武夷科学，15: 92-94.

朱弘复，王林瑶，1977. 中国箩纹蛾科 [J]. 昆虫学报，20(1): 83-84.

朱弘复，王林瑶，1996. 中国动物志昆虫纲（第五卷）鳞翅目蚕蛾科大蚕蛾科网蛾科 [M]. 北京：科学出版社.

朱弘复，王林瑶，方承莱，1979. 蛾类幼虫图册 [M]. 北京：科学出版社：15-16.

朱天辉，周成刚，2015. 园林植物病虫害防治（第 2 版)[M]. 北京：中国农业出版社.

朱仰艳，苏锦钰，潘爱芳，等，2019. 福建枫香炭疽病病原的种类鉴定 [J]. 热带作物学报，40(11): 2197-2204.

朱艺勇，黄芳，吕要斌，2011. 扶桑绵粉蚧生物学特性研究 [J]. 昆虫学报，54(2): 246-252.

邹吉福，2000. 黑脉厚须螟生物学特性的研究 [J]. 浙江林学院学报，17(4): 414-416.

Ann P J, Chang T T, Ko W H, 2002. *Phellinus noxius* brown root rot of fruit and ornamental trees in Taiwan[J]. Plant Disease, 86: 820-826.

Bellamy C L, 2008. A World Catalogue and Bibliography of the Jewel Beetles (Coleoptera: Buprestoidea), Volumes 1 [J]. Pensoft Series Faunistica, 76: 562-563.

Budashkin Y I, Li H H, 2009. Study on Chinese Acrolepiidae and Choreutidae (Insecta: Lepidoptera)[J].

Shilap Revista de Lepidopterologia, 37(146): 179-189.

Gilligan T M, Wright D J, Gibson L D, 2008. Olethreutine moths of the midwestern United States, an identification guide[M]. Columbus, Ohio: Ohio Biological Survey: 334.

Haack R A, Herard F, Sun J H, Turgeon J J, 2010. Managing invasive populations of Asian longhorned beetle and citrus longhorned beetle: a worldwide perspective[J]. Annu Rev Entomol, 55: 521-546.

Holloway J D, 1993. The moths of Borneo: family Geometridae, subfamily Ennominae[J]. Malayan Nature Journal, 47(1/2): 168-169.

Jiang N, Xue D Y, Han H X, 2011. A review of *Biston* Leach, 1815 (Lepidoptera, Geometridae, Ennominae) from China, with description of one new species[J]. ZooKeys, 139: 45-96.

Landi L, Gómez D, Celina L, Braccini C L, et al, 2017. Morphological and molecular identification of the invasive *Xylosandrus crassiusculus* (Coleoptera: Curculionidae: Scolytinae) and its South American range extending into Argentina and Uruguay[J]. Annals of the Entomological Society of America, 110(3): 344-349.

Pennacchio F, Roversi P F, Francardi V, et al, 2003. *Xylosandrus crassiusculus* (Motschulsky) a bark beetle new to Europe (Coleoptera Scolytidae)[J]. Redia, 86: 77-80.

Sasaki C, 1910. On the life History of *Trioza comphorae* n. sp. of Comphor Tree and its Injuries[J]. Journal of the College of Agriculture of the Imperial University of Tokyo, 2: 277-285.

Schiefer T L, Bright D E, 2004. *Xylosandrus mutilatus* (Blandford), an exotic ambrosia (Coleoptera: Curculionidae: Scolytinae: Xyleborini) new to North America[J]. Coleopterists Bulltin, 3: 431-438.

Wang F, Zhao L N, Li G H, et al, 2011. Identification and characterization of *Botryosphaeria* spp. causing gummosis of peach trees in Hubei province, central China[J]. Plant Disease, 95(11): 1378-1384.

Wood S L, Bright D E, 1992. A catalog of Scolytidae and Platypodidae (Coleoptera), Part 2: Taxonomic Index[J]. Great Basin Naturalist Memoirs. 13: 1-1553.

附表 1　防治园林树木病害部分农药的使用方法

农药名称	含量与剂型	稀释倍数	主要防治对象	施药方法
多菌灵（carbendazim）	50% 可湿性粉剂	400 ～ 800 倍液	叶部病害	喷雾
多菌灵	50% 可湿性粉剂	1000 倍液	根部病害	苗圃发病初期浇灌
苯醚甲环唑（difenoconazole）	10% 水分散粒剂	4000 ～ 5000 倍液	炭疽病	喷雾
吡唑醚菌酯（pyraclostrobin）	25% 乳油	2000 ～ 2500 倍液	叶部病害	喷雾
代森锌（zineb）	65% 可湿性粉剂	600 ～ 800 倍液	叶部病害	喷雾
代森锰锌（mancozeb）	80% 可湿性粉剂	700 倍液	炭疽病	喷雾
代森铵（amobam）	50% 水剂	500 倍液	根部病害	病苗菌核形成之前浇灌
百菌清（chlorothalonil）	75% 可湿性粉剂	800 ～ 1000 倍液	叶部病害	喷雾
甲基托布津（甲基硫菌灵 hiophanate-methyl）	70% 可湿性粉剂	800 ～ 1500 倍液	叶部病害	喷雾
甲基托布津	70% 可湿性粉剂	1000 倍液	根部病害	苗圃发病初期浇灌
苯菌灵（benomyl）	50% 可湿性粉剂	1000 ～ 1500 倍液	叶部病害	喷雾
十三吗啉（tridemorph）	75% 乳油	2000 ～ 3000 倍液	叶部病害	喷雾
腈苯唑(fenbuconazole）	12.5% 乳油	2000 ～ 3000 倍液	叶部病害	喷雾
氟硅唑（flusilazole）	40% 乳油	2000 倍液	炭疽病	喷雾
敌磺钠（fenaminosulf）	75% 可湿性粉剂	300 ～ 500 倍液	根部病害	苗圃发病初期浇灌
石硫合剂（lime sulphur）	45% 晶体	200 ～ 400 倍液	叶部病害、螨、蚧等	春秋季喷雾
石硫合剂	45% 晶体	800 ～ 1000 倍液	叶部病害、螨、蚧等	夏季喷雾，高温天气要慎用
石灰半量式波尔多液（bordeaux mixture）	0.6%	50 ～ 100 倍液	干部病害	涂干、伤口处理
石灰半量式波尔多液	0.6%	200 ～ 300 倍液	叶部病害	喷雾

附表 2　防治园林树木虫害部分农药的使用方法

中文名	剂型与含量	稀释倍数	主要防治对象	施药方法
敌敌畏	80% 乳油	1000 ～ 1500 倍液	叶、梢部害虫	喷雾
敌敌畏	80% 乳油	50 ～ 100 倍液	蛀干害虫	注孔
乐果	40% 乳油	1000 ～ 1500 倍液	叶、梢部害虫	喷雾
乐果	40% 乳油	30 ～ 50 倍液	蛀干害虫	注孔
杀螟硫磷	50% 乳油	1000 ～ 1500 倍液	叶、梢部害虫	喷雾
喹硫磷	25% 乳油	1500 ～ 2500 倍液	叶、梢部害虫	喷雾
辛硫磷	50% 乳油	1000 ～ 2000 倍液	叶、梢部害虫	喷雾
马拉硫磷	50% 乳油	1000 ～ 1500 倍液	叶、梢部害虫	喷雾
亚胺硫磷	25% 乳油	800 ～ 1000 倍液	叶、梢部害虫	喷雾
氯吡硫磷	48% 乳油	1000 ～ 1500 倍液	蚧、螨、蝉、蚜虫等刺吸式害虫	喷雾
敌百虫	90% 晶体	800 ～ 1000 倍液	叶、梢部害虫	喷雾
稻丰散	50% 乳油	1000 倍液	蚧虫类	喷雾
杀螟丹	98% 可溶性粉剂	1000 ～ 2000 倍液	叶、梢部害虫	喷雾
除虫脲	20% 悬浮剂	1000 ～ 2000 倍液	叶、梢部害虫	喷雾
灭幼脲Ⅲ号	25% 乳油	800 ～ 1000 倍液	叶、梢部害虫	喷雾
氰氟虫腙	24% 悬浮剂	800 ～ 1000 倍液	叶、梢部害虫	喷雾
啶虫脒	3% 乳油	1000 ～ 2000 倍液	蚧、螨、蝉、蚜虫等刺吸式害虫	喷雾
啶虫隆	5% 乳油	2000 倍液	蚧、螨、蝉、蚜虫等刺吸式害虫	喷雾
吡虫啉	10% 可湿性粉剂	2000 ～ 3000 倍液	蚧、螨、蝉、蚜虫等刺吸式害虫	喷雾
噻虫嗪	25% 水分散性粒剂	5000 ～ 10000 倍液	蚧、螨、蝉、蚜虫等刺吸式害虫	喷雾
噻虫啉	2% 微胶囊悬浮剂	200 倍液	棕长颈象等鞘翅目害虫	喷雾
茚虫威	15% 乳油	2000 倍液	叶、梢部害虫	喷雾
异丙威	20% 乳油	500 ～ 800 倍液	蚧、螨、蝉、蚜虫	喷雾
抗蚜威	50% 可湿性粉剂	3000 ～ 4000 倍液	蚧、螨、蝉、蚜虫	喷雾
灭蚜松	50% 乳油	1000 ～ 1500 倍液	蚧、螨、蝉、蚜虫	喷雾
吡蚜酮	25% 可湿性粉剂	2500 ～ 3000 倍液	蚧、螨、蝉、蚜虫等	喷雾
联苯菊酯	2.5% 乳油	4000 ～ 5000 倍液	象甲、蝉、蚧、蚜虫、蛾类	喷雾

续表

中文名	剂型与含量	稀释倍数	主要防治对象	施药方法
氯氰菊酯	10% 乳油	4000 ～ 6000 倍液	蛾类、蚧、蝽、蝉、蚜虫	喷雾
氯氟氰菊酯	2.5% 乳油	4000 ～ 6000 倍液	蛾类、蝉、蚧、蚜虫	喷雾
顺式氯氰菊酯	5% 乳油	4000 ～ 5000 倍液	蛾类、蝉等	喷雾
氯菊酯	10% 乳油	6000 ～ 10000 倍液	叶、梢部害虫	喷雾
溴氰菊酯	2.5% 乳油	2500 ～ 4000 倍液	叶、梢部害虫	喷雾
氟丙菊酯	2% 乳油	2000 ～ 4000 倍液	蝉、蚧、蝽、蚜虫	喷雾
噻螨酮	5% 乳油	1500 ～ 3000 倍液	蝉、蚧、蝽、蚜虫	喷雾
双甲脒	20% 乳油	1000 ～ 2000 倍液	蝉、蚧、蝽、蚜虫	喷雾
石硫合剂	45% 晶体	150 ～ 200 倍液	蚧、螨、叶部病害等	喷雾
苦参碱	0.36% 乳油	1000 ～ 1500 倍液	蛾类	喷雾
苦参碱	0.36% 乳油	500 ～ 800 倍液	蝉、蚧、蝽、蚜虫	喷雾
印楝素	0.3% 乳油	500 ～ 800 倍液	蛾类、蝉、蚧、蝽、蚜虫	喷雾
鱼藤酮	2.5% 乳油	300 ～ 500 倍液	蛾类、蝉、蚧、蝽、蚜虫	喷雾
烟碱	10% 乳油	800 倍液	蛾类、蝉、蚧、蝽、蚜虫	喷雾
苦皮藤素	1% 乳油	750 倍液	蝉、蚧、蝽、蚜虫	喷雾
多杀菌素	2.5% 悬浮剂	500 ～ 700 倍液	蛾类、蝉、蚧、蝽、蚜虫	喷雾
甲氨基阿维菌素苯甲盐	1% 乳油	2000 倍液	蛾类	喷雾
敌死虫	99.1% 乳油	200 倍液	虫、螨、病	喷雾
矿物油绿颖		100 倍液	蝉、蚧、蝽、蚜虫	喷雾
球孢白僵菌	80 亿～ 100 亿孢子 /g 粉剂	7.5 ～ 10.5kg/hm^2	食叶害虫低、中龄幼虫为主	预防为主，喷粉或施放等量粉炮。
球孢白僵菌		10^7 ～ 10^8 孢子 /mL 悬浮液	食叶害虫低、中龄幼虫为主	喷雾
金龟子绿僵菌	10 亿～ 30 亿孢子 /g 粉剂	7.5 ～ 10.5kg/hm^2	食叶害虫，地表枯枝落叶或土中化蛹的昆虫	喷粉或与填充料混合撒施，垦覆前施菌为佳。
苏云金杆菌制剂	1600 国际单位	1000 倍液	蛾类	喷雾
茶尺蠖病毒制剂	0.2 亿 PIB/mL	1000 倍液	尺蠖	喷雾